# Die Geographie

## Eine wissenschaftstheoretische Einführung

von

Dr. Gerhard Hard

o. Professor an der Pädagogischen Hochschule Rheinland, Abt. Bonn

Sammlung Göschen Band 9001

Walter de Gruyter

Berlin · New York · 1973

ISBN 3 11 004402 1



Printed in Germany.

Satz und Druck: Max Schönherr, 1 Berlin 65

# INHALT

# VORWORT

Vorausgeschickt sei eine Bemerkung darüber, was man in diesem Buch erwarten und was man nicht erwarten sollte.

Nicht erwarten sollte man eine Einführung in „die" geographische Methodologie oder gar in „die" Wissenschaftstheorie; ebensowenig ein *Referat* der gängigen methodologischen Lehrmeinungen in der Geographie oder eine „Geschichte des geographischen Denkens". Die Studie konzentriert sich vielmehr vor allem auf Darstellung und Kritik der *wichtigsten* Forschungsansätze, Denkfiguren, Argumentationsmuster und Kontroversen der *gegenwärtigen* und vor allem der *deutschsprachigen* Geographie. Als „wichtig" gelten dabei vor allem solche Argumentationsmuster, die für Forschungspraxis und Fachdidaktik (sei es an der Hochschule, sei es an der Schule) von Belang sind.

Es handelt sich bei dieser Einführung in die fachinterne wissenschaftstheoretische Diskussion und in die Metatheorie eines Faches um das Exemplar einer Textgattung, wie ich sie mir im Verlauf meines Studiums gewünscht hätte. Natürlich kann ich mir bessere Exemplare dieser Textklasse vorstellen — ohne aber schon in der Lage zu sein, ein solches „wesentlich besseres Exemplar" herzustellen.

In englischer Sprache gibt es bereits den einen oder anderen hervorragenden „intelligent student's guide to geography". Diese „Führer" sind aber — was von der dortigen wissenschaftsgeschichtlichen Situation nahegelegt wird — oft unmittelbar auf konkrete Forschungsfragen und Forschungstechniken hin angelegt und in ihren wissenschaftstheoretisch-metatheoretischen Kapiteln natürlich nicht auf die sehr spezifische Situation und Diskussion im deutschen Sprachbereich bezogen. Dieses kontinentale bzw. deutsche Milieu ist es aber, in dem der Student sich orientieren muß.

Es handelt sich also im folgenden um einen „intelligent student's guide to geographical methodology", bezogen auf die Situation im deutschen Sprachbereich.

Vom Zweck des Buches her gesehen schien es mir oft wichtiger zu sein, klar bis pointiert zu formulieren, als Meriten zu erwerben durch eine durchgehend vorsichtige, allzeit umsichtige und nach allen Seiten abgeklärte Darstellungsweise. Ich habe infolgedessen gelegentlich auch einige Fragezeichen, Vorbehalte und Nuancen weggelassen, die ich in einer spezifischeren Behandlung fast aller Einzelfragen durchaus zu setzen und auszuführen imstande bin. An mehr nikodemischen Stellungnahmen (deren Nikodemismus angesichts des akademischen Milieus und angesichts der disziplinpolitischen Situation nur zu begreiflich war) ist ja kein Mangel in der jüngeren geographischen Literatur.

Der Text enthält nicht wenige Zitate. Diese Zitate sind keineswegs als argumenta ex auctoritate gedacht. Ich wollte vielmehr *erstens* in Fällen, in denen ich das Gemeinte nur schlechter hätte formulieren können, einem anderen Autor den Vortritt lassen. *Zweitens* sind die Zitate auch ein wenig als Gegengewicht zu dem gedacht, was man als das innergeographische Zitierkartell der deutschen geographischen Methodologie bezeichnen könnte. Dieses Kartell mußte beim Studenten jahrzehntelang den Eindruck erwecken, als sei die Forschergemeinde insgesamt und gerade in den Grundthesen in rundum schönster Übereinstimmung — von einigen notorischen Querköpfen und modisch verblendeten wissenschaftlichen Jünglingen abgesehen. In Wirklichkeit war es natürlich umgekehrt: Mindestens seit etwa 1950 lag wenigstens die etablierte deutschsprachige Methodologie in wachsendem Ausmaß quer zur communis opino in der „community of investigators", und zwar in fast allen wissenschaftstheoretischen Grundfragen.

Die Studie greift übrigens einige der Themen auf, die im Wintersemester 1970/71 in einem Seminar (mit begleitender Vorlesung) an der FU Berlin diskutiert wurden. Den Teilnehmern von Seminar und Vorlesung — und unter ihnen nicht zuletzt den Autoren des „Geografiker" — bin ich in fast allen Punkten durch ihre ebenso kenntnisreiche wie scharfsinnige und grundsätzliche Kritik sehr verpflichtet. Ich widme ihnen deshalb diese Studie als Zeichen meines Respektes — wenngleich in einer Art beiderseitiger Widerspruchsbindung; denn ich habe keinen Anlaß zu der Vermutung, daß ich auch nur für einen kleinen Teil des nun vorliegenden Textes ihre ungeteilte Zustimmung finden werde.

Frau *Elfriede Ring* danke ich für die Reinschrift des Manuskriptes und das Mitlesen der Korrekturen, Fräulein stud. paed. *Adelheid Gliedner* für ihre Hilfe beim Erstellen des Registers.

*G. H.*

# EINLEITUNG

## *Kritik einer Frage und Analyse der typischen Antworten*

### *1. Eine Frage, die keine Antwort hat*

Es ist ein alter Aberglaube, anzunehmen, wo eine Frage sei, müsse es auch eine Antwort geben, und dieser Aberglaube veranlaßt uns nicht selten zu antworten, bevor klar ist, wonach gefragt wurde. Auch die Frage, was Geographie sei, hat zahlreiche, zum Teil eilfertige, von starken Evidenzgefühlen und anderen Emotionen begleitete Antworten hervorgebracht, ohne daß man allzuviel Aufmerksamkeit auf die *Frage* verschwendet hätte, die man beantworten wollte.

Die Antworten auf die zitierte Frage sind bekanntlich bis heute kontrovers geblieben. Das Ausbleiben einer befriedigenden Antwort sollte uns aber eher gegenüber der Frage als gegenüber den Antworten skeptisch machen. Es wäre z. B. denkbar, daß die Frage eine bestimmte, aber höchst fragwürdige „Theorie" voraussetzt, um überhaupt sinnvoll zu sein (und folglich gegenstandslos wird, wenn diese stillschweigenden Annahmen sich als irrtümlich erweisen); es könnte aber auch sein, daß die vielen bisher vorgeschlagenen Antworten sich nicht etwa widersprechen, sondern mehr oder weniger alle mehr oder weniger wenigstens in gewisser Hinsicht richtig sind und daß die Frage nur jeweils verschieden verstanden wurde.

Wir gehen also von der an sich trivialen Feststellung aus, daß eine (richtige) Antwort nur *ein* Fall von richtiger Reaktion auf eine Frage ist — und daß es auch andere sinnvolle und „richtige" Reaktionen auf eine Frage gibt — z. B. die, daß man den Fragenden davon abbringt, diese Frage zu stellen (oder wenigstens ihn davon abbringt, sie in dieser Weise zu stellen und in dieser Weise zu verstehen). Die analytische Philosophie hat bekanntlich Techniken für diese nicht-antwortende Reaktion auf Fragen vorgeschlagen, deren Quintessenz darin besteht, die Frage auf ihre „Quellen", ihre Voraussetzungen hin zu untersuchen: „Questions may be likened to rivers: if the soil from which the river takes its source dries up, the river ceases to flow; if the ideas from which the question springs are drained dry, the question evaporates" (*F. Waismann* 1965, S. 413).

Man mißversteht diese Strategie, eine Frage zu problematisieren, wenn man sie als ein Frage*verbot* auffaßt. „So ist es (...) nicht gemeint. Nicht: „Du darfst nicht fragen", sondern: „Wir wollen doch mal überlegen, was du da fragst". Die unüberlegte Redepraxis wollen wir vermeiden" (*H. Seiffert* 1971, S. 163).

Man versucht z. B. zu zeigen, daß eine bestimmte und gar nicht selbstverständliche Voraussetzung oder sogar eine Teilantwort in die Frage eingebaut ist — obwohl der Fragesteller glaubte, etwas Selbstverständliches oder auch gar nichts vorauszusetzen; es zeigt sich dann fast immer, daß für diese vermeintlich selbstverständliche Voraussetzung, wenn sie erst einmal expliziert ist, keine Argumente beigebracht werden können und wir aus bestimmten psychologischen Gründen auf sie verfallen sind — z. B. dadurch, daß die Sprachform, die „Oberflächengrammatik" unserer Sprache, sie uns suggeriert hat.

Die „Therapie" besteht also darin, daß die Frage in ihrem ursprünglichen Sinn erlischt, nachdem die falschen Voraussetzungen aufgedeckt sind; es wird klar, daß sie anders verstanden und beantwortet werden muß, als der Frager es ursprünglich erwartete, und dies heißt nicht selten, daß sie in eine Reihe von Unterfragen zerfällt, von denen nun jede eine klare Bedeutung hat, akzeptable Voraussetzungen macht und mit vorhandenen Forschungstechniken beantwortet werden kann (vgl. dazu etwa *R. Bambrough* 1966, S. 151 ff., *E. v. Savigny* 1969, S. 345 ff.)[1].*

Es ist klar, daß in die Frage, was Geographie (schlechthin und eigentlich) sei, eine ganze Reihe von stillen Voraussetzungen eingegangen ist: ähnlich wie auch in die verwandten Fragen nach *dem* System, *dem* Gegenstand, *der* Methode und *den* Aufgaben *der* geographischen Wissenschaft. *Zunächst* die An-

* Anmerkungen s. am Ende des Buches (S. 255 ff.).

nahme, daß solche zugleich absoluten und globalen, auf ein zugleich zeitloses und ewiges „Wesen der Sache" gerichteten Was-ist-Fragen überhaupt sinnvoll beantwortet werden könnten; *dann* zweitens die Annahme, daß es so etwas wie *die* Geographie gebe, *eine* Geographie, wie sie heute ist, früher war und künftig sein wird (und sein sollte): daß also die Geographie, die man selber betreibt und/oder vertritt, auch „die unserer Vorgänger (ist), die seit etwa 2500 Jahren zu dem Gedankengebäude, an dem auch wir arbeiten, beigetragen haben (vgl. *Schmithüsen* 1970 a)" (*J. Schmithüsen* 1970, S. 431). Die Geschichte berührt nur ganz an der Oberfläche diese „ewige Geographie" und ihre „ewigen Objekte", nämlich die Länder und Landschaften (als „*die* geographische Realität"): „Es werden Fortschritte, Neuerungsbewegungen auch unsere Wissenschaft betreffen, aber eben diese Wissenschaft von den Ländern und Landschaften" (*F. Dörrenhaus* 1971, S. 105).

Mit diesem Gedanken einer Übergeschichtlichkeit der Geographie verbindet sich durchweg die Vorstellung, diese eine und wenigstens in ihrem Wesenskern ewige Geographie sei durch ihren Gegenstand (der als ein zumindest im Wesen immer gleicher Gegenstand gedacht wird) in der Struktur der Wirklichkeit selbst verankert: Die vorgegebene Wirklichkeit, wie sie nun einmal ist, zeichnet der Geographie vor, was sie ist, war und sein wird; ja, die Realität „erzwingt" und „verlangt" eine solche geographia perennis als eine „Pflicht und Schuldigkeit" (*E. Otremba* 1970, S. 16; vgl. *E. Wirth* 1970, S. 448 und *H. Uhlig* 1970, S. 23) — ens et bonum convertuntur[2].

Es liegt sehr nahe, einen solchen Ansatz als (mehr oder weniger unbewußtes) „Rechtfertigungsdenken" einer Interessengruppe zu deuten: Indem eine partikulare Forschergemeinde „ihren" Forschungsgegenstand als durch die Wirklichkeit verbindlich vorgegeben darstellt, versucht sie, *ihr* Forschungsinteresse zu tabuieren und zu stabilisieren — indem sie es eben im stabilsten aller metaphysischen Fundamente verankert, in einer bleibenden Wirklichkeitsstruktur. Sie versieht ihre partikularen, menschlichen, historisch bedingten und historisch gefährdeten Zwecke und Interessen dergestalt mit einem falschen Schein von Ewigkeit, gibt etwas historisch Bedingtes (etwa das Interesse an der „Landschaft") als etwas Unbedingtes aus, das „seinsmäßig" und im Wesen geschichtlichen Veränderungen entzogen sei. Diese Methodologen verwandelten die Produkte der Geschichte in Wesenheiten — offensichtlich zu dem Zweck, die Welt an dieser Stelle unbeweglich zu machen. (Zu diesem „ideologiekritischen" Ansatz vgl. *H.-D. Schultz* 1971, S. 22 und öfter)[8].

Es ist eine Ironie der geographischen Ideengeschichte, daß sich die „Verleugnung der Geschichte", dieser durch und durch ahistorische methodologische Essentialismus gerade bei solchen Geographen findet, die an anderer Stelle so viel über Idiographie, historischen Sinn, genetische Deutung, historische Tiefe, geschichtliche Individualität und Einzigartigkeit zu sagen wissen. Aber auch diese scheinbare Paradoxie löst sich auf, wenn wir sehen, daß die beiden so verschiedenen Topoi (der von der seinsverankerten Ewigkeit und der von der nomothetisch unfaßbaren Individualität des „eigenen Forschungsobjektes" oder „Stoffsystems") die gleiche ideologische Funktion haben: Diesen geliebten „Gegenstand", dieses historisch bedingte Forschungsinteresse der eigenen Gruppe zu erhalten, indem sie gegen Kritik von außen immunisiert werden: einmal mit dem Hinweis auf seine Kongruenz mit der Struktur der Wirklichkeit selbst, zum andern mit dem Hinweis auf seine „von außen", d. h. durch Gesetzmäßigkeiten, Theorien, andere Forschungsansätze, andere Wissenschaften (usf.) unfaßbare, letzthinnige Einzigartigkeit (beide Topoi etwa ausgeprägt noch bei *F. Dörrenhaus* 1971 und in der gesamten älteren methodologischen Literatur).

Letztlich gehören solche Fachideologien natürlich zu den längst bekannten (und in jüngerer Zeit z. B. von *Topisch* immer wieder beschriebenen) kosmologischen Selbstbespiegelungen menschlicher Gruppen, zu den überall verbreiteten Bestrebungen menschlicher Gruppen, sich selbst, die eigene Struktur, die eigenen Ideen als Abbilder und Symbole kosmologischer Strukturen, ja des Kosmos selbst erscheinen zu lassen, sich dergestalt „ontologisch" zu überhöhen und sozusagen zu sakralisieren. Die zahlreichen Motive, die die landschaftsgeographische Landschaftsspekulation noch des 20. Jahrhunderts mit der alteuropäischen Kosmosspekulation gemeinsam hat und die das Landschaftskonzept der modernen Landschaftsmethodologen mit den traditionsreichen Kosmosvorstellungen verbinden (vgl. dazu *G. Hard* 1969), sind ebenfalls kaum anders deutbar[4].

Diese ideologischen Komponenten in den verschwiegenen Voraussetzungen unserer Frage sollen aber hier beiseite bleiben; es soll vielmehr nur angedeutet werden, wie wenig selbstverständlich und wie diskussionswürdig einige dieser Voraussetzungen auch jenseits aller Ideologiekritik sind: (1.) die Annahme, „absolute" Was-ist-Fragen seien in jedem Falle sinnvoll; (2.) die Annahme, eine Wissenschaft habe einen „in der Wirklichkeit vorgegebenen Gegenstand"; (3.) die Annahme eines disziplinhistorisch perennierenden Forschungsobjektes.

*Zunächst* ist es fraglich, ob die Frage, was Geographie sei, überhaupt einen angebbaren Sinn hat, bevor sie über einem bestimmten „universe of discourse" interpretiert, in einen umrissenen Sprachrahmen oder einen (im weitesten Sinne) theoretischen Aussagenzusammenhang gesetzt wurde: Zuvor ist es schlechthin unmöglich auch nur zu ahnen, ob die Frage sich z. B. auf disziplinäre Realitäten (d. h. soziale Institutionen), auf ein empirisch feststellbares Forschungsziel (d. h. auf Wertsetzungen einer sozialen Gruppe) oder auf ideale Zielsetzungen für eine ideale Geographie beziehen soll — oder worauf sonst. Die „absolute" Frage in der vorliegenden Gestalt kann sich nur auf so etwas wie „das Wesen der Geographie" oder „die Geographie überhaupt" oder „an sich" beziehen: und das ist eine kaum umschreibbare und jedenfalls erfahrungswissenschaftlich unzulängliche transzendente Größe. Zuweilen hat man den Eindruck, einem fortlebenden Platonismus zu begegnen, dem alle realen Geographien nur der „Abglanz" und „Schatten" der einen „wahren Geographie" sind, die es in der methodologischen Reflexion zu entdecken gelte.

Die „absolute" Frage kommt offenbar zustande durch ein Mißverständnis der „Oberflächengrammatik" der Sprache — durch die Annahme, daß hinter *einem* Wort (*einem* Lautkörper) *ein* Begriff (*eine* Bedeutung) stehen müsse, und hinter diesem *einen* Begriff wiederum *eine* bestimmte Realität. Aber *erstens* kann ein Lautkörper verschiedene Begriffe repräsentieren und ein Begriff durch verschiedene Lautkörper ausgedrückt werden (worauf schon die bloße Existenz von Homonymen und Synonymen hinweist), und *zweitens* garantiert die Existenz eines Begriffes noch nicht für die Existenz eines entsprechenden Wirklichkeitsausschnittes: unter anderem deshalb, weil unsere Sprache die Wirklichkeit nicht beschreibt wie sie ist, sondern wie wir glauben, daß sie sei: „Wir sprechen nicht das Seiende aus, wie es ist, sondern so, wie wir es denken." (*J. M. Bochenski* 1965, S. 12.)

*Zweitens* macht die Vorstellung vom „vorgegebenen Forschungsobjekt" es sich zu leicht mit der „Problematik der Vorfindbarkeit wissenschaftlicher Gegenstände" (*K. Holzkamp* 1968, S. 42). „Weder Physik noch Physiologie, Psychologie oder irgendeine andere Wissenschaft finden ihren „Gegenstand" schon vor, so daß sie ihn nur noch näher zu untersuchen brauchten (...). „Die" Wirklichkeit kann nicht in Gebiete aufgeteilt werden, deren Bearbeitung dann verschiedenen Wissenschaften übertragen wird, weil die Gegenstände der Wissenschaften vor dem Einsatz wissenschaftlichen Fragens noch nicht vorliegen. Man ist mithin nicht nur berechtigt, man ist gezwungen, einen Zusammenhang zwischen wissenschaftlichen Fragen und den Gegenständen der Wissenschaft anzunehmen" (S. 43). Das bedeutet natürlich nicht, daß diese „Gegenstände" ex nihilo geschaffen würden — aber sie werden erst durch die spezifische Frageweise einer Disziplin, durch Tätigkeiten des Abblendens und Akzentuierens als „Figur" aus einem sehr weiten Hintergrund „herausgehoben" und „gewonnen", werden herausgearbeitet im Zuge des wissenschaftlichen Fragens und Weiterfragens und sind demgemäß immer relativ zum jeweiligen Zustand jener „Frage-und-Antwort-Komplexe", die man „Hypothesen" und „Theorien" nennt und mit deren Wandel sich auch die „Gegenstände" oder „der Gegenstand" einer Wissenschaft verändern. Eine Wissenschaft mit einem „ewigen Gegenstand" wäre eine Wissenschaft ohne theoretischen Fortschritt — eine Disziplin des „großen Immer Wieder".

Die Vorstellung von einem dem Geographen „ewig vorgegebenen Forschungsgegenstand" ist also ebenfalls keineswegs eine Selbstverständlichkeit, und damit ist auch die zweite der in die Ausgangsfrage eingebauten Voraussetzungen fragwürdig geworden.

Von diesen Hinweisen her fällt drittens natürlich auch ein Zweifel auf die Vorstellung vom disziplinhistorisch (zumindest im Kern) *„einen“* und *„bleibenden* Forschungsobjekt“ als Garant der „géographie une et indivisible“. „Wenn man die Objekte wissenschaftlichen Tuns als vor und unabhängig von aller Wissenschaft gegeben betrachten könnte, so hätte man die Möglichkeit, wenigstens an dieser Stelle etwas Festes, Beharrendes, allem Wandel der Wissenschaft Entzogenes anzunehmen. Da aber Gegenstände von Frageweisen abhängig sind und Frageweisen sich ändern, sind auch die wissenschaftlichen Gegenstände durch den jeweiligen Veränderungsstand der Wissenschaft relativiert“ (*K. Holzkamp* 1968, S. 46). Die Kontinuität der Wissenschaft im einzelnen und im großen muß vielmehr auf ganz andere Weise gewährleistet werden — aber das tut hier nichts zur Sache.

Natürlicherweise neigt jede Forschungsrichtung dazu, sich selbst als die Krönung eines jahrhunderte-, ja jahrtausendelangen Bemühens um die gleichen Gegenstände zu betrachten, und die Disziplingeschichte so zu interpretieren, als bestünde sie (zumindest in ihrem Kern) aus immer besseren Antworten auf die (wenigstens im wesentlichen) immer gleichen Fragen.

Ein solches Geschichtsbewußtsein hat zweifellos sozialpsychologisch sehr wichtige Funktionen: Es vermittelt unter anderem die doppelte Selbstbestätigung und Legitimation der eigenen Tätigkeit (1.) durch eine große Tradition und (2.) durch eine noch größere Gegenwart, welche in dieser Betrachtungsweise ja immer den Höhepunkt dieser großen Tradition darstellt. Die Konstruktion einer großen gemeinsamen Vergangenheit ist darüber hinaus natürlich auch einer der sozialen Mythen, die den Zusammenhalt einer sozialen Gruppe sichern helfen. Daß eine solche Geschichtsschreibung selbst in den doch stark intern gesteuerten „exakten Naturwissenschaften“ völlig unangemessen ist, hat die jüngere wissenschaftsgeschichtliche Literatur immer wieder eindrucksvoll demonstriert — und in den übrigen Wissenschaften, die gelegentlich sogar mit relativ kurzlebigen außerwissenschaftlichen Erkenntnisinteressen rückgekoppelt sind, dürfte das angedeutete Geschichtsbild noch weit wirklichkeitsfremder sein. Vor allem die historischen Hinweise und Exkurse der Lehr- und Handbücher pflegen völlig unsichtbar zu machen, daß die Geschichte selbst der sogenannten exakten Naturwissenschaften von radikalen Wandlungen („Revolutionen") des Fragehorizontes (und damit des „Forschungsgegenstandes") durchsetzt ist. *Th. S. Kuhn* hat die durch und durch ideologische Perspektive, in welcher Wissenschaftler die Geschichte ihrer Wissenschaft zu sehen und zu schreiben pflegen, mehrfach ausführlich analysiert und charakterisiert[5].

Die diachrone Pluralität von „Geographien" aber läßt den Verdacht aufkommen, daß man auch mit einer synchronen Heterogenität zu rechnen hat — ein Ansatz, den *D. Bartels* mit guten Gründen sogar als Grundannahme seinen Überlegungen „Zur wissenschaftstheoretischen Grundlegung einer Geographie des Menschen" vorangestellt hat: „Es dürfte im Lichte der vorstehenden Überlegungen nicht unzweckmäßig, wenn auch vielleicht ungewöhnlich sein, bei einer kritischen Analyse der geographischen Disziplin einmal die Annahme solcher Heterogenität der interessierenden Problemkreise wie auch Methoden voranzustellen, zumal die spezielle geschichtliche Entwicklung wie auch die innere Organisation gerade dieses Faches die Erwartung mehrschichtigen Aufbaus, konglomerativen Charakters und damit einer allenfalls pluralistisch möglichen Abgrenzung des gegenwärtigen Tätigkeitsbereiches besonders nahelegen. In solcher Annahme bestärken dabei sowohl die gehaltvollsten unter den älteren wie die neueren Versuche rationaler Beschreibung der geographischen Wissenschaft. Sie alle sind deshalb unbefriedigend, weil sie von einem — als individueller Entwurf selten zugleich gruppenverbindlichen — Idealbild des Faches ausgehen und von diesem Angelpunkt aus die Pluralität der faktisch gegebenen Ansätze zu ordnen versuchen (Fußnote: z. B. *O. Maull* 1951, *H. Bobek* 1957, ähnlich *J. Schmithüsen* 1959), ja zu Urteilen über die Zugehörigkeit oder „Verfehltheit" dieser und jener im Organisationsrahmen der geographischen Disziplin tatsächlich betriebenen Forschungen zur „echten" Geographie gelangen" (1968, S. 5). Die Angemessenheit dieser „Pluralismus-Annahme" wird sich auch im Rahmen der folgenden Überlegungen erweisen.

## 2. *Die Zerlegung der Frage*

Wir haben, wie sich herausstellt, also gute Gründe zu dem Verdacht, daß die Ausgangsfrage: „Was ist Geographie?“ in ihrer ursprünglichen „absoluten“ Form keinen angebbaren Sinn hat — darin im übrigen vergleichbar der traditionsreichen, gleicherweise verwirrenden und gleicherweise kontrovers gebliebenen Frage, was eigentlich (eine) Landschaft sei (vgl. dazu *G. Hard* 1970). Es ist vielmehr auch hier notwendig, die Frage zu klären, bevor wir zu antworten versuchen, und dabei empfiehlt es sich gewöhnlich, nach der alten scholastischen Regel zu verfahren, daß, wo die Diskussion sich verwirrt, vermutlich eine Distinktion eingeführt werden müsse. Die Frage ist offensichtlich mehrdimensional, und einige der Dimensionen, in die eine sinnvolle Antwort sich erstrecken würde, sollen zur Illustration wenigstens skizziert werden.

1. Mit dem Wort „Geographie“ der „Was-ist-Frage“ könnte die soziale Realität und Institution „Geographie“ gemeint sein, d. h. die disziplinäre Realität und ihre Organisationsrahmen an Hochschule und Schule sowie in den übrigen sozialen Bereichen (entweder zum gegenwärtigen oder zu irgendeinem anderen Zeitpunkt) — kurz, in dieser Dimension gilt, daß „geography is what geographers do“. Schon im Rahmen dieses einzigen Themas legt sich die eine Ausgangsfrage in zahlreiche Einzelfragen auseinander, und die Frage, was Geographie sei, ist dann eine Frage, die unter anderem auch mit empirisch-sozialwissenschaftlichen Mitteln und im Rahmen einer empirischen Wissenschaftswissenschaft beantwortet werden müßte. Hier würde uns „die Geographie“ zweifellos als ein pluralistisch-konglomeratiges, ja nur teilweise in sich enger verknüpftes soziales „Phänomen“ erscheinen[6].

2. Die Frage könnte aber auch verstanden werden als die Frage nach dem mehr oder weniger unreflektierten, spontanen *Selbstbild* (dem vielberufenen „Selbstverständnis“) der Geographie: Wie nehmen die Geographen spontan ihre eigene wissenschaftliche und berufliche Situation wahr? Es geht hier also nicht darum, was Geographen wirklich tun (und sind), sondern darum, was sie zu tun und zu sein glauben. Hiervon unscharf getrennt ist

3. die Frage nach der *Selbstinterpretation* der Geographie in der *bewußten* Reflexion der Geographen (also im methodologischen Schrifttum — oder wo immer Geographen über „Wesen", Gegenstand, Methoden, Aufgaben, Mission und „Bildungswert" ihres Faches nachdenken). Zu der auch bei 2. gegebenen Möglichkeit der Selbsttäuschung , des „falschen Bewußtseins" (bzw. gewisser Anpassungsverzögerungen zwischen Realität und Selbstbild) tritt die Möglichkeit, daß sich das „Selbstverständnis" im Rahmen einer überholten Wissenschaftstheorie und in einem Rahmen von Begriffen artikuliert, der nach den Standards der zeitgenössischen Wissenschaftstheorie und der Nachbardisziplinen nicht mehr diskutabel ist[7].

Die Frage, was Geographie sei, ist dann eine Frage, die mit sozialwissenschaftlichen Mitteln, Mitteln der Textinterpretation und Inhaltsanalyse sowie Mitteln der sozialpsychologischen Einstellungsforschung beantwortet werden könnte.

4. „Was ist Geographie" könnte aber auch als „Was ist (bedeutet) ‚Geographie'" verstanden werden, also als eine Frage nach der *Bedeutung* des Wortes „Geographie", z. B. (1.) in der allgemeinen Umgangssprache, (2.) in der Sprache der Anthropo- und physischen Geographen, (3.) in der Sprache anderer Disziplinen (in der Geschichtswissenschaft, in den Philologien, in der Sprachwissenschaft, Wirtschafts- und Sozialwissenschaft, Ethnologie usf.) sowie in verschiedenen anderen Sondersprachen: eine Frage, die natürlich auch historisch gewendet werden könnte, keineswegs mit den unter 2. und 3. skizzierten Fragen identisch ist und mit linguistisch-semantischen Methoden beantwortet werden müßte. Schließlich könnte die Frage aber auch

5. als Frage nach einer *Norm*, nach einer Zielvorstellung gelesen werden — also als die Frage, was (künftig) Geographie sein *soll*. Dies ist eine Frage, die unter anderem mit forschungslogisch-wissenschaftstheoretischen Mitteln zu erörtern wäre.

Die absolute und verwirrende (weil unendlich vieldeutige) Ausgangsfrage haben wir also wenigstens andeutungsweise in einen (unabgeschlossenen und sehr unvollständigen) Fragekatalog zerlegt, in dem nun jede der angeführten Fragedimensionen — die soziale, die ideologiegeschichtliche, die semantische, die normative — einen einigermaßen präzisen, jedenfalls beliebig präzisierbaren Sinn hat und je nachdem im Rahmen einer Wissenschaftssoziologie (und Forschungspsychologie), Wissenschaftsgeschichte oder Forschungslogik unseres Faches differenziert und wenigstens teilweise beantwortet werden könnte.

### 3. *Typische Formen der Antwort*

Nachdem wir der Frage Aufmerksamkeit geschenkt haben, werfen wir einen Blick auf die Antworten, die normalerweise gegeben wurden und gegeben werden. Es geht uns an dieser Stelle nicht darum, welche dieser Antworten richtig oder falsch (oder auch sinnvoll oder sinnlos) sind, sondern einzig darum, welches ihre typische Form ist und aus welchen stereotypen Elementen sie normalerweise aufgebaut werden; aus diesem Grunde ist es auch nicht notwendig, bei der folgenden Sammlung auf besondere Quellentreue, Reichhaltigkeit oder gar auf Vollständigkeit zu achten. Die folgenden Formeln beziehen sich teils auf die Geographie insgesamt, teils auf die Geographie des Menschen oder die physische Geographie je für sich allein.

| Explikandum | Explikat | |
|---|---|---|
| | A | B |
| Geographie (ist, beschäftig sich mit) | Beschreibung und Erklärung | der räumlichen Differenzierung der Erdoberfläche |
| | Wissenschaft (Lehre) | von den Ländern und Landschaften der Erde |
| | Morphologie, Genese u. Ökologie | der Landschaft(en) |
| | Beschreibung und genetische Deutung | der (Kultur)Landschaft |
| | Beschreibung, Erklärung und Prognose | der Verteilung von menschlichen Aktivitäten (und ihrer Ergebnisse) an der Erdoberfläche |
| | Analyse und Synthese (Theorie) | des weltweiten Geosystems Mensch-Erde |

| Explikandum | Explikat | |
|---|---|---|
| | A | B |
| | Lehre (Kunde, Wissenschaft) | vom individuellen Charakter der Erdräume |
| | Erkenntnis | der individuellen Totalität einer Landschaft (eines Landes, Erdraumes usf.) |
| | Erkenntnis | des Gesamtzusammenhanges von Litho-, Hydro-, Bio-, Atmo- und Anthroposphäre in der Erdhülle |
| | Beschreibung und Erklärung | des Naturhaushaltes an der Erdoberfläche |
| | Beschreibung und Erklärung | der räumlichen Organisation(s)form(en) der Gesellschaft |
| | Beschreibung, Erklärung und Prognose | des raumwirksamen Handelns menschlicher Gruppen |

Es fällt uns zweierlei auf: *Erstens* der „monistische", exklusive Charakter dieser Formeln: es gibt nur *eine* Geographie (oder doch wenigstens nur *eine* physische und *eine* Anthropogeographie) — ein Spezifikum, auf das wir aber jetzt nicht mehr eingehen wollen. *Zweitens* springt die deutliche Zweigliedrigkeit des Explikates ins Auge: der explizierende Teil des Satzes besteht aus einem Teil B, der davon handelt, *worüber* man redet (oder reden soll), der also das *Was* betrifft (den „Gegenstand" im üblichen Sinn also) — und einem Teil A, der davon spricht, *wie* man über diesen „Gegenstand" reden soll, also über das, was man die „Methode" (im weitesten und allgemeinsten Sinne) nennen könnte.

Die Grenze zwischen dem A- und dem B-Teil der Explikate ist nicht immer eindeutig. Man mag z. B. im Zweifel sein, ob Termini wie „individuelle Totalität", „individueller Charakter", „System", „Gesamtzusammenhang", der Begriff der

„Region" usf. eher zum A- oder zum B-Teil gehören. Wo man die Grenze zieht, hängt, wie wir sehen werden, wesentlich davon ab, ob man glaubt, man könne die entsprechenden Begriffs- und Verfahrensprobleme forschungs*logisch* lösen, oder ob man glaubt, man müsse an dieser Stelle darüber hinaus eine disziplin*politische* Entscheidung treffen. Wer vom Standpunkt des „kritischen Rationalismus" her argumentiert, wird diese Grenze naturgemäß anders ziehen als derjenige, der von einer dialektisch-hermeneutischen Metatheorie her argumentiert.

Betrachten wir weiter den Teil B des Explikates (denjenigen Teil also, der den „Gegenstand" nennt). Man kann ohne besondere Mühe erkennen, daß er erstens einen *Phänomenbereich* (einen „Stoffbereich" oder „Gegenstand") nennt, nämlich im allgemeinen die Erdoberfläche, Erdhülle oder „Geosphäre", zweitens aber auch die *Perspektive* bezeichnet, unter der dieser Raumzeitbereich des Universums betrachtet werden soll. Es wird also z. B. genannt die *Erdoberfläche, insofern* sie in Räume differenziert ist (*insofern* sie räumliche Differenzierungen aufweist); die Erdoberfläche *als* Ökosystem; die Geosphäre *unter dem Aspekt* „Naturhaushalt" (*insofern* sie einen Naturhaushalt darstellt), die Erdoberfläche *im Hinblick auf* die Distribution menschlicher Aktivitäten; die Erdoberfläche *als* gegliedert in Länder und Landschaften individuellen Charakters (also die Erdoberfläche in länder- und landschaftskundlicher *Perspektive*) — usf. Seltener (und erst in jüngster Zeit) werden auch andere Phänomenbereiche genannt: „die *Gesellschaft*" (und zwar *insofern* sie räumlich organisiert ist), die „*sozialen* Phänomene" (und zwar *unter* ihrem räumlich-distantiellen *Aspekt*), die menschlichen *Gruppen* bzw. „menschliches *Handeln*" (und zwar *insofern* es „verortet", distanzabhängig, flächenbeanspruchend, „raumwirksam" bzw. „raumdifferenzierend" ist, d. h. Raumstrukturen, Verteilungsmuster usw. schafft).

Durch die Angabe des „Gegenstandsbereiches" wird die Geographie offensichtlich einmal den Geowissenschaften, zum andern (und vor allem von jüngeren Wissenschaftlern) den Sozial- und Wirtschaftswissenschaften zugeschlagen; solche Zuordnungen sind forschungslogisch meist nicht sehr aufschlußreich, geben aber Aufschluß über die (naive) Ontologie des Verfassers[8].

Übrigens haben auch die Selbstdefinitionen bestimmter Teile der physischen Geographie durchaus die gleiche Struktur -- zumindest, wenn man den Inhalt dieser Formeln explizit macht. Auch hier erkennen wir die uns bekannten Teile A und B, und Teil B gliedert sich wieder in einen ersten Teil (B 1), der in mehr umgangssprachlicher Weise einen „Gegenstand" benennt, und in einen zweiten Teil (B 2), welcher die Perspektive nennt, unter der dieser „Gegenstand" betrachtet werden soll (vgl. Tabelle 1).

Tabelle 1

| Explikandum | Explikat | | |
|---|---|---|---|
| | A | B | |
| Geomorphologie (ist) | Beschreibung, systematische Ordnung und genetische Deutung | (1) | der Formen der Erdoberfläche (mittlerer, „landschaftlicher") Größenordnung |
| | | (2) | als Produkte geomorphologischer Prozesse |
| Vegetationgeographie (ist) | Untersuchung und Beschreibung | (1) | des Pflanzenkleides der Erdoberflächen |
| | | (2) | nach seiner Bedeutung für den Charakter der Erdgegenden |
| Klimageographie (ist) | wissenschaftliches Begreifen | (1) | des typischen Jahresablaufs des Klimas |
| | | (2) | als Teil vom Wesen der Länder |
| Klimageographie (ist) | Beschreibung, genetische Deutung und räumliche Gliederung | (1) | der atmosphärischen Zustände und Zusammenhänge, |
| | | (2) | insofern sie zur Erklärung der geographischen Substanz an der Erdoberfläche herangezogen werden müssen |

Vgl. etwa: *H. Louis* 1961, S. 1; *J. Schmithüsen* 1968, S. 7; *J. Blüthgen* 1964, S. 2 f.

Die Kurzformel etwa, die Geomorphologie sei die „Beschreibung und Erklärung der Formen der Erdoberfläche", impliziert, daß dieser physisch-geographische Forschungszweig sich auf die Erdoberflächenformen bezieht, *insofern* sie Ergebnisse von Naturprozessen sind — und nicht auf die Erdoberflächenformen, insofern sie z. B. Anmutungsqualität, Wertbesetzung, Symbolcharakter und Identifizierungsmöglichkeiten für Künstler, Naturliebhaber und Touristen aufweisen.

Es ist nun wenigstens im Umriß klar, was mit einer „Forschungsperspektive" (einem Forschungssatz, einer Forschungsrichtung) gemeint ist: Jener Aspekt, jene Perspektive, jene Wahrnehmungsselektion, die, wie wir sahen, in allen Selbstdefinitionen von Forschungsrichtungen wenigstens implizit angesprochen wird.

Aus der vorangegangenen, sehr schlichten Analyse gängiger Selbstdefinitionen können doch einige nicht mehr ganz so triviale Folgerungen gezogen werden.

Erstens, daß die Wissenschaften einen vorgegebenen Gegenstand des gesunden Menschenverstandes oder der Alltagssprache niemals als *einen* Gegenstand behandeln und daß folglich keine Disziplin und keine Forschungsrichtung einen solchen Gegenstand monopolisiert — obwohl der gesunde Menschenverstand und die Primärsprache ihn doch als *einen* Gegenstand ansehen. Nirgendwo infolgedessen werden diese Gegenstände, aus denen die vorwissenschaftliche Welt sich aufbaut (also „Gegenstände" wie Natur und Gesellschaft, Erdoberfläche und Erdhülle, Landschaften und Länder, Reliefformen und Vegetation) für sich und als solche betrachtet, sondern immer als etwas anderes. Der Satz der Poetin (Gertrude Stein) „eine Rose ist eine Rose ist eine Rose ist eine Rose", gilt in diesem Kontext sicher nicht: „A rose is not a rose is not a rose so far as several different sciences are concerned" (*Abler, Adams* and *Gould* 1971, S. 55). Die Rose des Poeten und Literaturwissenschaftlers ist schon nicht unbedingt die Rose des Tiefenpsychologen, von der Rose des botanischen Systematikers, des Morphologen, des Physiologen, des Biochemikers und des Molekularbiologen ganz zu schweigen.

Daraus wiederum folgt, z. B. daß man die Zweige der physischen Geographie nicht, wie es immer wieder geschah, nach folgendem Stereotyp von den entsprechenden Geodisziplinen trennen kann: die Geowissenschaften Geobotanik, Klimatologie usf. erforschen (sagt man) ihre Gegenstände „als solche", die Vegetations- und Klimageographie hingegen unter bestimmtem geographischen Aspekt, im Hinblick auf irgend etwas anderes — z. B. im Hinblick auf ihre Bedeutung für den Charakter oder die Individualität der Länder und Landschaften.

Wichtiger in unserem Zusammenhang ist aber eine andere Folgerung.

### 4. *„Methodologie" und „Philosophie"*

*D. Harvey* hat (1969, S. 3 ff.) darauf hingewiesen, daß wir die Teile A und B der Explikationen, was Geographie sei, nicht auf gleiche Weise und mit der gleichen Verbindlichkeit diskutieren können. Was mit „Beschreibung" und „Erklärung" gemeint ist; welche logische Struktur eine Erklärung oder eine Prognose in den verschiedenen Wissenschaften annehmen kann; welchen Sinn die Ausdrücke „genetische Deutung" und „ökologische Erklärung" haben könnten; ob und inwieweit die Dichotomie „Analyse — Synthese" geeignet ist, die Forschungspraxis sinnvoll zu beschreiben und zu normieren; welche Bedeutung und Bedeutsamkeit Begriffen wie „individuelle Totalität" und „Gesamtzusammenhang" zugeschrieben werden kann — diese und zahllose andere Fragen, die sich aus Teil A der zitierten Formeln ergeben, sind zumindest im wesentlichen eine Sache der Forschungslogik, der Wissenschaftstheorie im engeren Sinne (von den schon angedeuteten Zweifelsfällen einmal abgesehen). Nehmen wir an, wir befinden uns in einer methodologischen Diskussionsrunde und jeder der anwesenden Geographen vertritt einen der angeführten Sätze, was Geographie sei oder sein solle: Den Teil A ihrer Aussagen können wir mit allen Anwesenden auf ziemlich ähnliche Weise und mit Bezug auf *einen* bestimmten Corpus von Literatur diskutieren — nämlich mit Bezug auf die zeitgenössische Wissenschaftstheorie. „We can dispute it on logical grounds" (*D. Harvey* 1969, S. 5), und da gibt es zumindest im Hinblick auf so elementare Diskussionspunkte wie die angeführten eindeutige Lösungen. Verständnislosigkeit und hartnäckige Ablehnung von schon vorliegenden Standardlösungen können letztlich auf die Inkompetenz des Diskutanten relativiert und mit der Empfehlung abgetan werden, man möge sich einige elementare wissenschaftstheoretisch-forschungslogische Kenntnisse sowie einige elementare Techniken der formalen Logik aneignen. Solche Hinweise mögen in praxi arrogant klingen; eine andere Möglichkeit ist aber nicht zu sehen.

Natürlich ist das, was wir „zeitgenössische Wissenschaftstheorie“ nennen, kein monolithischer Block, aber für so simple forschungslogische Fragen, wie sie im allgemeinen in fachinternen methodologischen Disputen unter Geographen explizit bedeutsam werden, haben die zeitgenössischen Schulen der Metawissenschaft — vom logischen Empirismus über den kritischen Rationalismus „popperianischer“ Prägung bis hin zu den dialektisch-hermeneutischen „Hinterfragungen“ dieser Ansätze in der „kritischen Theorie“ (all dies natürlich nicht in abgelebten historischen Formen, sondern nach seiner literarischen Repräsentation „um 1970“ gemeint) — in erster Annäherung *im wesentlichen* die gleichen Antwortmuster anzubieten; erst die mehr (erkenntnis- und sozial-)philosophischen Interpretationsrahmen sehen dann jeweils etwas oder sehr anders aus (wenn auch mehr hinsichtlich ihrer Weite als ihres Inhalts).

Natürlich steht es jedem frei, diesen, auf einer „unteren“ und „schlichten“ Ebene der forschungslogischen Probleme zweifellos vorhandenen metawissenschaftlichen common sense „um 1970“ in globo abzulehnen (eine Haltung, die in einer älteren Geographengeneration latent sehr verbreitet ist, sich aber nur sehr gelegentlich und dann in sichtlich desinformierten und orientierungslosen Ausbrüchen Luft macht). Solche Haltungen beruhen zwar meist mehr auf Ressentiments als auf Argumenten; man muß aber natürlich zugestehen, daß auch die Annahme forschungslogischer Paradigmata zumindest *letztlich* auf normativen Entscheidungen beruht und nicht mit empirischen oder logico-mathematischen Argumenten rational erzwungen werden kann. Neue forschungslogische Standards und Paradigmen werden „letztlich“ genauso in die Wissenschaften eingeführt, wie neue inhaltliche Paradigmen in die Einzelwissenschaften und neue Werte, Kunstwerke, Verhaltungsweisen in die Gesellschaft — sie diffundieren, „bis schließlich nur einige ältere Starrköpfe übrigbleiben“ (*Th. S. Kuhn* 1967, S. 209), von denen man aus den angedeuteten Gründen selbstverständlich nicht sagen kann, daß sie „letztlich“ „im Unrecht“ oder „unlogisch“ seien (mögen ihre konkreten Argumente auch im Einzelfall indiskutabel sein); man „mag sich höchstens versucht fühlen zu sagen, daß derjenige, der auch dann noch Widerstand leistet, wenn die ganze (Fach)Wissenschaft schon konvertiert ist, ipso facto aufgehört habe, ein Wissenschaftler zu sein“ (S. 209) — oder, um es nach Gottfried Benn etwas pathetischer zu sagen: „Die Himmel wechseln ihre Sterne — geh!“ (Ges. Werke 1, S. 344)[9].

Im Hinblick auf die Gesamtheit der Natur- wie der Wirtschafts- und Sozialwissenschaften, ja heute schon im Hinblick auf die Geographie *als ganze* (d. h. in einem übernationalen Maßstab) befinden sich die Vertreter einer traditionellen „idiographischen Sondermethodologie“ durchaus in der angedeuteten Lage.

Der mehr „formale“ oder „methodologische“ Teil der formelhaften Explikationen kann also ziemlich einheitlich diskutiert werden — unabhängig von den „inhaltlichen“ Auffüllungen. Es gibt zwar bekanntlich die Anschauung (und sie macht ja einen wesentlichen Bestandteil der genannten „Sondermethodologie“ aus, die *F. K. Schaefer* schon 1953 in einem noch immer sehr lesenswerten Aufsatz als „Exzeptionalismus“ beschrieben hat), daß die Methode sich nach dem „Gegenstand“ zu richten habe, ja, daß jeder „Gegenstand“ eine ganz besondere Methodologie erfordere, einen je eigenen Methodenkanon schon hinsichtlich der fundamentalen forschungslogischen Kategorien und Strukturen. Wer sich also z. B. mit der Kulturlandschaft befasse, müsse hinsichtlich „Beschreibung“, „Erklärung“, „Theorie“ usf. auf eine fundamental andere Art vorgehen (z. B. ganzheitlich-synthetisch schauend, intuitiv die individuellen Totalitäten erfassend), jedenfalls eine grundsätzlich verschiedene Wissenschaftstheorie adoptieren als jemand, der naturwissenschaftlich oder sozialwissenschaftlich „beschreibe“, „erkläre“ oder „Theorien bilde“ — sofern solche Begriffe überhaupt auf diese „individuelle Länder- und Landschaftskunde“ übertragbar seien. Solche Ansprüche auf (schon auf so trivialer Ebene) toto globo verschiedene Wissenschaftstheorien kann man heute wiederum mit dem Hinweis erledigen, daß sie durchweg unbefragte ontologische Vorurteile über den jeweiligen Gegenstand voraussetzen und von keiner metawissenschaftlichen Schule mehr ernsthaft und in dieser Form vertreten werden; die natürlich vorhandenen Differenzierungen (etwa zwischen Sozial- und Naturwissenschaften) sieht man heute durchweg an ganz anderen Stellen.

Wenn wir also den methodologisch-forschungslogischen Teil der Formeln diskutieren, bewegen wir uns im „context of justification“, dann fragen wir z. B. danach, wann etwa eine akzeptable Erklärung vorliegt; wann wir einen Begriff brauchbar und eine Theorie gut bestätigt nennen wollen; wie sich Beobachtung und Theorie verhalten; wann wir von einer befriedigenden „funktionalen Erklärung“, von einer (z. B. ökologischen) Systemkonstruktion oder einem Modell sprechen sollen und was die relative Rolle und Funktion dieser Dinge im Forschungsbetrieb ist und sein sollte.

Daß z. B. „ganzheitliche Schau“, „Intuition“, „Gestaltwahrnehmung“ und Sinn für die Totalität (sei es der Landschaft, der Natur, der Gesellschaft, der Geschichte oder wessen auch immer) wichtig sind, bestreiten wir damit in keiner Weise; aber Wissenschaft ist *kontrollierte* Phantasie, steht (auch) unter den Postulaten der intersubjektiven (und interdisziplinären!) Kontrolle sowie der maximalen Kritisierbarkeit ihrer Aussagen: Und hier und jetzt klären wir *forschungslogische* Probleme, d. h. wir reden von diesen *Kontrollen* und *kritischen Instanzen*, nicht von der Weite und vom freien Flug der wissenschaftlichen Phantasie, so unabdingbar sie sind und so sehr wir sie schätzen.

Während also Teil A die „Logic“ oder „Methodology of Geography“ anspricht („Logik“ oder „Forschungslogik“ im weiten Sinne also die Gesamtheit der methodologischen Bemühungen um einen angemessenen „context of justification“

für unsere Forschungspraxis), meint Teil B die „Philosophy of Geography" (wie *D. Harvey* 1969 diesen Teil etwas mißverständlich nennt). Eine Beschreibung, Hypothese, Theorie, Erklärung usf. kann ja nicht nur danach beurteilt werden, ob sie *in dieser Form* akzeptabel ist. Sie redet ja auch *über* etwas, und auch dies ist diskussionswürdig. „Die Erklärung ist in Ordnung — aber warum sollen wir gerade diesen Tatbestand, diese Sorte von Tatbestände beschreiben und erklären? Ist das überhaupt der Rede wert?" Die B-Teile der Geographie-Definitionen enthalten Vorschläge, worüber wir reden sollen (Vorschläge über ein „universe of discourse") — und da ist mit Logik wenig auszurichten. Hier geht es nicht um angemessene forschungslogische Standards, sondern um Wertentscheidungen darüber, ob etwas der Rede, des Studiums, der Erklärung wert sei. Hier zählen „Beweise" im allgemeinen wenig, hier geht es nicht mehr nur um rationales Überzeugtwerden, sondern eher um „Konversionen" aufgrund von veränderten Wert- und Relevanzgefühlen. „If we wish to convert someone to our own view of the objectives of geography, we can only do so via his beliefs" (*Harvey* 1969, S. 5). Man kann z. B. an einen Anthropogeographen appellieren, sich als Sozialgeograph im Rahmen der Regionalpolitik und Raumplanung für Entwurf und Vollzug einer sinnvollen Raumordnung zu engagieren, statt z. B. nach der „Querschnittsmethode" das historische Werden der bäuerlichen Kulturlandschaft seit dem Neolithikum zu rekonstruieren (aber wen überzeugt das schon?), oder man kann jemandem einzureden versuchen, es sei doch etwas skurril-abseitig, anno 1950—70 im Walde nach Wüstungen des 13.—15. Jahrhunderts zu suchen, „Flurrelikte" wie Hochraine und Lesesteinhaufen zu kartieren und sich jahrzehntelang über der Frage zu erregen, ob es sich um Langstreifen oder Gewanne oder um weiß Gott was handle — wo sich doch gleichzeitig die Alternative angeboten hätte, Modelle der Informations- und Innovationsausbreitung in der gegenwärtigen Gesellschaft zu konstruieren und zu testen oder „raumwirksame" Entscheidungsprozesse und Aktionsradien heutiger Menschengruppen zu studieren. (In ähnlicher Weise könnte man auch im Rahmen der westdeutschen physischen

Geographie an das „Relevanzempfinden“ appellieren und etwa den serienmäßigen Aufwand an Dissertationen und Habilitationen, der mit den periglazialen Kleinformen, mit Schichtkämmen, Rumpfflächen, Flußterrassen und ähnlichen Dingen getrieben wurde, vergleichen mit dem auffälligen Mangel an Arbeiten, die großmaßstäbig planungsrelevante ökologische Probleme angehen.) Aber solche Appelle setzen in gewisser Hinsicht immer schon voraus, was sie zu erreichen suchen — daß nämlich auch dem, an den appelliert wird, das eine wirklich und wenigstens „im Grunde“ sinnvoller und interessanter erscheint als das andere.

Man mag der Meinung sein, auch dieser *inhaltlichen* Diskussion könne man durch eine Kombination von Ideologiekritik und Sozial- und Geschichtsphilosophie (verbunden mit einer Reflexion über die eigenen „letzten Interessen“) eine ähnliche Verbindlichkeit geben wie den im engeren Sinne forschungslogischen Argumenten (vgl. in der geographischen Literatur z. B. *U. Eisel* 1970, 1972; *H.-D. Schultz* 1972); tatsächlich setzen diese Mittel aber wiederum Verbindlichkeiten voraus, die in praxi fast in keiner Gruppe von Wissenschaftlern vorhanden sind.

Natürlich sind die beiden Größen, die *D. Harvey* „methodology“ und „philosophy“ einer Disziplin nennt, nicht völlig unabhängig voneinander; biographisch, forschungspsychologisch und disziplinhistorisch sind sie z. B. meist insofern rückgekoppelt, als die Wahl eines bestimmten „Gegenstandes“, einer bestimmten Thematik meist schon unter bestimmten methodologischen Idealen und Normen erfolgt und die Wahl dieses Themenkreises dann wieder die Auswahl bestimmter methodologisch-wissenschaftstheoretischer Auffassungen beeinflußt — ein Zusammenhang, für den fast jede „typische“ kulturlandschaftsgenetische Arbeit oder Schule einerseits, fast jede im engeren Sinne sozialgeographische Arbeit oder Schule andererseits als Illustration dienen könnte (Abb. 1). „Methodology“ und „Philosophy“ haben also viel miteinander zu tun, aber diese Zusammenhänge, Verbindungen, Ähnlichkeiten begreift man (wie übrigens auch im Falle der Trennung und des Zusammenhangs von context of discovery und context of justification) erst richtig, wenn man zuvor erst einmal die *Distinktion* eingeführt und die *Unterschiede* klargelegt hat. Grundsätzlich jedenfalls sind wir als *Methodologen* noch nicht auf bestimmte Themen festgelegt (und umgekehrt); prinzipiell ist z. B. nach „Wahl“ der allgemeinsten methodologischen Verbindlichkeiten noch nicht entschieden, ob über Diffusionsmodelle oder über Flurformengenese oder über Landschaftsökologie gearbeitet werden soll. Daraus folgt, daß eine „gute Methodologie“ (in diesem engeren Sinne) erst eine notwendige, aber noch keine hinreichende Bedingung dafür ist, damit wir wissen, welche Geographie wir betreiben sollen. Zu einer vollständigen „Methodologie“ — nun im weiteren Sinne — gehört auch eine Erörterung der Themenwahl.

Abb. 1. Rückkopplung von geographischer „Philosophie“ P (betreffend „Gegenstand“, „Thema“, „Domäne“) und „Methodologie“ M (Forschungslogik, Wissenschaftstheorie)

Die deutsche, überhaupt die kontinentale geographische Literatur hat sich, wo sie methodologische Fragen (i. w. S.) erörterte, mehr auf den „philosophischen“ Aspekt konzentriert, also auf Fragen folgender Art: *Was* ist Geographie, *was* tut Geographie, *welches Forschungsobjekt* (oder welche Forschungsobjekte) hat die Geographie; die eigentlich methodologischen Fragen wurden (eigentlich bis zu der Arbeit von *D. Bartels* 1968) stark vernachlässigt und, wenn überhaupt, dann meist nach Denkmustern des 19. Jahrhunderts abgehandelt[10]. Bedeutsame Teile der angelsächsischen, vor allem der nordamerikanischen, aber auch der schwedischen Geographie waren zumindest in den letzten 10—20 Jahren mehr auf *methodologische* Standards bedacht, waren methodenbewußt und auf die Frage konzentriert, mit welchen intellektuellen Instrumenten Geographie zu betreiben sei, und dieser „Instrumentalrationalismus“ war i. a. etwas nachlässig und überpragmatisch hinsichtlich der „eigentlich geographischen Thematik" (oder verfuhr sogar betont nach dem „geography is what geographers do": wir lösen interessante Probleme auf eine Art, die den auch außergeographisch geltenden methodologischen Normen entspricht, und ob das dann „noch" oder „schon Geographie" ist, braucht uns dabei nicht allzusehr zu kümmern). Dies war in der dortigen Situation eine durchaus fruchtbare Haltung; zumal da die Frage nach dem Gegenstand der Geographie und nach dem, was Geographie (eigentlich) sei, sich vor allem in der deutschen Geographie in ziemlich verwirrende und spekulative Dispute verstrickt hatte.

Trotzdem aber bleibt die Frage selbst natürlich sinnvoll, und dies nicht nur aus dem trivialen Grunde, weil wir auch wissen wollen, *worüber* wir reden bzw. reden sollen. Die wichtigsten Argumente dürften disziplin*politischer* Art sein.

Jede Disziplin (als eine wissenschaftliche Subkultur im Kreis der übrigen Wissenschaften) tendiert notwendig dazu, in ihrem Schoß partikuläre Gruppeninteressen, Forschungsrichtungen, Subkulturen mit vollständig verschiedenen Informationshorizonten und Kontaktnetzen auszubilden: oft bis zu einem Maße, daß schließlich nur noch traditionelle Organisationsformen den verschiedenen, um bestimmte Forschungsansätze zentrierten Gruppen von Wissenschaftlern (also etwa der Subkultur der quartärgeologisch orientierten Geomorphologen und der Subkultur der regionalplanerischen Sozialgeographen) einen Schein von Gemeinsamkeit verleihen, der aber höchstens, von niemandem sehr ernst genommen, in methodologischen Fest- und Sonntagsreden aufzuflackern pflegt. Eine „philosophy of geography" ist einerseits ein disziplinpolitisch wichtiges Gegengewicht gegen solche natürlichen zentrifugalen und quasianarchischen Tendenzen im faktischen Wissenschaftsbetrieb, indem sie ein Argumentations-Repertoire in allen organisatorischen Fragen bereitstellt; und selbst wenn eine disziplinpolitische Wirkung in Richtung „Einheit" von solchen Überlegungen nicht mehr ausgeht, so verhilft die Besinnung auf „den Gegenstand" oder „die Gegenstände" (im umschriebenen Sinne) doch zu einer nützlichen Klarheit über die disziplinpolitische Situation (z. B. über die tatsächliche Heterogenität und Disparatheit der Problemkreise in der geographischen Forschungspraxis) und hierdurch zu sinnvollen disziplinpolitischen Entscheidungen über eine angemessene Organisation des Forschungs- und Lehrbetriebes.

Betrachtet man die heutige Geographie in übernationalem Kontext, dann ist diese Art von „inhaltlicher Methodologie", die bei *D. Harvey* „philosophy" heißt, zweifellos sogar dringender als weitere forschungslogische Überlegungen im Rahmen einer „formal-wissenschaftstheoretischen Methodologie" oder „Forschungslogik". Im angelsächsischen Sprachbereich, wo das traditionelle geographische Defizit an Forschungslogik praktisch überwunden zu sein scheint, gilt dies besonders; aber auch in der deutschen geographischen Literatur ist, was die forschungslogische Seite angeht, inzwischen das Wesentliche gesagt, wenngleich noch nicht überall begriffen. Die Inhaltsfragen jedoch sind in vieler Hinsicht noch offen — im deutschen Sprachbereich sind sie nach dem Legitimationsverfall der traditionellen Bestimmungen (vor allem der Länder- und Landschaftskunde) *wieder* offen.

Man kann sagen, daß im deutschen Sprachbereich die inhaltliche Metatheorie, die „philosophy", auch am Beginn der „neuen Geographie" viel stärker beteiligt war als im angelsächsischen Bereich. In England, den USA und Schweden war die „neue Geographie" kaum in so direkter Weise durch Metatheorie motiviert; sie ist in einem günstigen überdisziplinären „Methodenklima" eher fast „naturwüchsig" entstanden (wobei „Naturwüchsigkeit" nur die praktische Überflüssigkeit einer legitimierenden „philosophy" bezeichnen will).

# 1. TEIL

# Metatheoretische Analyse geographischer Grundperspektiven — Bedeutung und Methode

## *1. „Stufen" der metatheoretischen Analyse*

Bevor wir die verschiedenen inhaltlichen Forschungsansätze, eben die „Philosophen" in der zeitgenössischen Geographie, zu skizzieren und Gesichtspunkte zu ihrer Diskussion anzugeben versuchen, soll zunächst der „Standort" und die Funktion eines solchen Unterfangens sowie einige Methoden der Explikation und Extraktion solcher „Philosophien" aus der bestehenden Forschungspraxis angedeutet werden.

Es sei erinnert an das „Stufenmodell wachsender Rationalität", in dem *D. Bartels* (1970, S. 451 ff.) die möglichen „Reflexionsstufen" wissenschaftlicher und wissenschaftstheoretischer Arbeit skizziert hat.

Sieht man einmal ab von der Stufe des bloßen „Gewurstels", auf der die Themen und die Verfahrensweisen der wissenschaftlichen Arbeit einfach durch intuitives „Abschauen" von vermutlich akzeptablen traditionellen Mustern und durch Anpassung an innerdisziplinäre bis institutseigene Vorgängerleistungen weitergereicht werden, dann ist die *erste* und für die „Fließbandproduktion" der normalen Forschungsroutine ausschlaggebende Stufe die der bewußten und bewußt kontrollierten Beobachtung, Beschreibung, Hypothesen- und Theoriebildung auf objektivsprachlicher Ebene und im Rahmen vorgegebener Thematik (vorgegebener Problemkreise); die Stufe des rationalen Einsetzens von sorgfältig gewählten Instrumenten im Hinblick auf den gegebenen Fragehorizont der betreffenden Forschergemeinde. Die Forschungspraxis dieses „Instrumentalrationalismus" reicht insofern in die Metatheorie hinein, als er mit oft sehr bewußten wissenschaftstheoretischen Idealen verbunden ist (Ideal der klar und auch nach ihren Voraussetzungen formulierten Hypothesen; Ideal der Operationalisierung, der methodisch bewußten Beobachtung, Datenerhebung und Datenverarbeitung; Ideale der Präzision, Quantifizierung, Theoriebildung und exakten Bewältigung komplexer Probleme und großer Datenmassen). Im *naivsten* Falle wird der Einzelwissenschaftler auf dieser Stufe getragen von dem Hochgefühl, nun endlich über die Mittel zu verfügen, einige der traditionsreichsten und vor allem die anspruchsvolleren Themen seines Faches operationalisieren zu können — also z. B. Verbreitungs- und Ausbreitungsphänomene sowie gewisse kulturökologische Themen, die in der alten Formel von der „Erde als dem Wohn- und Erziehungshaus des Menschen" seit alters anklingen, nun endlich in einer Weise angehen zu können, die dem methodischen Niveau der respektablen Nachbarwissenschaften angemessen ist. Im *besten* Falle handelt es sich um die bewußte Rezeption der normativen Prinzipien einer modernen Wissenschaftstheorie, z. B. des „kritischen Rationalismus", als Orientierungspunkt und „Normengrund" der eigenen Praxis.

Die *zweite* Stufe zeichnet sich gegenüber der ersten dadurch aus, daß sie Aufmerksamkeit und Problembewußtsein gegenüber dem aufbringt, was der „Instrumentalrationalist" aus der internen Fachtradition (oder aufgrund von disziplinexternen Anstößen) zunächst einmal mehr oder weniger fraglos und pragmatisch akzeptiert: die Hintergrundkategorien, Grundfragen, Problemenkreise, Vorverständnisse, „Basistheorien", an denen die Operationalisierungen und objektsprachlichen Theoriebildungen ja erst ansetzen. Diese Pluralität von „fachspezifischen Weltperspektiven" wird nun expliziert, inhaltlich analysiert, systematisiert; ihre Beziehungen und Funktionen werden erörtert. Diese Tätigkeiten könnte man etwa als eine *„hermeneutisch-explizierende"* und *„rekonstruierende Metatheorie"* umschreiben: hier wird der betreffende Ansatz (seine Erwartungshorizonte, Basistheorien und allgemeinsten Deskriptionsschemata) zunächst bis zum vollen Verständnis seiner „immanenten Wahrheit" im originalen Denkzusammenhang sorgfältig „nach-gedacht", dann in einer angemessenen Inter- oder Meta-Lingua interpretiert und rekonstruiert, d. h. auf die Sprache, Denkmuster und Normen einer solchen Meta-Lingua bezogen (z. B. auf die zeitgenössische Wissenschaftstheorie als einen relativ neutralen Bezugsrahmen).

Man kann den „Metatheoretiker" dieser Stufe als einen „Übersetzer auffassen, der sich angewöhnt hat, Wissenschaftler, die inkommensurable Standpunkte einnehmen, als Mitglieder verschiedener Sprachgemeinschaften zu sehen und ihre Kommunikationsprobleme als Übersetzungsprobleme zu analysieren" (*Th. S. Kuhn* 1972, S. 288).

Das von *D. Bartels* gebrauchte Etikett *„metatheoretischer Nominalismus"* ist als Antithese zu einem metatheoretischen Begriffsrealismus oder Essentialismus gedacht, der die jeweilige Weltperspektive eines Grundansatzes als „das Wesen" der Dinge, als „die Struktur der Wirklichkeit" auszulegen pflegt.

Umschreibt man es in etwas loser Form, so ist in etwa folgendes gemeint (und damit knüpfen wir an schon Gesagtes an): Keine Wissenschaft monopolisiert ein Objekt, das der gesunde Menschenverstand als *ein* Objekt ansieht: Es gibt keine Wissenschaft von *der* Natur, *der* Gesellschaft, *dem* Menschen, *der* Erdoberfläche, *der* Erde, so wie es für einen wissenschaftlichen Angang weder *die* Natur oder eins der übrigen genannten Dinge gibt (etwa als „vorhandene" Bausteine der *einen* Wirklichkeit): Begriffe wie „die Natur" oder „die Gesellschaft" sind entweder leer oder entstehen, wie die Analyse zeigt, dadurch, daß *ein* Wirklichkeitsaspekt und sein Begriffsapparat als *die* Wirklichkeit gesetzt wurde — was z. B. mit Alltagsperspektive und Alltagssprache besonders häufig geschieht.

„Das Objekt" fällt vielmehr — aufgrund der spezifischen Erkenntnisinteressen und Fragehorizonte der betreffenden Forschergruppen — sofort in Einzelaspekte auseinander; es entstehen alsbald gruppeneigene, wissenschaftshistorisch relativierbare theoretische Sprachen und entsprechende Wirklichkeitsmodelle: „Die Gesellschaft" etwa erscheint z. B. in Politologie, Wirtschaftswissenschaft, Soziologie, Sozialgeographie als politisch, ökonomisch, „gesellschaftlich" (i. e. S.), räumlich organisiert, und zuweilen werden innerhalb der „gleichen" Disziplin sogar im Wortlaut „gleiche" Fragen spontan verschieden verstanden und beantwortet, d. h. auf verschiedene „Grundperspektiven", Sprachen und Stile der Erklärung bezogen[11]. Nicht selten hält dann jede Forschergruppe bzw. Forschungsrichtung *ihre* Art, über die Dinge zu sprechen, als die „eigentliche" und „fundamentale", hält z. B. regelmäßig ihren Stil, Biologie oder Geographie zu treiben, für die „eigentliche", „wahre" oder wenigstens fundamentale Biologie oder Geographie: Denn diese Perspektiven und die Sprachen, in denen sie befestigt sind, werden internalisiert, in ihren zentralen Teilen vielfach sehr stark mit Wert- und Evidenzgefühlen aufgeladen und erscheinen subjektiv nicht selten als (z. B.) „die einzig sinnvoll mögliche Art, Geographie zu treiben". Das Bewußtsein, durch eine Brille und auf eine brillenspezifisch strukturierte Welt zu blicken, ist ersetzt durch das Bewußtsein, bei *der* Welt, bei *den* Strukturen *der* Wirklichkeit zu sein (wie sie *eigentlich* sind): Dies ist in etwa das, was man in diesem Zusammenhang als „Ontologisierung", „Hypostasierung" oder auch „Essentialismus" bezeichnen kann.

Diese „Ontologisierung" einer bestimmten Wissenschaftssprache, die uns in der deutschen Geographie so massiv in den Schriften der Landschaftsmethodologen entgegentritt, ist besonders populär (und lehrreich) hinsichtlich des mikrophysikalischen Aspektes der Welt. Die Verwirrungen, die sich hier ergeben, sind häufig und auf zuweilen amüsante Weise in der Literatur der „Philosophie der normalen Sprache" (ordinary language philosophy) behandelt worden. Wir werden z. B. leicht unruhig bei der Vorstellung, daß der solide Tisch, an dem wir sitzen, „eigentlich" nur ein Schein- und Trugbild ist, wenn wir bedenken, was die Physik der Elementarteilchen uns von ihm zu sagen weiß, und der Verdacht liegt nahe, die ganze solide Welt, die wir so sehen, tasten, hören (und auf die sich auch die meisten Spezialwissenschaften noch irgendwie — wenigstens mittelbar — beziehen), sei bloß eine Scheinwelt gegenüber *der* Welt, wie sie uns die moderne Physik vorstellt. „Die (...) Vorstellung, aus der man zuerst einmal etwas Luft ablassen muß, wird durch den Ausdruck „die Welt" gekennzeichnet. Wenn wir hören, daß es schwerwiegende Diskrepanzen zwischen unserer Alltagswelt und der Welt der Wissenschaft (bzw. der Welt eines bestimmten Teilgebietes der Physik) gibt, können wir uns kaum des Eindrucks erwehren, daß diese Physiker ein Recht haben, uns über das, was im Universum [wirklich und] wirklich wichtig ist (was immer das nun heißen mag) zu belehren, weil sie ja schließlich mit ihren Experimenten und Berechnungen zu eindrucksvollen Ergebnissen gekommen sind. Früher waren es die Theologen, die die Leute über die Erschaffung der Welt und die Vorsehung, die sie lenkt, belehrten; heute gelten die Physiker als Experten auf diesem Gebiet — obwohl in den Abhandlungen, die sie für Kollegen und Studenten schreiben, das Wort „Welt" nur selten auftaucht" (*G. Ryle* 1970, S. 93). Man möge „die Welt der (Mikro-)Physik" besser auffassen, wie man „die Welt des Bakteriologen" oder auch „die Welt des Geflügelzüchters" versteht: als ein Sammelname für alles, was in den Interessenbereich z. B. des Geflügelzüchters fällt; für die Gesamtheit dessen, wovon hier die Rede ist, wovon in diesem Kontext gesprochen werden kann, und „diese Sprachweise hat keinerlei Beigeschmack von einer Inanspruchnahme kosmischer Autorität, weil „Welt" hier nicht „die Welt" oder „den Kosmos" meint, sondern lediglich den Bereich, in dem sich die Interessen z. B. des Physikers bewegen" (S. 93 f.)[12].

Man kann natürlich sagen, die „Welt des Physikers" (oder „des Geographen") sei die Gesamtheit der physikalischen (oder geographischen) Gegenstände — aber „Gegenstand" ist dann ganz harmlos gemeint, nennt einfach einen Gegenstand der Rede, all das, worüber man spricht oder sprechen kann[13] und hat keinerlei gewichtige, ontologische Bedeutung (etwa als seien diese Gegenstände „Bausteine" der Wirklichkeit, als bestehe „die Wirklichkeit" oder „die geographische Wirklichkeit" aus solchen Gegenständen — z. B. aus Landschaften oder Ökotopen oder Geofaktoren oder woraus auch immer); denn „Die Welt" (...) „besteht" nicht aus Nukleonen und Elektronen, und sie besteht schon gar nicht aus „Gegenständen" (...). Vielmehr nur wo *menschliche Rede* ist, werden Gegenstände von anderen Gegenständen unterschieden" (*W. Kamlah* u. *P. Lorenzen* 1967, S. 43 f.). „Somit ist die Welt in gar keinem Sinne die bloße Summe oder die Menge der Gegenstände (was ja oft behauptet wird). Sie ist aber auch nicht selbst ein Gegenstand (da nur ‚*in* der Welt' Gegenstände durch Prädikatoren ausgegrenzt werden)" (S. 49).

Es ist also auch unsinnig, über „geographische Gegenstände" oder „an sich geographische Gegenstände" zu spekulieren (also über „die Landschaft", „die geosphärische Realität", „die Geosphäre als die gegebene Wirklichkeit der geographischen Forschungen", *H. Uhlig* 1970, S. 26, usf.). Der „Domäne" einer Disziplin kann man sich nicht vorweg versichern; man faßt sie vielmehr besser auf als relativ zu den jeweiligen Theorien und Forschungsperspektiven (Basistheorien).

Sie wird unter Umständen am besten beschrieben als die zu diesen Theorien gehörige und mit diesen Theorien verknüpfte Menge von Beobachtungen oder beobachteten („realen") Phänomenen (vgl. etwa *D. Harvey* 1969, S. 88 ff.): die „Domäne" der Geographie ist dann also das historisch variable „Testgelände" der historisch variablen geographischen Theorien (Frage- und Antwort-Komplexe); all das, was in die Beobachtungs- und Beschreibungsschemata einer Forschungsrichtung eingeht (vgl. dazu *D. Bartels* 1968, S. 74 ff., 95 ff.). Die Domäne einer Disziplin bzw. Forschungsrichtung kann nur umrissen werden durch und nach Explikation dieser Theorien und der sie grundierenden „Basistheorien" oder „Weltperspektiven" — also auf der beschriebenen zweiten Stufe metatheoretischer Reflexion.

Bislang ist noch nicht viel im Bereich dieses „metatheoretischen Nominalismus" gearbeitet worden (wenngleich viele wissenschaftshistorische Arbeiten etwa von *H. Beck* und *E. Plewe* in dieser Hinsicht wertvolle Aufschlüsse geben); eine wichtige Erkenntnis aber kann man bereits durch eine sehr oberflächliche Auskultation unserer Disziplin gewinnen: In der Geographie existieren mehrere „Basisansätze" nebeneinander — sowohl historisch-diachron, wie synchron gesehen. Sie mögen — nach Ausweis des jeweiligen Standes ihrer theoretischen Entwicklung — teilweise aufeinander zu reduzieren, zum Teil sinnvollerweise aufzuspalten sein: ein globaler Integrationsversuch jedenfalls ist „gegenwärtig einfach nicht sinnvoll" (*D. Bartels* 1968, S. 20). Er verführt einerseits dazu, bestimmte

Forschungsansätze, die sich solcher spekulativer Einheitsschau nicht fügen, als „verfehlt" (als „nicht mehr geographisch") zu deklarieren; er verführt andererseits zu zuweilen seltsamen Überbauten. *D. Bartels* hat des öfteren darauf hingewiesen, daß fast alle innergeographischen Versuche, Gegenstand, Methode und System der Geographie zu umschreiben, bis zur Stunde daran leiden, daß sie unentwegt das zu tun versuchen, was man sinnvollerweise nicht tun kann: Die übergreifende *Gesamt*(meta)theorie der *einen* Geographie zu finden. Ich selber habe an einem Textbeispiel (1971, S. 20 ff.) im einzelnen zu zeigen versucht, daß solche Ansätze notwendigerweise und bewußtlos auf die totale Leerformel oder auf traditionelle Metaphysik oder auf beides hinauslaufen.

Bei der Betrachtung der konkurrierenden Forschungsansätze sollte man aber immer auch die wissenschafts*politische* Situation, das soziale und politische Umfeld im Auge behalten. Da, wo vordergründig und oft bewußtlos Gelehrte über ihre Lieblingsideen streiten, treten hintergründig, d. h. in Wirklichkeit, nicht selten *Institutionen* gegeneinander an, und der gelehrte Ideenstreit entpuppt sich als eine Form des Konfliktes konkurrierender Institutionen und Gruppen. Die streitenden Gelehrten, die um Ideen und Theorien und Metatheorien streiten, verteidigen oft nicht primär Ideen, Theorien und Metatheorien, sondern sich selbst, ihren Lebensstil, ihre Institutionen, ihre Gruppen. Eine „Ideologisierung" in diesem Sinne dürfte (worauf *R. Specht* 1972 noch einmal hingewiesen hat) eine Konstante der europäischen Wissenschaftsgeschichte sein, und es wäre reizvoll, die großen innergeographischen Kontroversen (und nicht zuletzt die jüngsten) einmal unter diesem Gesichtspunkt zu betrachten. „Ideologisierung" heißt dann einfach, daß bestimmte wissenschaftliche Wirklichkeitsvorstellungen, Theorien usf. von einer Institution oder Gruppe zur Legitimierung verwendet oder mitverwendet werden (gleichgültig, ob diese Ideen nun speziell zu diesem Zweck erfunden oder erst nachträglich dienstbar gemacht wurden). „Daß dies geschieht, ist unvermeidlich und verdient die heute übliche Verwunderung nicht, denn Menschen leben in Institutionen [und Gruppen] und sind zugleich intelligente Organismen" (*R. Specht* 1972,

S. 46). Die Epoche, da sich die wichtigsten wissenschaftlichen Institutionen (z. B. die Hochschulen) wenigstens halbwegs zu Recht als „entpolitisierte Großasyle für Gelehrte“ (*R. Specht*) fühlen konnten, war kurz und geht sichtlich zu Ende.

Die Konsequenz angesichts solcher toto globo verschiedener Grundperspektiven könnte ein Relativismus und Dezisionismus sein: Die einzige Berufungsinstanz ist der Konsens oder Dissens der Forschergemeinde, und letztlich gilt eben die Formel, daß „geography is, what geographers do“, oder auch: „Geography is what I like“. Was das historische Vordringen und Verschwinden von Grundperspektiven und damit verbundenen „letzten (wissenschaftlichen) Interessen“ angeht, so ist das eben „letztlich“ eine Machtfrage und wird disziplinhistorisch und disziplinpolitisch, aber meist auf einem sehr viel größeren ideengeschichtlichen, wissenschafts- und gesellschaftspolitischen Feld ausgespielt: Man kann da nur mitspielen oder auch nicht, aber man kann hier nichts „beweisen“[14].

Eine solche Auffassung ist in gewisser Hinsicht nicht unrealistisch und dürfte in einigem der traditionellen „Distanzhaltung“ des Historikers angemessen sein; ich selber habe sie in einer disziplinhistorischen Studie (über „die Diffusion der Idee der Landschaft“, Erdkunde 1969, S. 249 ff.) ziemlich unverbrämt vertreten. Sie sollte aber zweifellos präzisiert und korrigiert werden im Rahmen der *dritten* Stufe metatheoretischer Rationalität, einer *kritischen* Metatheorie.

Hier wird der Ansatz der hermeneutischen und rekonstruierenden Metatheorie mit bestimmter Akzentsetzung konsequent weitergeführt: Die Grundansätze werden zunächst auf ihre historischen, gesellschaftlichen, sprachlichen Quellenbereiche hin transparent gemacht. Hierher gehört etwa die semantische Analyse des Landschaftsbegriffs (*G. Hard* 1969, 1970, 1972): indem eine solche Bedeutungsanalyse bestimmte Relevanz- und Evidenzgefühle, die mit dem geographischen Landschaftskonzept verbunden waren und sind, auf bestimmte sprachliche Quellen bzw. sprachpsychologische Mechanismen hin relativiert. Die vermeintliche „Realität“ oder „Wirklichkeitsstruktur“ „Landschaft“ erscheint dann als ein (innerhalb der Geographie teilweise umgedeuteter) Wirklichkeitsaspekt, der aus der literarisch gefärbten Umgangssprache der Gebildeten stammt. Dort hatte er sich im 18./19. Jahrhundert unter bestimmten sprachlichen, kulturellen und sozialen Bedingungen herausgebildet und sich im 20. Jahrhundert mit gewissen quasi-weltanschaulichen Vorstellungen wie „Ganzheit“ und „Harmonie“, „Volkstum“ und „Ursprünglichkeit“ verbunden und angereichert.

Die Fragen einer kritischen Metatheorie zielen also weiter darauf, welche historischen, gesellschaftlichen, politischen Situationen; welche Normen und Motive; welche vor- und überwissenschaftlichen, gesellschaftlichen und anderen Zielsetzungen, Interessen, Herrschaftsstrukturen und Machtverhältnisse hinter den (klaren oder diffusen) (Gruppen-)Entscheidungen für bestimmte Wissenschaftsideale, Weltperspektiven, Grundbegriffe und Forschungsansätze stehen oder standen — eine Frage, die unmittelbar zu der Diskussion führen muß, ob wir Voraussetzungen, Ziele und Konsequenzen dieser Art teilen oder nicht, und zu der *vierten* Stufe der metatheoretischen Reflexion, der wissenschaftspolitischen *Entscheidung*.

Hier geht es um die Frage, auf welche der Forschungsansätze und -perspektiven wir hic et nunc unsere Forschungspraxis konzentrieren sollen (wodurch mittelbar auch entschieden wird, welchen außerwissenschaftlichen Gruppeninteressen wir dienen werden). Die Antwort kann insofern „rational“ sein, als sie im Lichte der vorangegegangenen Überlegungen, im Lichte einer „kritischen Metatheorie“ erfolgt, der Argumentation zugänglich und revidierbar bleibt und dadurch insgesamt mit einem relativen Bewußtsein der Voraussetzungen und Konsequenzen verbunden ist. Disziplinpolitische Entscheidungen behalten natürlich eine „irrationale“ und insofern willkürliche Komponente — in dem Sinne, daß sie Wertentscheidungen einschließen; sie sind ferner suboptimal schon in dem Sinne, daß sie immer „zu früh“ und unter Risiko erfolgen müssen, nämlich unter unvollständiger und reduzierter Information.

Die bisherigen Ansätze „hermeneutischer“ und auch „kritischer Metatheorie“ im geographischen Schrifttum haben übrigens bedeutende Mängel; auf ihre Begrenztheit hat etwa

*J. Strassel* in einprägsamer und pointierender Form hingewiesen (briefl. 29. 1. 72): „Die Frage ist, welchen Sprachbegriff man (in der metatheoretischen Reflexion) verwendet. Man kann in der deutschen Geographie bislang wohl zwei davon unterscheiden. Zum einen den von *Bartels*, d. h. ein instrumentaler, der sich dadurch legitimiert, daß er bestimmte Formen des wissenschaftlichen Handelns begründen kann und sie so gegenüber etwa nur evidenzorientierten Methoden qualifiziert. Man kommt damit zu selbstkritischen, aufgeklärten Handlungsstrategien, die fest auf dem Boden ihrer logischen Überzeugungen stehen und funktionieren, ohne dabei zu betören. In bezug auf die Widersprüche zu anderen Erklärungstheorien (Metatheorien) jedoch nehmen sie etwa die Haltung akademischer Mediziner zu Naturheilkundlern und Medizinmännern ein: sie *wissen* es besser, und das wissen sie. Die Widersprüche beruhen ihrer Meinung nach entweder auf der Unaufgeklärtheit der anderen oder darauf, daß man hier ein Zipfelchen Erkenntnistätigkeit noch nicht logisch überprüft und formuliert hat. Man kann sie also als ohnehin bald überlebt übersehen.

Der andere Sprachbegriff ist der von *Hard*: der semantische. Er kümmert sich nun vornehmlich um Naturheilkundler und Medizinmänner und arbeitet sie als ethnologische Raritäten auf. Er macht einsichtig, warum es sie gibt, wieso sie so sind, auch: warum es ihrer viele gibt. Theoretische Widersprüche werden dadurch nicht aufgehoben, sondern metatheoretisch fürs Museum präpariert und mit Schildchen versehen."

Zweifellos muß die „kritische Metatheorie" künftig tiefer ansetzen als bisher und konsequenter einen *pragmatischen* Sprachbegriff benutzen, für den Sprachstrukturen Bestandteile von Handlungen im Rahmen der Lebenspraxis sind und der verbales und nichtverbales Verhalten immer verbunden sieht (unter anderem dadurch verbunden, daß von dem einen immer wieder bei Bedarf auf das andere Verhalten umgestiegen werden kann). Ein solcher Ansatz liefe auch nicht Gefahr (wie die beiden anderen Sprachanschauungen mit ihrer teils bloß forschungs*logischen*, teils bloß sprach-, ideen- und ideologiekritischen Metatheorie), die Ideen und Ideologien zu überschätzen gegenüber der Praxis, für die diese Ideen und Ideologien einstehen und in der sie funktionieren.

## 2. *Zum metatheoretischen Ansatz des „Geografiker-Kreises“*

Am entschiedensten hat wohl die Berliner „Geografiker-Gruppe“ (der „Berliner Geographenkreis“, eine Gruppe von Geographiestudenten an der FU Berlin, die die Hefte des „Geografiker“ herausgab und schrieb) die Ansprüche formuliert, die an eine angemessene „kritische Metatheorie der Geographie“ zu stellen wären.

Diese Gruppe hatte sich zunächst (wie etwa Geografiker 3 bezeugt) der „avantgardistischen“ Kritik an der traditionellen Geographie, der Kritik von Landschaftsbegriff und Länderkunde angeschlossen. Basis der Kritik waren die moderne Wissenschaftstheorie und der Zweifel an der „gesellschaftlichen“, und das hieß vor allem: an der technischen und sozialtechnischen „Relevanz“, an der *praktischen* Bedeutsamkeit der bisherigen Geographie. Zwar wurde schon hier betont, daß Wissenschaft nicht nur (im Auftrage der „Gesellschaft“) technisch-sozialtechnisches „Herrschaftswissen“ zu produzieren habe, sondern auch kritisches Wissen (indem sie z. B. auch die Aufgabe habe, die herangetragenen Forderungen der „Gesellschaft“ kritisch zu „hinterfragen“ und zu „überprüfen“) — aber dies blieb mehr beiläufig. Erst in den folgenden Heften des „Geografiker“ stimulierte das gesellschaftstheoretische Interesse und gesellschaftspolitische Engagement der Autoren eine Metakritik der „modernen“ oder „progressiven Geographie“, d. h. derjenigen Geographie, wie sie von einigen jüngeren Hochschulgeographen konzipiert worden war. Die Kritik war orientiert an der kritisch-dialektischen Theorie der „Frankfurter Schule“ und an neomarxistischer Wissenschafts- und Gesellschaftstheorie insgesamt.

Die Kritik richtete sich zunächst gegen eine bloß *pragmatische* Kritik an der bestehenden Geographie: „wo einige jüngere Geographen einfach zur Tagesordnung übergehen, bevor die Diskussion recht stattgefunden hat (...). Die(se) neueste Richtung der Sozialgeographie läßt es sich zuschulden kommen, ihre

Gegner weniger theoretisch als pragmatisch zu überwinden: Sie kann sich nur sehr oberflächlich vom Landschaftsbegriff absetzen, dafür aber darauf verweisen, daß sie verwertbares Wissen produziert, was für die Anthropogeographie zweifellos ein Novum ist" (*U. Eisel* 1970, S. 18). Die „pseudoprogressive Haltung" der meisten „offiziellen Progressiven" in der Geographie bestehe schlicht darin, in Anlehnung an angelsächsische und schwedische Vorbilder „konstruktiv zu arbeiten" (Motiv: Wir lösen einfach Probleme, und unsere Arbeit wird durch Erfolg und praktische Verwertbarkeit der Ergebnisse legitimiert). Die neue Position sei aber nicht minder einer wissenschaftstheoretischen Klärung bedürftig als die der älteren Geographie. Der Wert eines Ansatzes sei letztlich nicht an seiner technisch-sozialtechnischen Verwertbarkeit, sondern an seiner weiter zu fassenden *gesellschaftlichen* Funktion zu messen.

Wenn man gegen die landschafts- und länderkundliche Geographie immer wieder einwende, sie habe keine (gesellschaftliche) Relevanz, so sei dies sehr naiv: „Keine Wissenschaft, die so viel Arbeitskraft absorbiert und sich in so vielen Schulbüchern niederschlägt, ist ohne Relevanz. Es fragt sich nur wofür" (S. 13).

Wissenschaften entstünden *immer* aus konkreten gesellschaftlichen Anwendungsbedürfnissen heraus: Ein solches Bedürfnis brauche aber nicht unbedingt technisch-sozialtechnischer Art zu sein. Auch die Landschaftslehre habe eine gesellschaftliche Funktion gehabt: Sie habe zwar offensichtlich kein technisch-instrumentelles, sondern — vermutlich — *ideologisches* Wissen produziert. Diese Art Geographie müsse im Zusammenhang mit den gesellschaftlichen Situationen analysiert werden, in denen sie entstanden sei, gelebt und sich ausgebreitet habe; es müsse z. B. ideologiekritisch gefragt werden, zu welchem „gesellschaftlich notwendigen falschen Bewußtsein" die Landschaftslehre als Bestandteil gehört habe, welche Verhältnisse sie verschleiern und welche Zustände sie legitimieren sollte (vgl. hierzu auch *H.-D. Schultz* 1971). Erst dann sei die Kritik richtig angesetzt: und diese Art von Kritik müsse man nun *auch* auf die „moderne Geographie" anwenden.

Die heutige Situation der Geographie und die Funktion ihres *augenblicklichen* Paradigmenwandels stellt sich in erster Annäherung etwa wie folgt dar (vgl. *H.-D. Schultz* 1972). Die traditionellen Begriffsmuster und die gesellschaftliche Realität sind auseinandergedriftet. Dies löst gesellschaftliche Krisen aus — unter anderem als Verlust von Selbstverständlichkeiten und Grundüberzeugungen, die sich dann in die Wissenschaften hinein fortsetzen. Auch dort, auf der Wissenschaftsseite, häufen sich die Tabubrüche, geraten die anachronistischen Traditionsbestände unter Störfeuer; dergestalt werden die Voraussetzungen geschaffen, um die Disziplin der veränderten historisch-gesellschaftlichen Situation und den veränderten Funktionsanforderungen anzupassen, die von den herrschenden und tonangebenden gesellschaftlichen Gruppen ausgehen. Der Sinn des Geschehens bleibt den geographischen Akteuren freilich verborgen, auch den „progressiven“ Avantgardisten; die Anforderungen, an die sie sich anpassen, und die Träger dieser Ansprüche werden nicht kritisch-emanzipativ nach ihrer Legitimation befragt. Der gesellschaftlich inszenierte Paradigmenwandel der Geographie, überhaupt der Leitbildwandel einer Wissenschaft, sei potentiell immer ein Vehikel zur Aufrechterhaltung des status quo: Insofern dienen die Tabubrecher ebenso, wenngleich auf andere Weise, den gleichen Herren (nämlich den „jeweils Herrschenden“) wie schon die ideologisierte Landschaftsgeographie.

Auch die Geographie sieht sich seit geraumer Zeit zur Anpassung an die Kriterien technologischer Rationalität gezwungen, falls sie als Wissenschaft und Schulfach weiterhin gesellschaftliche Subsidien erhalten will. Die alte Landschafts- und Länderkunde fungierte zweifellos über weite Strecken als Ideologie: unter anderem dadurch, daß sie (in oft quasi-poetischer Weise) den status quo verklärte, sozialpolitische Ohnmacht kompensierte und berechtigte soziale und politische Interessen und Bedürfnisse inaktivierte. Diese Funktion werde heute weitaus aktueller und agitationswirksamer von anderen Medien und Institutionen übernommen. Diese Art von Geographie hat ausgedient; die neue paßt sich geschickt den *heute* vordringlichen gesellschaftlich-staatlichen Bedürfnissen an — z. B. dem Bedürfnis, die räumliche Organisation der Gesellschaft mittels staatlicher Raumplanung effektiver zu betreiben. Diese Bedürfnisse und Interessen, denen sich die „moderne Geographie" zu dienen anschicke, seien aber ebenfalls durchaus hinterfragbar.

Im liberalen Konkurrenzkapitalismus war der Staat zur Zurückhaltung gegenüber der individuellen Aktivität festgelegt gewesen. Im Zeichen des Monopolkapitalismus aber habe der Staat das Krisenmanagement und immer weitere Ordnungsfunktionen auch in *räumlicher* Hinsicht übernommen: Seine wirtschafts- und raumpolitische Tätigkeit werde allumfassend. Da sich keine Regierung heute eine Situation der Stagnation mehr leisten könne, greife sie mit Anreizen und Hilfen aller Art zugunsten der Wirtschaft ein — und zwar um der Effizienz willen zugunsten der *großen* Unternehmen und der *starken* Verbände. Indem der Staat angeblich der Gesamtwirtschaft und dem Gesamtwohl diene, diene er realiter vor allem den Machtballungen und den privilegierten Gruppen.

Die gebietswirtschaftlichen Ressourcen sind knapp geworden; die Monopole haben wachsende Schwierigkeiten, ihr Kapital zu verwerten. Die staatliche Raumordnung sichere nun die private Profitaneignung durch staatliche Eingriffe und Planungen ab, ordne die Infrastrukturen, überhaupt die räumlichen Produktionsvoraussetzungen (die ökologischen, demographischen, sozialen und technisch-ökonomischen Produktionsbedingungen) so, daß im Effekt die bestehenden Profite, Machtpositionen und Gesellschaftsstrukturen eher gestärkt als gefährdet und verändert würden. „Die Maßnahmen der Raumordnungspolitik werden durch die öffentliche Finanzmasse finanziert" — was eine verfeinerte Ausbeutung zugunsten der herrschenden Gruppen darstelle. Eine Geographie, die sich dieser Situation „pragmatisch" einfüge, sei trotz aller neutralistischen und positivistischen Selbstmißverständnisse parteiisch und diene bewußtlos *bestimmten* Interessen.

Gesellschaftspolitische Überlegungen müßten also in jede „Standortbestimmung" eines Faches eingehen. Sonst bleibe jede Kritik an einer wissenschaftlichen Tradition ebenso blind und den gleichen Mächten verhaftet wie die kritisierte Tradition. Was von der pragmatischen Kritik gelte, gelte auch für eine Kritik, die vorwiegend analytisch-forschungslogisch angelegt sei (wie etwa die von *D. Bartels*); auch der semantische Ansatz (von *G. Hard*) leide gleicherweise an einer „beschädigten Wahrheit“.

Diese Kritik, mit der ich mich auch während eines Berliner Vertretungssemesters konfrontiert sah, ist von *H.-D. Schultz* 1972 noch einmal in einem brillanten Essai formuliert worden — unter dem selbstironischen Titel: „Vorgekonnte Überlegungen zum Wandel wissenschaftlicher Grundüberzeugungen in der Anthropogeographie“. (Man vgl. auch die Arbeit von *U. Eisel* im gleichen Heft des Geografiker, die in anderem Zusammenhang doch eine sehr ähnliche Linie des Gedankens verfolgt.)

*Hard* habe zwar gesehen, daß die Siege der Pragmatiker und Forschungslogiker über die „alte Geographie“ zu leicht errungen würden, und er interpretiere zu recht die jüngsten disziplinhistorischen Ereignisse als Wandel von Grundüberzeugungen über „die Struktur der Wirklichkeit“, als Wechsel quasiontologischer Überzeugungen, die individualpsychologisch eher nach Art von Konversionen vor sich gingen. Seine semantischen Analysen entlarvten zwar die Wirklichkeitsattrappen und Stimmungsakkorde in den kollektiven Verbindlichkeiten der traditionellen Geographie — aber diese „semantische Subversion“ bleibe mit vollem Bewußtsein disziplinpolitisch unverbindlich. Denn die sich disziplinhistorisch ablösenden „Ontologien“ halte *Hard* zwar für heuristisch (zeit- und teilweise) fruchtbar, ja sogar für psychologisch unvermeidbar und notwendig, aber eben für erfahrungswissenschaftlich unentscheidbar — was auch zutreffe, solange man (wie *Hard*) die positivistischen Regeln zugrundelege. Eine solche Position zwinge den Wissenschaftstheoretiker aber zu einem zweifelhaften Neutralismus und Agnostizismus — bei allem etwaigem *praktischen* Engagement für eine bestimmte Seite. „Denn wie immer auch ein Paradigmenwechsel begründet werden mag, die Begründung muß (von solchem Standpunkt aus) gleich immer dem Ontologieverdikt verfallen“, und ein wissenschaftliches Kriterium, „gute“ und „schlechte“ Ontologie voneinander zu scheiden, gibt es für ihn nicht: es gebe höchstens „zeitgemäße“ und weniger „zeitgemäße“ Paradigmen. Das neue geographische Paradigma lebe auch hier nur vom Hinweis auf die Unhaltbarkeit der traditionellen Position, sei aber unfähig, die traditionelle Geographie denkstrukturell zu *überwinden* oder auch nur zu einem umfassenden Bewußtsein der eigenen Position zu gelangen.

Hier räche sich ein Ansatz, der sich (vergeblich) bemühe, den gesellschaftlichen Kontext auszuklammern, statt ihn mit Hilfe einer Gesellschaftstheorie einzubeziehen. Denn die wissenschaftlichen Revolutionen seien immer (wie vermittelt auch immer) mit Klasseninteressen und Entwicklungsproblemen der Gesellschaft verknüpft; sozialwissenschaftliche Grundüberzeugungen, Begriffsbildungen usf. mit den gesellschaftlich herrschenden Situationsverständnissen und Werthaltungen vermittelt (die ihrerseits natürlich die Situationsverständnisse der Herrschenden seien). Die wissenschaftlichen Theorien, Metatheorien und Theoriewandlungen wirken dann wiederum zurück auf das gesellschaftliche Situationsverständnis und die geltenden Wirklichkeitsdefinitionen: diese entweder unkritisch verstärkend oder kritisch verändernd.

Der positivistische Faktenglaube, „die faktenlogische Einschränkung des Wahrheitsbegriffes“, sei nun eines der Mittel, die herrschenden Situationsverständnisse zur raumzeitlosen „Wahrheit“ aufzuwerten: statt hinter diese gesellschaftlichen und oft herrschaftssichernden Wirklichkeitsdefinitionen zurückzufragen und diese Wirklichkeiten von der Theorie her in Frage zu stellen. „Vor einer noch unverwirklichten, gleichwohl nicht unwirklichen Wahrheit muß positivistische Faktenlogik nämlich passen, denn sie muß auf das Engagement von Menschen verzichten, die im polemischen Umgang mit den positivistisch ermittelten Fakten Wahrheit erst vollstrecken, eben nicht vor der sozialen Dignität bestehender Faktizität kapitulieren und die positivistisch konstruierte Einheit von Faktizität und Realität in praktischer Kritik durchbrechen. Wahrheit ist nicht, sondern wird und findet im aktiven Engagement faktischen Niederschlag (. . .). Eine derart arrogante Verhältnisbestimmung von Sein und Bewußtsein (wie im Positivismus) kann nur geben, wer sich vergewissert hat, daß es die (!) Wirklichkeit gibt, und darüber hinaus sicher ist, das Absolute nicht nur zu kennen, sondern es auch zu sein“ (*H.-D. Schultz* 1972, S. 59).

Diese hier hochidealistische, hegelisierende Positivismuskritik, die sich auf charakteristische Weise mit neo-marxistischen Denkmotiven verbindet, hat jedenfalls zahlreiche Vorzüge sowohl vor der traditionellen Methodologie wie vor einer zu eng gefaßten analytischen Wissenschaftstheorie.

Sie regt dazu an, den Wandel von (meta)wissenschaftlichen Grundüberzeugungen nicht bloß „in sich" und „wissenschaftsimmanent" zu betrachten — sei es optimistisch und abstrakt als „Fortschritt der Wissenschaft", sei es pessimistisch und relativistisch als letztlich ziellose „Metamorphose von Denkfiguren und Wirklichkeitsmodellen auf der enthistorisierten Zeitachse." Der Wandel (meta)wissenschaftlicher Grundüberzeugungen wird vielmehr „mit den historischen Verlaufsstrukturen menschlicher Gesellschaften korreliert"; es wird nach der gesellschaftlich-historischen Herkunft und Funktion solcher Wirklichkeitsbilder (und entsprechender Forschungspraktiken) gefragt. Dies wiederum führt dazu, daß wenigstens tendenziell auch die gesellschaftspolitischen Interessen und Ziele offengelegt werden, denen die augenblicklich zur Diskussion stehenden Forschungspraxen und ihre methodologischen „Überbauten" gewollt oder ungewollt dienen. Dies wiederum kann nicht ohne Rückwirkung auf die disziplinpolitischen Entscheidungen bleiben, die ein Wissenschaftler trifft oder an denen er teilnimmt. All dies bedeutet eine bedeutende Ausweitung und Rationalisierung des methodologischen Fragehorizontes. Jeder lernfähige Methodologe des deutschen Sprachbereichs hat hier gelernt, und dies zumindest in folgenden Punkten.

*Erstens* konnte er lernen, einem allzu massiven Beobachtungs-, Erfahrungs- und Tatsachenbegriff noch intensiver zu mißtrauen.

Zwar war es keine Neuigkeit, daß die „Beobachtung" und die „Tatsachen" *nicht* „die Grundlage der Geographie" oder irgendeiner anderen Wissenschaft sind, daß „die Geographie" sowenig wie irgendeine andere Wissenschaft „von der Beobachtung ausgeht". Sie geht vielmehr bewußt oder unbewußt aus von Fragestellungen, selektiven Perspektiven, Problemen und Hypothesen, und die Beobachtungen und Tatsachen werden dann bewußt oder unbewußt im Hinblick auf diese Fragehaltungen usf. *gemacht* bzw. *aufgesucht.* Der Wahrnehmende und Beobachtende verhält sich in wesentlichen Stücken nicht passiv und rezeptiv, sondern ist immer aktiv, konstruktiv und projektiv, selegierend und abstrahierend am Wahrnehmungs- und Beobachtungsprozeß beteiligt. Diese Auffassung hat *Popper* „Scheinwerfertheorie“ genannt — im Gegensatz zur naiv-induktivistischen „Kübel-“, „Kelter-“ oder „Kaffeemühlentheorie“ der Erkenntnis, nach denen „die Wissenschaft“ damit befaßt sein soll, einen Wissenskübel mit „Tatsachen“ und „Beobachtungen“ vollzuschütten — oder sich damit beschäftigen soll, „oben“ Tatsachen in eine Induktionsmaschine zu schütten und „unten“ die „Ergebnisse“ oder „Theorien“ abzuzapfen.

Natürlich wußte man (wenngleich noch kaum unter *geographischen* Methodologen), daß „Beobachtungen“ bzw. „Tatsachen“ keine „konkreten Wirklichkeitsklötzchen“ sind, die „das solide Fundament“ der Wissenschaft und der Erkenntnis darstellen und jenseits von denen es nichts mehr zu fragen gibt: Denn Tatsachen sind Inhalte von Sätzen, und insofern sind sie abstrakt, setzen Selektion, Abstraktion und Konstruktion voraus. „Die umgangssprachliche Neigung, von „konkreten Tatsachen“ zu reden, dürfte von der empiristischen Einstellung des modernen Denkens herrühren, die das „sinnlich Greifbare“ für das sichernde Fundament aller wahren Erkenntnis hält. Hat man aber solchen Fundamentalismus als verfehlt durchschaut, so wird man dem Ausdruck „konkrete Tatsache“ nicht nachtrauern“ (*W. Kamlah* und *P. Lorenzen* 1967, S. 136).

Daß die „Beobachtungen“ und „Tatsachen“ des Wissenschaftlers das *gemeinsame* Produkt von Wirklichkeit *und* Sprache sind; daß sie bereits „theoretisch gedeutete Aspekte der Realität“, dergestalt immer schon „theoretisch verseucht“ und infolgedessen ebenso vorläufig und hypothetisch wie die abstraktesten Theorien sind; daß die berühmten „Tatsachen, die für sich selber sprechen,“ mythische Figuren darstellen (und realiter immer erst durch einen theoretischen Kontext zum Reden gebracht werden): Das alles gilt zumindest seit *Popper* und den „Popperianern“ für jeden einsichtigen Methodologen als geklärt. Andererseits aber blieb die unleugbare „Beobachtung“, daß

„Beobachtungen" dem Geist des Wissenschaftlers und seinen raschen Hypothesen „blinden" Widerstand zu leisten vermögen; daß sie uns unter Umständen zwingen können, unsere liebsten Hypothesen zu revidieren, dergestalt immer irgendwie „das Andere" bleiben und infolgedessen in den Augen der Wissenschaftler eine Dignität besitzen, die sie von dem Verdacht befreit, sie seien bloß unsere eigenen Produkte. „Tatsachen", die wir erfänden, wären offensichtlich zumindest auf die Dauer weniger interessant als diejenigen Tatsachen, die die Forschergemeinde als solche anerkennen muß: ein unzweifelhafter Hinweis darauf, daß Tatsachen zwar (möglicherweise sozial verankerte) Interpretationen, aber doch nicht ganz ohne Realitätsbezug sind.

Die Kritik am „naiven Tatsachenglauben" und „naiven Induktivismus" (oder „naiven Induktionismus") geht hier aber weiter. Wir müssen in der Tat zugestehen, daß die Forschergemeinde, die darüber befindet, ob etwas als Tatsache anzuerkennen sei, nicht aus absoluten Geistern besteht, sondern aus Menschen, die in Gruppen und Institutionen leben und deren Wirklichkeitsdefinitionen bereits kräftig vorgeprägt wurden; die also als gesellschaftliche Wesen sehr nachhaltige, engagierte, interessengebundene Meinungen darüber mitbringen, was und wie „die Welt" oder „die Wirklichkeit" beschaffen ist und zu sein hat.

Erst die historisch-kritische Durchleuchtung einer Disziplin also entkleide die „Beobachtungen", „Tatsachen" und „empirischen Daten" ihrer Undurchdringlichkeit, geben ihnen einen Sinn und bewahre den Wissenschaftler wie den Wissenschaftstheoretiker vor der positivistischen Illusion, vor den „Tatsachen" einen absoluten „Standort außerhalb" einnehmen zu können. Bei solcher Betrachtung werde rasch sichtbar, daß das Subjekt auch der wissenschaftlichen Erkenntnis in gewissem Sinn nicht das Individuum, sondern die Gesellschaft ist und daß es „letztlich" die gesellschaftliche Praxis ist, die zwischen Subjekt und Objekt vermittelt. (Vgl. dazu auch *K. Holzkamp* 1971, vor allem S. 122 ff., 254 ff.)

Dies ist nicht alles, was man von den Geografiker-Autoren lernen konnte (und zwar *innerhalb* der geographischen Literatur *nur* hier).

*Zweitens* konnte man hier zweifeln lernen, ob man sich im Rahmen der „modernen Wissenschaftstheorie" nicht auf einen allzu restriktiven „resignativen", „technischen" Vernunftsbegriff eingelassen habe, aus dem die „substantielle Vernunft" (welche z. B. nach den letzten Zielen und Interessen der Beteiligten fragt) und aus dem auch alle Suche nach „existenztragendem Wissen" ausgesperrt bleibe. *Drittens* konnte man fragen lernen, ob man als Wissenschaftler tatsächlich verzichten *muß* auf einen Begriff des Ganzen — mag diese „Totalität", dieses „Umgreifende" nun als gesellschaftlich-historisch oder anders aufgefaßt werden.

### 3. *Zur Kritik am gesellschaftstheoretischen Ansatz in der Metatheorie*

Eine Metakritik kann sich nur auf den gesellschaftstheoretischen Monismus der Geografiker-Gruppe beziehen: auf die These etwa, daß es letztlich „die gesellschaftliche Praxis" ist, an der Bewußtsein, Wahrheit und Wirklichkeit festgemacht sind, und daß die jeweils „bessere Wahrheit" *und* Wirklichkeit herausgearbeitet werden in der Praxis und im sozialpolitischen Engagement der jeweils progressivsten „Gruppen" oder „Klassen" in der Gesellschaft. Eine solche Kritik muß diesen Autoren freilich deshalb als läppisch erscheinen, weil sie diese Kritik bereits vorweggenommen haben: Indem sie das „Ontologie-" bzw. „Metaphysikverdikt" als herrschaftsstützende Ideologie denunziert haben.

Wer nicht an die angedeuteten gesellschaftsphilosophischen Voraussetzungen gebunden ist, könnte diesen Ansatz etwa wie folgt zu relativieren versuchen. Jede metatheoretische Reflexion, ja jedes wissenschaftliche und andere Fragen endet auf einer Schicht von Begriffen und „Prinzipien", bei der es nach Meinung der Betreffenden „nichts mehr zu fragen gibt" — weil man glaubt, hier „auf Grund" gestoßen zu sein, und sich hier mit Recht beruhigen zu dürfen glaubt. Die Autoren der Geografiker-Gruppe haben die Reflexion bis zur Schicht der soziologischen und gesellschaftsphilosophischen Theorie getrieben, und diese Schicht scheinen sie implizit als fundamentalen und letzten Bezugspunkt akzepiert zu haben.

Man könnte mehreres modifizierend einwenden. Erstens und grundsätzlich, daß man schlecht ausschließen kann, daß es noch andere und möglicherweise sogar „fundamentalere" Interpretationsrahmen wissenschaftlichen Tuns gibt als den gesellschaftlichen bzw. *gesellschafts*theoretischen. Zweitens: Die Fixierung auf den gesellschaftstheoretischen Interpretationsrahmen läßt leicht übersehen, daß jede wissenschaftliche Praxis und jeder wissenschaftliche Text in *vielen* Kontexten steht. Der *gesellschaftliche* Kontext mag derjenige sein, der *zur Zeit* am dringendsten einer Aufklärung bedarf — aber dieses Argument ist relativ. Der unmittelbare Kontext zur methodologischen Äußerung eines Geographen aber ist die geographische Methodologie, diese steht im Kontext der gegenwärtigen Geographie, ihrer Ideologien, ihrer Sprachen, ihrer Praktiken. Diese wiederum stehen im Kontext der Geographie- und allgemeinen Wissenschaftsgeschichte — usf. Es gibt hier eine Art „serial contextualization", und Kurzschlüsse vom Text zur Gesellschaft können ebenso eine beschädigte Wahrheit erbringen wie das *Übersehen* dieses gesellschaftlichen Bezugsrahmens.

Andererseits haben Denken und Handeln des Wissenschaftlers auch individualpsychologische Bedingungen und „existentielle" Bedeutungen (indem sie etwa der „Selbstverwirklichung" des Individuums dienen und unmittelbar mit seinen definitiv letzten Interessen zusammenfallen können). Hinweise auf solche Kontexte können weder einfach als „gesellschaftlich naiv", noch global als (gegenüber den „gesellschaftlichen Voraussetzungen") sekundär und abgeleitet betrachtet werden. Es ist nicht einsichtig, daß alle Momente sei es des menschlichen Verhaltens und Erlebens allgemein, sei es der wissenschaftlichen Praxis im besonderen „gesellschaftsbedingt" und auf „gesellschaftliche Praxis" bezogen sein müssen: Weder faktisch noch normativ.

Drittens scheint der gesamte neomarxistische und kritischtheoretische Ansatz die Rolle des „rein theoretischen" Erkenntnisinteresses etwas zu unterschätzen — d. h. das „Weltbildinteresse", das „praktisch uninteressierte Interesse" am Verständnis des Universums (d. h. des Kosmos und des Menschen). „Man könnte dann neben dem „technischen Erkenntnisinteresse" (Interesse an Verfügungsgewalt), dem Interesse an intersubjektiver

Verständigung („hermeneutisches Interesse"), dem Interesse an Selbstbefreiung von den hypostasierten Kräften der Gesellschaft und der Geschichte durch kritische Reflexion und dem Interesse an humaner „Bildung" („emanzipatorisches Interesse") noch ein Interesse an der Verbesserung des Weltbildes postulieren" (*G. Radnitzky* und *G. Andersson* 1970, S. 51). Wissenschaft ist nicht nur praxis- und anwendungsnah aus *gesellschaftlichen* (technologischen oder ideologischen) Bedürfnissen heraus entstanden; sie hat auch eine alltags- und praxisferne Quelle, die man kaum einfach als ideologisch abtun kann und die von der jüngeren Wissenschaftshistorik immer klarer herausgearbeitet wurde: „Naturwissenschaft ist typisch aus der Naturphilosophie herausgewachsen. Die ägyptische und babylonische Technologie z. B. war der der Griechen überlegen. In diesen Kulturen konnte aber theoretische Wissenschaft nicht Fuß fassen ... Die milesischen, eleatischen etc. „Physiker" (Naturphilosophen) machten einen Anfang: sie stellten ganz neue Fragen, die nichts mit Alltagspraxis oder auch allgemein mit Herrschaftsinteressen zu tun hatten. Sie versuchten, das Universum zu verstehen, und begannen zu spekulieren, woraus es gemacht sein könnte. Die Physik hat seit Galilei größere Autonomie genossen als irgendeine andere Wissenschaftsgruppe. Lange stellte sie ihr Instrumentarium handwerklich her. Das Weltbild der Physik ist das Paradigma von einer Verbesserung des Weltbildes. Wissenschaftliche Theorien haben typisch ihren Ursprung, ihre Wurzeln, in Weltbildhypothesen und Metaphysik" (*Radnitzky* und *Andersson* 1970, S. 52).

*Viertens:* Es ist schwer zu erkennen, wie und durch welches Regelwerk in der Forschergemeinde (wie sie nun einmal ist) je ein relativer Konsens oder Intersubjektivität in dieser Sphäre der substantiellen Vernunft wenigstens angestrebt werden könnte. Man müßte sich ja unter anderem über sehr weitgespannte und folgenreiche geschichts- und sozialphilosophische Theorien verständigen. Angesichts dieser Renitenz der Forschergemeinde bleibt freilich die Strategie, diese Forschergemeinde grob und global zu denunzieren als einen Haufen, der eben grundsätzlich ideologiebefangen und „im Grunde" wahrheitsunfähig sei. Dies wiederum wird manchen als eine allzu subjektive Lösung erscheinen.

Schließlich: Es scheint, daß die Probleme, die in einer kritischen Metatheorie und in der disziplinpolitischen Entscheidung anstehen, nicht mehr allein durch *inhaltliche* „Theorie" (auch nicht im Rahmen einer umfassenden Gesellschafts- und Geschichtsphilosophie) gelöst werden können. Solche „Theorie" enthielte immer auch normative Elemente, über die eine zwanglose Übereinkunft durchweg nicht erreichbar wäre, und jede inhaltliche Theorie dieser Art wäre in praxi wie ihre Vorgänger dem Ideologieverdacht ausgesetzt, d. h. nur durch dogmatische Festsetzungen vor einer destruktiven Kritik zu immunisieren.

Zwang, Wahrheit und allgemeiner Konsens sind heute gleichermaßen „knappe Ressourcen"; gleichzeitig vermehren sich aber die entscheidungsbedürftigen Probleme. So kann es nicht wundern, daß die traditionalen Arten der Legitimation von Entscheidungen (auch die Legitimation durch „Wahrheit" oder „Wahre Gerechtigkeit") in den modernen Gesellschaften ganz offensichtlich zumindest in vielen Situationen viel zu wenig flexibel sind und fast nirgends mehr recht funktionieren. Diese Situation forderte zusätzliche Möglichkeiten, bindende Entscheidungen herbeizuführen. Es liegt nahe, die direkten Sach- und Wertbezüge der Entscheidung wenigstens teil- und zeitweise auszuklammern und den Entscheidungsvorgang selbst „reflexiv zu machen": Statt direkt zu entscheiden, wird (zunächst) über die (Art und den Vorgang der) Entscheidung entschieden. Die enorme Leistung dieses „reflexiven Mechanismus" ist z. B. von *N. Luhmann* immer wieder hervorgehoben worden (vgl. zum Vorangegangenen *Luhmann* 1968, 1969, 1970, *Habermas* und *Luhmann* 1971).

An die Stelle von „Naturrecht" und von „Vernunftrecht" (als einem Ableger des Naturrechts) tritt dann gewissermaßen das „Verfahrensrecht" der Entscheidung; „Legitimation durch Verfahren", „rationale Legitimität" (*M. Weber*) von Setzungen nicht aufgrund ihrer akzeptierten vollen oder approximativen Wahrheit, sondern aufgrund des legitimen oder legalen Verfahrens. Die Entscheidung wird vom Individuum unter Umständen hingenommen unabhängig vom subjektiven „Befriedigungswert" der einzelnen Entscheidungen: wenn und weil die Entscheidungs*weise allgemein* befriedigt.

Auch auf dem Felde einer „kritischen Metatheorie" und der disziplinpolitischen Entscheidung ist eine allgemeine Anerkennung der Beurteilungsmaßstäbe und der Wertgewichte von Alternativen sehr unwahrscheinlich. In dieser Situation liegt es nahe, auch disziplinpolitische Entscheidungen nicht mehr direkt auf Inhalte theoretischer und/oder normativer Art zu begründen; auch nicht auf „geographische Axiome" (*E. Neef* 1967) oder auch auf die „Beobachtung" (*E. Otremba* 1970) als den „sicheren Fundamenten" der Geographie. Ein Fundamentalismus der einen wie der anderen Art kann man heute getrost zu den sogenannten schlechten Fundamentalismen rechnen.

Zwar berufen sich inhaltliche Begründungen und Verteidigungen von Forschungszielen (also etwa die Landschaftsmethodologie) immer wieder auf Grundwerte und Grundwahrheiten, von denen man zudem meistens annahm oder vorgab, sie seien gesellschaftlich allgemein anerkannt. Meist ist aber unschwer zu erkennen, daß solche Verknüpfungen bzw. Deduktionen erschlichen sind. Man kann solche Berufungen fast immer so auffassen: Unter dem Legitimationsdruck einer Krisensituation beruft sich eine Gruppe auf „allgemein geltende Werte" und „Wahrheiten". Dabei entstehen ideologische Überbauten, die normalerweise weder metatheoretische Probleme lösen, noch Konsens schaffen — und durchweg auch gar nicht diese Intention haben: Sie haben vielmehr im allgemeinen die Intention und die Aufgabe, Alternativen, Innovationen, abweichende Lösungsvorschläge durch Berufung auf dogmatisch vorausgesetzte „Grundwerte" und „Grunderkenntnisse" zu diffamieren (Vgl. dazu auch *H. L. Meyer* 1972 zur „normativen Didaktik" und zur „Deduktion von Lernzielen").

Die Alternative zur „inhaltlichen Rationalität" der angedeuteten Art ist auch hier eine Verfahrensrationalität: An die Stelle der Legitimation von Entscheidungen durch Übereinstimmung mit (bzw. Deduktion aus) „gültigen", allgemein akzeptierten Normen — oder auch an die Stelle einer Legitimation aus bestimmten „Sachzwängen" — tritt die „Legitimation durch Verfahren" (*N. Luhmann*), bei der akzeptierte Wahrheiten nur einen äußeren Rahmen der Entscheidung abstecken.

Schon das erklärte „Ethos" der Wissenschaftler (welches freilich keineswegs immer ihr praktiziertes Ethos war) läßt vermuten, daß eine wenigstens partiell nicht-autoritäre Verfahrensweise durchsetzbar ist. Ein solches Verfahren gilt allgemein als Postulat wissenschaftlichen Handelns und als grundsätzlich überlegen gegenüber den alternativen Methoden der (individuellen) „Hartnäckigkeit" und der „Autorität" (des Lehramtes, der Zensur, der Inquisition) — um die Termini von *Ch. S. Peirce* zu gebrauchen (vgl. *K.-O. Apel* 1967, S. 129 ff.).

An die Stelle der allgemeinen Anerkennung der Beurteilungsmaßstäbe usf. tritt die Anerkennung eines Verfahrens nicht-autoritärer Entscheidung. Das bedeutet in praxi, daß alle Betroffenen (im Falle der Wissenschaft glücklicherweise zum großen Teil identisch mit dem Kreis der wenigstens prinzipiell Kompetenten) die definierten Entscheidungskriterien mitgestalten können: und zwar im Rahmen eines als legitim, nützlich und praktikabel anerkannten Verfahrens der Konsensherstellung und Entscheidungsfindung unter Dissenters. (Für eine Parallele in der Raumplanung vgl. etwa *K. Ganser* 1973.) Dies hat einige Voraussetzungen: z. B. Transparenz des Verfahrens; Möglichkeit tendenziell zwangfreier Diskussion und Kritik; Explikation der in Betracht gezogenen Alternativen und der eingebrachten Entscheidungskriterien.

All das schließt nicht aus, daß auch die festgelegten Verfahren und ihre Prämissen selbst der Kritik zugänglich bleiben; daß die Beteiligten zuweilen auch den Wert der Diskussion diskutieren und ihren Glauben an Kritik und Zweifel einer Kritik unterziehen sollten.

Die Entscheidung über Forschungsprojekte und Forschungsrichtungen war immer schon das Ergebnis eines politischen Prozesses der Artikulation und Durchsetzung von Interessen. Dieser Prozeß würde nun durch Verfahrensregelung einen Teil seiner *bloß* machtpolitischen Komponenten verlieren. Plausibel wird dieser Lösungsvorschlag unter anderem durch den Hinweis auf das erklärte „Ethos" der Wissenschaftler und durch die Überlegung, daß über *Verfahrensweisen* der Entscheidungsfindung *eher* Übereinkunft erzielt werden kann als über Wert*inhalte*, Ontologien, Forschungs*ziele*: vor allem, weil „die Gesellschaft" heute eher allgemein akzeptable Entscheidungs*verfahren* als allgemein anerkannte Entscheidungs*kriterien* anbietet. Diese gesellschaftlich-historische Situation spiegelt sich fast in jeder Gruppe wieder — auch unter Wissenschaftlern.

Vor allem ist sicherzustellen, daß dem Individuum die bindende Annahme einer Entscheidung zumindest innerhalb gewisser Toleranzgrenzen auch dann relativ leicht gemacht wird, wenn es die betreffende Entscheidung persönlich nicht für die beste (oder sogar für falsch) hält. Der Unterlegene bzw. Geschädigte muß die für ihn negative Entscheidung in seine Erwartungen, sein Verhalten und in seine Persönlichkeit einbauen können, ohne sein Gesicht oder gar seine Identität und sein Vertrauen in die soziale Umwelt (bzw. in „die Wissenschaft") zu verlieren: Nur dann kann er die gefallene Entscheidung wie eine zwar persönlich unwillkommene und enttäuschende, aber eben doch zu respektierende *Tatsache* behandeln.

Ein solches motivloses Akzeptieren und Umlernen ist am leichtesten in einem bestimmten intellektuellen Klima: Bei jenem etwas gebrochenen Verhältnis zur „vollen Wahrheit" und zur „wahren Gerechtigkeit", welches aber gerade dem Wissenschaftler — sogar nach seinem eigenen Selbstverständnis — eigen sein sollte. („Legitimation durch Verfahren" sichert gerade Entscheidungsfähigkeit trotz dergestalt „gebrochener Verhältnisse.")

Es ist offensichtlich, daß sich in der Metatheorie bei der Ermittlung von *Forschungs*zielen sehr ähnliche Probleme stellen wie in der Curriculumforschung, d. h. bei der Festsetzung von *Lern*zielen (vgl. etwa die zusammenfassende Darstellung bei *H. L. Meyer* 1972).

### *4. Grundperspektiven als „Begriffsapparaturen"*

Es folgen einige Bemerkungen zur Präzisierung des Begriffs „Grundperspektive" „Basistheorie" (usf.) sowie, damit zusammenhängend, über einige empirische Ansätze und Methoden zu ihrer Ermittlung.

Wir können diese „Grundperspektiven“ oder „wissenschaftlichen Weltbilder“ zunächst als „Begriffsapparaturen“ und „Sprachen“ auffassen (als Teil- und Sondersprachen, Teil- und Sonderlexika im Rahmen umfassenderer Wissenschaftssprachen). Man beobachtet mühelos, daß einem bestimmten Corpus von Theorien, ja überhaupt wissenschaftssprachlichen Aussagen ein bestimmter Grundstock von Begriffen gemeinsam ist. In zahlreichen sozialwissenschaftlichen Theorien kommen unabhängig von ihrem speziellen Inhalt z. B. „tragende“ Begriffe wie *Handlung, Interaktion, Norm, Institution, Gruppe* usf. vor, in gewissen sozialgeographischen Theorien zusätzlich Begriffe wie *Richtung, Distanz, relative Lage,* (räumliche) *Verbindung, räumliche Muster* (oder auch einfach und diffuser *räumlich, Raum, raumwirksam, raumdifferenzierend* und dergl.) — zumindest, wenn man auf die fundamentalen Begriffe hin analysiert.

Es soll jetzt nicht erörtert werden, wieweit man den Kreis dieser „fundamentalen Begriffe“ ausdehnen sollte; es ist jedenfalls klar, daß wir unterscheiden können zwischen der Begriffsapparatur oder „der Sprache“ einer Theorie (der theoretischen Sprache) einerseits, Aussagen und Aussagengeflechten, die in dieser Sprache formuliert sind, andererseits (den informativen Theorien also)[15]. Ähnliches gilt auch für das Paar Beobachtungssprache — informative Beobachtung (wobei Beobachtung und Beschreibung einerseits, Theorie und Erklärung andererseits weder in einer bestehenden Fachwissenschaft noch prinzipiell scharf trennbar sind).

Wenn die Didaktiker darauf bestehen (vgl. etwa *J. Birkenhauer* 1971, 1, S. 37, 42 u. ö.), daß der Erdkundestoff für einen sinnvollen geographischen Unterricht auf die spezifisch geographischen Grundbegriffe hin elementarisiert werden müßte (und zwar *von der Fachwissenschaft her*), daß der Stoff und die Ausdrücke des Fachvokabulars auf ihre spezifisch geographische Grundbegrifflichkeit abzuklopfen wären: Dann kann ein solches fachdidaktisches Vorhaben (welches ja nicht etwa darin bestehen kann, einfach „die Fülle zu reduzieren“, sondern darin bestehen muß, Grundstrukturen zu extrahieren) nichts anderes meinen als die beschriebene Herausstellung des fundamentalen Begriffsapparates der verschiedenen geographischen Forschungsrichtungen.

Jede Begriffsbildung oder Sprache ist natürlich selektiv, abstraktiv und restriktiv (hinsichtlich der „Fülle der Empirie" und des Denkbaren), hebt Bestimmtes hervor und blendet anderes ab (und überdies pflegt sie, einmal akzeptiert, Wahrnehmung, Denken und Verhalten nachhaltig in ihrem Sinne zu kanalisieren und zu steuern). Im Sinne dieser „Selektivität" ist die Begriffsbildung und die „Wahl" einer Sprache „wertend" oder besser: „wertbezogen", weil zumindest stillschweigende (Basis-)Entscheidungen darüber eingeschlossen sind, was hervorgehoben (und was abgeblendet) werden soll, und auch in diesem Sinne beruht jede wissenschaftliche Tätigkeit (wie jede menschliche Rede) auf einer „Wertbasis"[16], ohne deshalb auch schon selbst inhaltlich werten zu müssen: sie setzt ohne Zweifel Wertungen voraus, braucht aber selbst keine Werturteile und wertenden Begriffe als *Bestandteile* zu enthalten; zumindest ist eine solche „Normierung" auf „Wertfreiheit" (in diesem engen Sinne) grundsätzlich möglich.

Rivalisierende (alternative) Theorien sind entweder in gleicher „Sprache" abgefaßt („sprechen die gleiche Sprache"), oder aber mit Hilfe mehr oder weniger verschiedener Begriffsapparaturen formuliert und „sprechen eine andere Sprache"; sie reden dann sogar von anderen Dingen insofern, als meine Sprache bis zu einem hohen Maße meine Welt darstellt.

Nehmen wir z. B. die sehr verschiedene Art und Weise, in welcher von der genetischen Kulturlandschaftsmorphologie und in der „regional science" die Lage einer Stadt erörtert wird (einerseits z. B. im Rahmen von scheinbar „idiographischen", historisch-genetischen Erörterungen bezüglich der einen Stadt, andererseits z. B. im Rahmen eines entwickelten Verteilungsmodells zentraler Orte): Es dürfte schwer sein, die beiden konkreten „Theorien" oder Erklärungen vergleichend zu beurteilen; die Diskussion würde sich unweigerlich zu einer Diskussion der beiden „Sprachrahmen" und „Begriffsapparaturen" ausweiten. (Ähnliche Fälle lassen sich leicht auch im Rahmen der augenblicklichen Geomorphologie konstruieren.) Das Wort „Diskussion" deutet an, daß die „Wahl" dieser „Sprachrahmen" möglicherweise keine Sache der bloßen Konvention ist (wie ein radikaler Konventionalismus annimmt). Hier fehlen kombiniert empirisch-forschungslogische Fallstudien darüber, ob und wie in der Forschungspraxis solche Konkurrenzsituationen wahrgenommen, aufgearbeitet und entschieden werden, ob und wie sich in solchen Fällen Prüfung und Eliminierung von „alternativen" Theorien vollzieht.

Es handelt sich hier in der Tat um eine Art von „intertheoretischen Konflikten", die bis zu einem gewissen Grade vergleichbar sind dem schon erwähnten „Konflikt" zwischen der „Theorie" (und „Sprache") des Tischlers und der „Theorie" (und „Sprache") des Elementarteilchenphysikers über meinen Schreibtisch; *G. Ryle* und viele Philosophen der „normalen Sprache" hätten diese Konflikte wenigstens zum Teil ohne Zweifel als bloß scheinbare Kollisionen von ganz inkommensurablen Begriffssystemen betrachtet: Es ist eben nicht so, als wäre die eine Geschichte richtig und die andere falsch; es handelt sich einfach um ganz verschiedene Arten von Geschichten.

Hier liegt die Versuchung nahe, es bei der Feststellung und Beschreibung zu belassen, daß eben verschiedene „Sprachspiele" (und hinter diesen Sprachspielen unter Umständen je eigene „Lebensformen") vorliegen, über die man nicht mehr streiten könne (und im Rahmen eines hermeneutisch-historischen Interesses mag eine solche Auffassung sogar die einzig sinnvolle sein). Blicken wir aber in die Wissenschaftsgeschichte, dann sehen wir rasch, daß dieser „Toleranzstandpunkt" höchst selten eingenommen wird; man diskutiert vielmehr, und zwar meist sogar mit größerer Heftigkeit als im Falle sprachlich kommensurabler Theorien. Man diskutiert dann im Grunde aber nicht darüber, ob die eine oder andere Geschichte falsch ist (wenn es auch oft so erscheinen mag); man diskutiert vielmehr, ob es sich nicht um eine falsche Art von Geschichten handelt. Es ist klar, daß die „Falschheit" im ersten und im zweiten Fall sich durch eine kräftige Bedeutungsnuance unterscheiden und nicht durch die gleiche Art von Argumenten und Tests geprüft werden können.

Hinter der empirisch feststellbaren lautstarken Kampfeslust stecken gute Gründe, wie schon eine einfache Überlegung zeigt: Jede Sprache, auch jede Wissenschaftssprache und jede spezifische Begriffsapparatur, setzt Grenzen des Erkenntnisfortschritts, Grenzen der Thematisierung und Problematisierung — nicht nur durch Abblenden und Akzentuieren, sondern auch dadurch, daß sich im Laufe der Sprachentwicklung (und prinzipiell kann die Entwicklung einer Wissenschaft immer als linguistische Entwicklung interpretiert werden) immer neue semantische Konventionen herausbilden (Bedeutungs-, Prädikatoren- oder Analytizitätsregeln, „material-analytische Wahrheiten und Falschheiten"; psychologisch gesehen: sprachimmanente „Selbstverständlichkeiten"); und wer allzuviele dieser impliziten Annahmen bezweifelt, verläßt die Sprache und die betreffende Forschergemeinde (bzw. wird von ihr „verstoßen"). Daraus folgt, daß auch diese „Sprachrahmen" selbst der Diskussion zugänglich bleiben müssen.

Leider fehlen alle präzisen empirischen Studien und forschungslogischen Analysen über die Art und Weise, wie solche „Sprachen" in praxi koexistieren und in den einzelnen Disziplinen diskutiert werden: Obwohl gerade die Geographie — nicht zuletzt die gegenwärtige — ein hochinteressantes Experimentierfeld wäre[17].

Ein intertheoretischer Vergleich aufgrund der Regeln, mit denen man bei vergleichbarem Sprachrahmen Informationsgehalt und Bestätigungsgrad von Hypothesen vergleichen kann, dürfte in vielen Fällen rasch auf seine Grenzen stoßen — wiewohl solche Sprachrahmen vielfach mit Nutzen etwa nach folgenden Gesichtspunkten beurteilt werden können: (1.) Welche „Sprache' ist insofern brauchbarer, als sie die besser prüfbaren, informativeren und/oder besser bestätigten Theorien liefert? (2.) Enthält eine der konkurrierenden Sprachen verdeckte Wertgesichtspunkte? (3.) Läßt sich all das, was in dieser einen Sprache formuliert werden kann, auch in der anderen, im Sinne von (1.) theoretisch fruchtbareren Sprache formulieren — usf. (vgl. etwa *H. Albert* 1964, S. 44 ff.)

Insgesamt aber wird sich die Diskussion alsbald auf der Stufe der „kritischen Metatheorie" und im Vorfeld nur mehr oder weniger „rationaler", d. h. nur mehr oder weniger argumentativ gestützter disziplinpolitischer Entscheidungen befinden, und die erste Arbeit dieser metatheoretischen Kritik wird immer die sein, den bekannten Strategien zu begegnen, mit denen solche „Sprachen" und „wissenschaftlichen Weltbilder" sich gegeneinander und gegen Kritik überhaupt zu immunisieren pflegen: auf der „naiven" Seite Ontologisierung und Essentialismus, d. h. sprachrealistische Ausdeutungen der zentralen Begriffe, auf der raffinierten Seite der radikale Konventionalismus, für den solche sprachbefestigten Perspektiven nicht nur eine konventionelle Komponente haben, sondern letztlich beliebige Konventionen oder „Standpunkte" historisch zufälliger Art *sind* — und denen gegenüber die letztmögliche „rationale" Stellungnahme darin besteht, sie semantisch zu explizieren und ihre Unvereinbarkeit zu konstatieren.

### 5. *Grundperspektiven als „General Orientations"*

Wir können die bisherige Definition von Grundperspektiven als „Begriffsapparate" noch etwas genauer fassen, wenn wir sie als „General Orientations" (*R. K. Merton* 1964, S. 122 ff.) oder „Orientierungshypothesen" (*K.-D. Opp* 1970, S. 206 ff.) beschreiben.

Theorien entstehen, wenn die Begriffe einer Sprache als Variable aufgefaßt und zu einem „System" oder Aussagengeflecht verbunden werden. Orientierungshypothesen sind dann „broad postulates which indicate *types* of variables which are somehow to be taken into account" (*R. K. Merton* 1964, S. 122). Es handelt sich also nicht um objektsprachliche Theorien, d. h. um Spezifizierung bestimmter Beziehung zwischen *bestimmten* Variablen, sondern um Aussagen *metasprachlicher* Art, die angeben, auf welche breiten Typen oder Klassen von Variablen wir vor allem achten sollen; semantisch formuliert: welche Inhaltsklassen (semantische „Kategorien" von Wörtern wir vorzugsweise gebrauchen sollen. Daneben enthalten Orientierungshypothesen aber vielfach auch Angaben syntaktischer Art — d. h. Angaben darüber, wie Variablen verknüpft werden sollen.

Als Beispiel gibt *R. K. Merton* die „Regel" von *E. Durkheim*, daß die Ursache eines sozialen Tatbestandes unter den sozialen Tatbeständen zu suchen sei, die diesem Tatbestand vorausgehen. Diese „Orientierungshypothese" ist reichlich vage, aber impliziert immerhin, daß die betreffenden Ursachen z. B. nicht unter vorausgehenden astronomischen Ereignissen (z. B. Sonnenfleckenrhythmen) zu suchen sind. Es handelt sich also um mehr oder weniger genaue und weitläufige Hinweise auf Forschungsziele, um Anregungen für Beobachtung und Theoriebildung; Orientierungshypothesen nennen z. B. Typen und Klassen von Explananda und deuten Typen und Klassen von Variablen an, die für die Erklärung infrage kommen[18]. Solche Orientierungshypothesen sind selten so klar formuliert und intellektuell zugänglich wie folgende Formulierung des „Arbeitskreises für Hochschuldidaktik" (vgl. *D. Bartels* 1971): „Forschungs- und Lehrgegenstand der Geographie sind Systeme wie in anderen Wissenschaften. Die Geographie widmet sich dabei speziell solchen Systemen, in denen erdräumlich-distanzielle Variable als wesentliche Elementrelationen angesehen werden (...). Die Erklärung dieser Relationen ist nur auf der Grundlage inhaltlicher Theorien möglich, die gegebenenfalls anderen Disziplinen entnehmbar sind. In der praktischen Arbeit besteht die Möglichkeit, diese theoriebezogene Forschung auf die Analyse von physischen Systemen oder von Systemen, die sich aus dem Zusammenspiel menschlicher Entscheidungsprozesse ergeben, zu konzentrieren". Diese Orientierungshypothese läßt zwar enorm viel offen, aber immerhin wird eine für alle geographische Arbeit notwendige und wohlumrissene Klasse von Variablen bzw. Relationen festgesetzt (die „erdräumlich-distanziellen" Variablen bzw. die Distanzrelationen), und hinsichtlich der Geographie des Menschen wird festgesetzt, daß im Explanans der Variablentyp „menschliche Entscheidungen" konstitutiv sein soll. (Die Angabe bezüglich der physischen Geographie indessen bleibt vollständig leer.) Hinsichtlich der Menge der übrigen Variablenklassen wird — „gegebenenfalls" — auf „andere Disziplinen" verwiesen — im Falle der Geographie des Menschen wohl auf die Sozial- und Wirtschaftswissenschaften. (Wenn die zitierte „allgemeine Orientierung" ernst genommen würde, müßte sie zu einer völligen Umorientierung der gegenwärtigen deutschen Geographie führen.)

Viel öfter aber sind Orientierungshypothesen in Realdefinitionen, Wesensaussagen und Umschreibungen des „Gegenstandes" und des „Systems" einer Wissenschaft verkleidet — zumindest werden Aussagen dieser Art, wenn man ihnen einen guten Sinn abgewinnen will, vorteilhaft so gedeutet. Die Aussage: „Landschaft (das Bild der Landschaft) ist das sichtbare (äußere) Ergebnis historischer Kräfte (eines Kräftespiels)“ kann man etwa so deuten: (landschafts)geographische Aussagengeflechte, Hypothesen, Theorien sollen zwei Klassen von Variablen enthalten: 1. landschaftliche Gegenstände (Komponenten des Landschaftsbildes) als Explananda; 2. historische „Kräfte“, die dieses Landschaftsbild bzw. seine Einzelstücke „gestaltet“, „geprägt“ haben und es deshalb erklären können. (Was unter „Kräfte“ verstanden wird und welche Kategorien von „Kräften“ infrage kommen, könnte durch systematische Inhaltsanalyse und Interpretation typisch landschaftsgeographischer Arbeiten ermittelt werden.)

Wenn in der Landschaftsdefinition eines Landschaftsökologen die physisch-geographische Landschaft umschrieben wird als „Abbild eines komplexen Wirkungsgefüges, in welchem die verschiedenartigen Naturerscheinungen ineinander greifen und in Wechselbeziehung stehen“, dann wird (1.) ein Explanandum angedeutet (die „physisch-geographische Landschaft“, d. h. wohl: physische Phänomene landschaftlicher Größenordnung — also nicht Mikroben, aber z. B. eine Wiese), es wird (2.) eine Forschungsaufgabe angedeutet, indem die Art des Explanans umschrieben wird: die „physisch-geographische Landschaft“ soll „als Abbild“ eines „Wirkungsgefüges“ verstanden werden. Die Variablentypen werden i. a. im weiteren Kontext solcher Definitionen angedeutet (es handelt sich meist um grobe Beobachtungsaggregate bzw. „black boxes“ von Art der Geländefaktoren der Geobotaniker); in der zitierten Orientierungshypothese erfahren wir nur ihre Verschiedenartigkeit und den vagen Hinweis, es sollten solche Variablen berücksichtigt werden, die ein „System“ bilden. — Im methodologischen Schrifttum begegnet man dergestalt auf Schritt und Tritt Aussagen, die man als Fragmente von „general orientations“ umdeuten kann.

Fassen wir zusammen: „Grundperspektiven“, „wissenschaftliche Weltperspektiven“ von Forschergruppen kann man als Orientierungshypothesen auffassen. Dies sind Aussagen über Klassen oder Typen von relevanten Variablen; Aussagen über das, was betrachtenswert und erklärungswürdig ist; darüber, mit Hilfe welcher Begriffe beobachtet, beschrieben, erklärt werden soll sowie darüber, wie die Variablen *verknüpft* bzw. auf welche *Weise* die Explananda erklärt werden sollen (z. B. „kausal“ oder „funktional“). Essentialistische Aussagen, Wesensdefinitionen, ontologisierende Aussagen über Gegenstand und System der Geographie werden oft am besten als Ontologisierungen von Fragmenten solcher Orientierungstheorien gedeutet. Will man „Grundperspektiven“ explizieren, dann gilt es, aus dem methodologischen Schrifttum und der Forschungspraxis (sowie unter Zuhilfenahme von entsprechenden Tests) die möglichst vollständigen Orientierungshypothesen herauszuholen.

### *5. Hinweise auf einige Forschungstechniken zur Explizierung von Grundperspektiven*

Die Fahnen- und Schlüsselwörter einer wissenschaftlichen Weltperspektive, die zentralen Bereiche (der „Kern“) ihrer theoretischen Sprache wie ihrer spezifischen Beobachtungssprache, ihre „höchsten“ Theorien und Orientierungshypothesen enthalten *erstens* klare Hinweise darauf, was „die Wirklichkeit“ der betreffenden Wissenschaftler ist, d. h. mit welchen Grundkategorien von Gegenständen ihr Universum bevölkert ist. *Zweitens* sind sie durchweg mit Evidenzgefühlen, Wertgefühlen und anderen Emotionen besetzt und stellen, auch dadurch abgesichert, im allgemeinen die krisenfesten Gewißheiten und einwandimmunen, subjektiv fast unüberwindlichen Überzeugungen des Wissenschaftlers dar. Wer hier zu zweifeln, ja nur Fragen zu stellen beginnt, wird oft sehr heftig gemahnt, nicht „im luftleeren Raum zu spekulieren“ sondern schleunigst wieder „auf den Boden der Wirklichkeit (auch: „der Tatsachen“) zurückzukehren“. Eine eindringende Analyse könnte wohl immer zeigen, daß diese Perspektiven, Basistheorien usf. mit gewissen Idealen der Natur-, ja der Gesellschaftsordnung rückgekoppelt sind und vielfach auf soziale Situationen und korrespondierende ideologische Positionen und Mentalitäten rückbezogen werden können.

Das Stichwort „Ontologie“ bringt uns auf die von *W. V. O. Quine* vorgeschlagenen „Ontologiedektoren“. Es ging dem Logiker darum, auf sprachanalytische Weise den sprachimmanenten

Konsensus „on what there is", das „ontological commitment" von Theorien und theoretischen Sprachen aufzudecken.

Über dieses weitläufige und kontroverse Thema sagt man besser nichts als wenig; trotzdem sei (mit entsprechendem Risiko) wenigstens eine Andeutung gegeben. Vorausgesetzt wird, daß hinreichend viele fachwissenschaftliche Aussagen ohne schwerwiegende Sinnverschiebungen und Sinnverstümmelungen in der Sprache der Quantorenlogik notiert werden können; dies vorausgesetzt, kann man dann versuchen, episprachliche (wissenschaftssprachliche, fachsprachliche) Aussagen wo immer möglich in Existenz- (oder auch All-)Aussagen folgender Form überzuführen: (Ex) fx (andere Schreibweise z. B.: Vx F(x), d. h.: „Es gibt wenigstens ein x, so daß gilt: f von x"; „es gibt Entitäten, so daß" — usf. (Der Ausdruck „Ex" bzw. „Vx" ist der Existenzquantor, f oder F ein bestimmtes Prädikat, x eine Individuenvariable, und zwar eine *gebundene* Variable — weil der Aussageform Fx, welche die Variable x enthält, ein Quantifikator mit einer zu dieser Variablen isomorphen Variablen vorausgeht.)

Eine Theorie setzt nun nach *Quine* als existent (als „Entität") das voraus, was zum Gegenstandsbereich ihrer gebundenen Variablen gehören darf und muß, damit sie (für den Autor der Theorie) „richtig" ist: „To be is to be a bound variable". Der „Gegenstandsbereich" der Variablen ist die Menge der „Gegenstände" die für x eingesetzt werden können.

Man müßte also z. B. einen Satz wie: „über eine Rumpffläche erheben sich einzelne Monadnocks" formulieren als: Vx (x erhebt sich über eine Rumpffläche und x ist ein Monadnock)[19]; man bildet dann eine Hypothese über die Objekte und vor allem über die gesamte Objektmenge (das universe of discourse), über dem der Existenzsatz interpretiert werden muß (d. h. über die Gegenstände, die für die Variable eingesetzt werden können); man testet schließlich diese Hypothese mittels Textanalysen oder mittels des „Sprachgefühls" des Fachwissenschaftlers. Nehmen wir an, dieser Gegenstandsbereich bestünde aus „Vollformen bestimmter mittlerer (landschaftlicher) Größenordnung", dann hätten wir eine erste Feststellung über einen Zug des „Weltbildes" der klassischen Geomorphologie getroffen[20].

Das in diesem Fall triviale Ergebnis scheint den Aufwand nicht ganz rechtfertigen zu können; hinzu kommt, daß die Methode, wenn überhaupt, in „natürlichen Sprachen“ (wie einer nicht formalisierten Fachsprache) sicherlich nur bei großer Umsicht und nach starken testartigen Vorsichtsmaßnahmen sinnvoll zu sein scheint[21]. Man wird sich also zumindest in der Vorarbeit zunächst an mehr philologische und psychologische Methoden halten. Man kann zunächst die Angaben darüber sammeln, was ausdrücklich als „evident“, „grundlegend“, unverzichtbar“ usf. gilt — wiewohl es mit den Aussagen über Evidenzen und Fundamente ähnlich steht wie mit der Rede über Autorität und Autoritäten, Tradition und Traditionen: wo von ihnen geredet wird und wo man sie gar beschwört, sind sie schon verloren.

In diesem Zusammenhang sollte man sehr auf gewisse pathetische und oft zugleich triviale Obertöne achten und ein Augenmerk auf bestimmte Textgattungen richten, in denen der Autor sich eher etwas gehen läßt und/oder vor breiterem Publikum werbend und/oder apologetisch „nach außen spricht“ — also Festreden, Ansprachen, Vorreden und Präambeln aller Art.

Man kann ferner beobachten, was im Rahmen einer bestimmten Forschungsrichtung und ihrer Eigenmethodologie Gegenstand von echten (d. h. problematischen, nicht nur didaktischen und informatorischen) „was ist eigentlich — Fragen“ wird und welche Begriffe und semantische Elemente in Antworten auf solche Fragen auftauchen — etwa in Antworten auf die Frage, was „Geographie“ oder „Raum“ oder eine „Landschaft“ oder „Länderkunde“ oder „Länder“ oder „Sozialgeographie“ eigentlich seien: Hier pflegen die Autoren die „Fundamente“ ihrer „Wirklichkeit“ beim Namen zu nennen.

Man kann die Frage nach der „Ontologie“ oder den „Selbstverständlichkeiten“ auch so formulieren: Welches sind die (material-)analytischen Wahrheiten und Falschheiten, die „A-wahren“ und „A-falschen“ Sätze dieser Wissenschaftssprache? (Vgl. hierzu etwa *W. Stegmüller* 1969, S. 60 ff.)

Als analytisch wahr (i. w. S.) bezeichnen wir dabei nach üblichem Sprachgebrauch (1.) jene formal-analytisch oder logisch wahren, „L-wahren“ Sätze, die tautologisch sind bzw. wahr sind aufgrund der logischen Regeln allein; (2.) jene material-analytisch, im eigentlichen und engeren Sinne analytisch wahren, „A-wahren“ Sätze, die wahr sind aufgrund ihrer logischen Form (aufgrund der logischen Regeln) *und* aufgrund bestimmter Bedeutungsregeln (d. h. aufgrund bestimmter Festsetzungen über den Sprachgebrauch). Bei (2.) handelt es sich um Sätze, die mit Hilfe von Bedeutungsregeln in logisch wahre Sätze umgewandelt werden können. Ein berühmtes Paradigma: der A-wahre Satz: „(Alle) Junggesellen sind unverheiratet(e Männer)“ kann mittels der Bedeutungsregel: „‚Junggesellen‘“ bedeutet „unverheiratete Männer‘“ transformiert werden in den L-wahren Satz: „(Alle) unverheiratete(n) Männer sind unverheiratet(e Männer)“, welcher nun wahr ist aufgrund seiner formalen Struktur allein.

Nun werden im Verlauf der Wissenschaftsgeschichte gewöhnlich zahlreiche Aussagen verschiedener, teils empirisch-wissenschaftlicher, teils außerwissenschaftlicher Herkunft, praktisch zu A-wahren Sätzen; semantisch gesprochen: bestimmte Prädikate werden zu semantischen Elementen oder „Implikaten“ der Gegenstände, die sie beschreiben, sind also schließlich schon im Subjektteil des Satzes implizit enthalten. In der Landschaftsgeographie war z. B. der Satz, daß die Landschaft ein strukturierter (usf.) Zusammenhang der irdischen Sphären (usf.) sei, ein A-wahrer Satz — wobei, wie man zeigen kann, „... Zusammenhang ...“ ein semantisches Element des Terminus „Landschaft“ war. Indem wir mit linguistischen Mitteln die Bedeutungen (die „Wortinhalte“) und Gebrauchsbedingungen der Schlüsselwörter einer Fachsprache und somit die Bedeutungsregeln einer Wissenschaftssprache ermitteln (zumindest aber die ihres zentralen Wortschatzes), ermitteln wir zugleich die A-wahren Aussagen, und das sind, sprach*psychologisch* gesehen, die Selbstverständlichkeiten einer Forschergruppe.

Man kann auch versuchen, die berühmte (auf die jeweilige Sprache relative, außerdem gruppen- und zeitspezifische) „Grenze“ zwischen „analytischen“ und „synthetischen“ Wahrheiten mit psychologischen Testmethoden ausfindig zu machen. Als (material)analytisch kann man bestimmte Aussagen am ehesten bezeichnen, wenn der Sprecher sich offensichtlich keinen

Gesamtzustand der Dinge vorstellen kann, für welchen dieser Satz nicht gelten würde. Der testerfindenden Phantasie sind hier keine Grenzen gesetzt.

Immerhin muß man dann erinnern, daß es in der Meinungs- und Einstellungsforschung längst üblich ist, Aussagen auf der Dimension „Härte" oder „Festigkeit der Überzeugung" zu skalieren und solche Skalen dann als Meßinstrumente zu benutzen; es gibt ferner eine Reihe weiterer Interview-Methoden, Festigkeit bzw. Überzeugbarkeit von Befragten (hinsichtlich gewisser Einstellungen) abzuschätzen — z. B. mittels einer gegabelten Befragung („split-ballot"): Man legt eine „Meinung" vergleichbarer Personengruppen einmal ohne und in den andern Fällen mit je einem verschiedenen zusätzlichen Argument vor (z. B. mit jeweils anderen Angaben über die Leute, die schon dieser Meinung sind) und verstärkt schrittweise das Gewicht des Zusatzargumentes. Man greift also z. B. einen mehr oder weniger allgemein akzeptierten Satz heraus, den man testen will („Man sagt allgemein ... Was ist ihre Meinung dazu? Ja — nein — unentschieden") und fügt dann Gegenautoritäten und/oder Gegenargumente mit steigendem Anspruch hinzu: „Einige linksgerichtete Studenten haben neuerdings die Meinung geäußert" wird gesteigert zu: „Die Vertreter der studentischen Fachschaften ...", „einige jüngere Dozenten der Geographie ...", „ein Professor ..." oder „der Direktor des Instituts für Landeskunde ...", „eine größere Zahl von Universitätsprofessoren ..." usf. Je fester die Ansichten sind, um so eher führen auch solche gegabelten Befragungen mit verschiedenem Wortlaut, verschiedenen Zusatzargumenten usf. zu einem ähnlichen Ergebnis.

Man kann auch die Thesen und Hypothesen zusammenstellen, die in einer bestimmten Stichprobe geographischer Veröffentlichungen (etwa eines Jahrfünfts) formuliert wurden und dann Fragen der folgenden Art anschließen: Welche Variablen und Klassen von Variablen erscheinen überwiegend? Welche Theorien und Hypothesen werden stillschweigend vorausgesetzt und welche Variablen kommen dort vor? Welche begrifflich-theoretischen Vorstrukturierungen der Wirklichkeit stecken bereits in den vorherrschenden Fragestellungen, auf welche die genannten Thesen und Hypothesen der Stichprobe Antworten sein wollten? (Denn keine Frage ist unbefangen: jede hat bereits ein Gebiet abgesteckt und eine Klasse möglicher Antworten entworfen.) Es war die Rede von der „theoretischen Sprache“ als Quelle für die Untersuchung von „Weltperspektiven“. Dabei muß man aber im Auge behalten, daß die Sprache der Theorie und die Sprache der Beobachtung (eine Unterscheidung, die in der „Philosophy of Science“ ja zentral ist) in kaum einer Wissenschaft, wie sie faktisch vorliegt, scharf und eindeutig voneinander zu trennen sind.

Es ist letztlich auch wohl mehr eine nur von Fall zu Fall entscheidbare Frage, ob man die „Weltansicht“ oder „Wirklichkeitsperspektive“ einer Gruppe von Wissenschaftlern eher in ihrer Beobachtungssprache oder eher in ihren theoretischen Konzepten suchen will. In „reifen“, vor allem in abgeschlossenen, starr und steril gewordenen Disziplinen sind die „Welt“ der Theorie (bzw. die theoretische Sprache) und die „Welt“ der Beobachtung (also das, was durch bloßes Hinsehen mit oder ohne instrumentelle Hilfsmittel festgestellt werden kann — bzw. die Beobachtungssprache) oft einander sehr nahe: bis zu einem Punkt, an dem der Beobachtende (psychologisch gesehen) „unmittelbar“ zu beobachten glaubt, was die Theorie sagt. Die „reife“ Landschaftsgeographie der fünfziger und frühen sechziger Jahre müßte einmal in dieser Hinsicht analysiert werden. Hier entpuppen sich vorgebliche „direkte Beobachtungen“ (etwa, daß hier eine Landschaftsgrenze liege oder dies dort ein Landschaftsraum sei) oft als Abkürzungen sehr komplexer theoretischer Aussagen und Voraussetzungen. Der Landschaftskundler lebte gewissermaßen in einer Welt, in der er so prekäre theoretische Konstrukte wie Geofaktoren, Geotope und Landschaften nicht selten unmittelbar zu beobachten, ja mit bloßem Auge zu „sehen“ und zu „schauen“ glaubte[22]. Dynamische, sich entwickelnde Wissenschaften hingegen scheinen eher charakterisiert zu sein dadurch, daß die Theorie noch nicht in so hohem Maße in die Beobachtungssprache eingebaut ist, daß hier vielmehr eine Kluft empfunden und die „Kluft“ z. T. sehr bewußt durch sorgfältige Tests, „Operationalisierungen“, „Verknüpfungsregeln“ usf. überbrückt wird[23].

In vielen Fällen kann man die Beobachtungssprache sogar auffassen als diejenige Sprache, in der jene Sätze formuliert sind, auf die sich eine Gruppe von Wissenschaftlern am leichtesten intuitiv und unmittelbar einigen kann (vgl. hierzu etwa auch *W. K. Essler* 1971, S. 112) — und dies weist uns darauf hin, daß gerade die Größen („Entitäten") der Beobachtungssprache für den Wissenschaftler oft ontologisch „fundamentaler" sein können als die der theoretischen Sprache.

*D. Bartels* hat (1968) darauf hingewiesen, daß die meisten wissenschaftlichen Fachsprachen bestimmte, definitorisch sehr unvollkommen festgelegte (aber doch vielfach über das Studium des Wortgebrauchs analysierbaren) Termini oder Formeln besitzen, auf den die betreffenden Wissenschaftler sich mit ihren Basisaussagen (Beobachtungsaussagen, Hier-und-jetzt-Aussagen) gewöhnlich und vor allem beziehen oder zu beziehen glauben (vgl. „Gesellschaft", „Verhalten", „Epoche", „Sprache", „Literatur", „Natur", „Lebewelt", „Erdoberfläche", „Landschaft" usf.). Solche Formeln sind natürlich Korrelate der (historisch gebundenen) Grundperspektiven einer Disziplin; die jeweilige „Weltperspektive" ist also auch von hier aus — vom Inhalt solcher Schlüsselwörter her — zugänglich.

Bei solchem Angang ist freilich wieder einige Umsicht vonnöten. Wenn sich Interessen, Perspektiven, Metatheorien einer Disziplin verändern, pflegen manche dieser Ausdrücke über alle Veränderungen und Verschiebungen hinweg durchaus weiter benutzt zu werden, also ihren Wortlaut beizubehalten und auch ihre Bedeutung relativ langsam zu verändern (woher ihr disziplinhistorisch oft konservativer Charakter, ihre oft retardierende Funktion verständlich werden). Das Weiterleben zumindest des Lautkörpers spiegelt dann nicht selten eine größere historische Kontinuität vor, als tatsächlich vorhanden ist. Und schließlich werden viele dieser Ausdrücke aufgrund ihrer vielseitigen Vergangenheit auf die Dauer immer unbestimmter und vieldeutiger — was ihren Aufschlußwert natürlich einschränkt.

Der Philologe ist auch gewohnt, auf Leitmetaphern zu achten, vor allem auf Basismetaphern („absolute Metaphern", *H. Blumenberg* 1960), d. h. Metaphern, die (zumindest für den, der sie als solche Basismetaphern gebraucht) nicht übersetzt werden können und bei denen die hartnäckige Frage: „Was meinst Du eigentlich?" —eine Frage, welche eine Übersetzung in „eigentliche Rede" erzwingen will — Unverständnis und Unwillen erregt: weil diese Metaphern eben nicht mehr *für* etwas stehen, sondern „die Sache selbst" meinen und sind. Im Rahmen der Landschaftsgeographie spielen etwa die Rede vom „Zusammenklang" der Landschaft, vom Sphären- und Schichtenbau der Landschaft eine solche Rolle. Indem wir erkennen, daß in diesem Metaphernfeld „Landschaft" als ein Kosmosmodell erscheint, gewinnen wir einen Zugang zu tieferliegenden, weniger oft und klar ausgesprochenen Überzeugungen der klassischen Landschaftsgeographie: Die Landschaft als *ein all*umfassendes Ökosystem Mensch-Erde, als der eine quasi allumfassende, dem Kosmos ähnliche Gegenstand der Geographie. Wir verstehen dann auch besser die thematische Bedeutsamkeit der Harmonie (und Disharmonie) von Natur- und Kulturplan und die thematische Bedeutsamkeit der Harmonie und Disharmonie von Menschen(werk) und Landschaft. (Für die Analyse von Forschungsrichtungen auf solche „metaphysische Paradigmen", „heuristische Metaphern" und „ontologische Modelle" hin vgl. *Th. S. Kuhn* 1967, 1972.)

Man sollte ferner heftige Polemiken und sog. vernichtende Rezensionen analysieren (wie überhaupt eine „Geschichte der großen geographischen Polemiken" ein dringendes geographiegeschichtliches Desiderat ist): Wo man einander vorwirft, man habe den Gegenstand völlig verfehlt (woraus ex negativo et contrario hervorgeht, was für den betreffenden Autor „der Gegenstand" ist); die Ergebnisse seien irrelevant (woraus die Bedeutsamkeits- und Wertmaßstäbe des Kritikers erschlossen werden können); was man schreibe, sei überhaupt keine Geographie mehr (woraus erhellt, was für den Kritiker „Geographie ist" — und zwar meist viel klarer, als in seinen expliziten Formulierungen darüber, was Geographie sei). Auch der heftige Vorwurf der „Ideologie" ist meist ein kostbares Indiz: Er indiziert, daß der Kritiker die eigene Ideologie so gründlich aus dem Bereich seines kritischen Bewußtseins verdrängt hat, daß er sie unter emotionalem Aufwand auf sein Gegenüber projizieren mußte; und da der Zorn gemeinhin die Zunge lockert, darf man in solchem Kontext viel Aufschlußreiches erwarten.

*M. Polanyi* hat mehrfach auf den wissenschaftstheoretischen Aufschlußwert solcher „typischer wissenschaftlicher Kontroversen" hingewiesen, „die dann entstehen, sobald zwei Seiten ihre Beweise in verschiedenen Begriffen von Wirklichkeit gründen. Tritt der Fall ein, so kann keine Seite die von der anderen vorgebrachten Evidenzen akzeptieren, und die Kluft führt zu vehementer Verwerfung der ganzen Position des Gegners. Die berühmten Streitgespräche über Hypnose, über Gärungsprozesse, über den bakteriellen Ursprung von Krankheiten und über spontane Zeugung sind von dieser Art" (1968, S. 64) — und auch die bekannten Polemiken Ritters gegen die „Compendiengeographie", die Polemik Peschels gegen Ritter; die Kontroversen Troll — Passarge, Spethmann — Philippson u. a., Banse — Hettner und schließlich etwa die Kontroverse Ganser — Troll.

Ein handlicheres Instrument, um umfangreichere Texte auf ihren zentralen, normativ-emotional aufgeladenen Begriffsapparat abzusuchen, bietet ein bekanntes Verfahren der systematischen Inhaltsanalyse, die *Bewertungsanalyse* („evaluative assertion analysis"; vgl. *R. Mayntz* u. a. 1969, S. 162 f.). Der Text wird aufgegliedert nach „Zielobjekten der Einstellung" einerseits „wertbesetzten" oder „wertenden Ausdrücken" andererseits (die sich auf die genannten Objekte beziehen)[24]. Die „Wertgeladenheit" soll auf einer Skala (z. B. von —3 bis +3) nach Richtung (negativ-positiv) und Intensität geschätzt werden: entweder vom Analysator oder einer Personengruppe, die gemäß dem Ziel der Untersuchung zusammengestellt wurde. Zuvor müssen die Sätze so standardisiert werden, daß die Zielobjekte als grammatische Subjekte erscheinen, denen je ein Prädikat (und im allgemeinen auch Komplemente) zugeordnet sind.

Nehmen wir etwa an, die Vokabel „Länderkunde" solle nach ihrer Wertbesetztheit untersucht werden und im Belegmaterial (das *alle* in einem Corpus auffindbare Sätze mit der Vokabel „Länderkunde" enthält) habe man folgenden Satz gefunden: „Die Länderkunde wird immer der Mittelpunkt unserer Wissenschaft bleiben und ist auch aus dem Bildungskanon der höheren Schule einfach nicht wegzudenken." Man kann daraus zwei „atomare" Sätze formen, in denen jeweils „Länderkunde" bestimmt wird: 1. dadurch, daß sie *bleiben* wird (Prädikat; +3), und zwar *immer* der *Mittelpunkt* unserer *Wissenschaft* (Komplemente, +3 +3 +3); 2. dadurch, daß sie *einfach nicht wegzudenken ist* (Prädikat; + 3) aus dem *Bildungskanon* (Komplement; +2) *der höheren Schule* (+2)[25]. Die „Bewertung" des Zielobjektes wird in 1 und 2 errechnet z. B. als das Produkt der Werte von Prädikat und Komplement (hier +27 und +12). Natürlich können die Bewertungen auch nach etwas anderen und strengeren Regeln vorgenommen werden.

Die Ergebnisse aus den einzelnen standardisierten Sätzen werden zu einem Index verrechnet, mit dessen Hilfe die normativ-emotive Komponente desselben Begriffes in verschiedenen Texten, aber auch die normativ-emotive Komponente verschiedener Begriffe miteinander verglichen werden können (vgl. *R. Mayntz* u. a. 1969, S. 163). Die am meisten wertbesetzten Ausdrücke sind die „tiefsten"; es sind jedenfalls Schlüsselwörter facheigener oder auch überdisziplinär geltender „Ontologien".

Nach dem Aufdecken der wert- und gefühlsgetönten Schlüsselbegriffe geht es aber bei der Analyse von „Basistheorien" dann darum, die von den Einzelbegriffen gebildeten Konstellationen, die grundierenden Denk*muster* und durchgehenden kognitiven Assoziations*strukturen* zu erkennen — eine Aufgabenstellung, für die sich unter den Techniken der systematischen Inhaltsanalyse die Kontingenzuntersuchung anbietet. Das Corpus wird in Segmente etwa gleicher Dimensionierung zerlegt (z. B. Einzelveröffentlichungen oder Kapitel in solchen Veröffentlichungen; Textabschnitte, Sätze ...); das (abschnittweise) Vorkommen oder Nichtvorkommen der „Sinnelemente", um deren Konstellation es geht[26], wird für jeden Abschnitt in einer Datenmatrix festgehalten; dann werden die Erwartungswerte des gemeinsamen Vorkommens für alle Begriffs- oder Motivpaare errechnet, in einer Matrix zusammengestellt und schließlich verglichen mit den tatsächlich beobachteten Werten für das gemeinsame Vorkommen (vgl. *R. Mayntz* 1969, S. 164 ff.). Gewisse zeittypische Assoziationen von „Landschaft" (teilweise auch im fachgeographischen Schrifttum) — etwa mit Volk(stum), deutsch, Seele, Verwurzelung, Tradition usf. — könnten auf diese Weise zweifellos ebenso aufgedeckt werden wie mittels des semantischen Differentials.

Schließlich sei noch ein methodischer Zugang genannt, der freilich indirekt ist und weniger effektiv, aber vor allem für den Historiker von hohem Reiz. Wir gehen hier aus von der Frage, wie eine bestimmte Epoche, Forschungsrichtung oder Forschergruppe die Geschichte der Geographie sieht und wie sie die Vergangenheit des Faches bewertet. Wir führen in gewissem Sinne einen projektiven Test durch, indem wir den Versuchspersonen unstrukturiertes oder doch in sehr verschiedenartiger Weise strukturierbares Material vorlegen, und zwar in diesem Falle keine Tintenkleckse oder Rohrschachbilder, sondern „die Geschichte". Wir erwarten daß der Forscher „naiv" seine Anschauungen (und vielleicht auch seine Gegner und die zeitgenössischen Gegenpositionen), sein eigenes Erkenntnisideal und seinen eigenen Stil der Forschung in die Geschichte zurückprojiziert und so unter Umständen „tiefere" Überzeugungen verrät als in seinen manifesten Äußerungen. Die Geschichte erscheint ihm kumulativ und linear; sie strebt geradlinig zum Gipfel der Gegenwart, wie er ihn versteht. Die hier wirksamen „unbewußten Polemiken des Gedächtnisses", die schweigsamen intellektuellen Arbeiten des historischen Auges sind für die Autobiographie von Wissenschaftlern wie Nichtwissenschaftlern ebenso charakteristisch wie für die „Autobiographien" ganzer Wissenschaften und Nationen (ja sogar der Menschheit).

*R. Pascal* hat (1965) im literarischen Bereich die Verfälschung der Wahrheit sogar als „Wesensmerkmal der Autobiographie" bezeichnet (S. 90), und diese „Verfälschung" entsteht dadurch, daß das Leben in der Rückspiegelung auf einer Linie geordnet und der Lebensweg zu schmal, zu teleologisch, allzu zielbewußt und sinnvoll nachgezeichnet wird: Der Autor will mit „einliniger Energie" den geheimen Sinn, die innere Konsistenz und Kontinuität seines Lebens finden und sich so der eigenen Identität auch in der turbulenten Folge der Ereignisse und Lebensalter vergewissern. Es ist klar, daß die spontane Geschichtsdeutung des Wissenschaftlers eine genaue Analogie hierzu darstellt.

Jede Epoche, ja sogar jede Forschungsrichtung hatte ihre eigene Historiographie und schrieb die Geschichte der Geographie auf ihre Weise (ein Thema, das noch fast ganz unausgeschöpft ist).

Wir können im Zusammenhang unserer Fragestellung die literarisch niedergelegten Geographiegeschichten analysieren, aber auch testmäßig vorgehen — indem wir z. B. nicht fragen: „Was halten Sie von der Länderkunde", sondern: „Worin lag nach ihrer Auffassung die Bedeutung Ritters?"; nicht: „Ist nach Ihrer Meinung die Landschaft Gegenstand und Inbegriff der Geographie?", sondern: „Was war nach Ihrer Meinung der bedeutendste Beitrag A. v. Humboldts zur Entwicklung der modernen Geographie?"; nicht: „Was ist Geographie?", sondern: „Inwiefern ist A. v. Humboldt einer der Begründer der modernen Geographie?" Auch bestimmte Textabschnitte älterer Autoren eignen sich ausgezeichnet als Grundlage von „projektiven Tests" im angedeuteten Sinne.

Was bei einem solchen Ansatz herauskommen kann, sei am Beispiel der Landschaftsgeographie wenigstens angedeutet. In einer umfangreichen disziplingeschichtlichen Literatur werden kosmologisch-naturphilosophische Aussagen A. v. Humboldts (vor allem im „Kosmos") dergestalt mißverstanden, als seien sie auf die Landschaft der deutschen Landschaftsgeographie des 20. Jahrhunderts gemünzt; es ist aber textimmanent wie motivgeschichtlich sehr leicht zu zeigen, daß Humboldt hier in der Tradition der alteuropäischen „cosmologia perennis" steht und seine Aussagen sich auf „die (ganze) Natur" im Sinne von „Kosmos" beziehen (vgl. *G. Hard* 1969).

Um diese Fehlinterpretation zu verstehen, müssen wir verstehen, warum die „Landschaft" auf den „Kosmos" projiziert werden konnte, und diese Aufgabe bringt uns auf eine fruchtbare Fährte. Wir bemerken rasch die Analogien von „Landschaft" und „Kosmos", die kosmologisch-landschaftskundlichen Strukturparallelen. Die Landschaft hat in der landschaftsmethodologischen Literatur in der Tat zahlreiche Prädikate des Kosmos erhalten: z. B. Einheit, Harmonie, Zusammenklang der Sphären, Stufenbau, Totalität und Allverbundenheit. Die Grundüberzeugung, die hinter der eigentümlichen und literarisch so konstanten Fehlinterpretation und Projektion steht, muß die

Vorstellung von der Landschaft als einer quasi kosmischen Totalität und Harmonie sein.

Ein anderes Beispiel: Die landschaftsmethodologische Literatur hat immer wieder hervorgehoben, ihr eigenes, holistisch-synergistisches[27] Landschaftskonzept sei von A. v. Humboldt bereits klar formuliert worden, und zwar dort, wo er vom „Totalcharakter der Landschaft" bzw. „einer Erdgegend" spreche.

Man kann nun zeigen, daß (1.) der Ausdruck „Totalcharakter (einer Erdgegend usw.)" bei A. von Humboldt gar nicht vorkommt und (2.) die genannten Humboldt-Berufungen undeutliche Erinnerungen an gewisse Stellen sind, wo Humboldt vom „Total*eindruck*" der Landschaft spricht. Dort aber stehen Wort und Begriff „Landschaft" in einem *ästhetischen* Kontext über Landschaftsmalerei und ästhetischen Naturgenuß; die Landschaft ist hier nicht etwa Forschungsgegenstand, sondern Gegenstand des ästhetischen Genusses, und die Formel vom „Totaleindruck der Landschaft" stammt eindeutig aus der ästhetisch, kunstkritischen und kunstphilosophischen Literatur des späten 18. und frühen 19. Jahrhunderts (*G. Hard* 1970). Daß aber der Landschaftsgeograph die Humboldt-Stellen dergestalt umdeuten, den ästhetischen und emotionalen Kontext übersehen (bzw. als selbstverständlich und keiner weiteren Überlegung wert betrachten) und zugleich den allzu „subjektiv" klingenden „Total*eindruck*" zum „objektiveren" „Total*charakter*" umdeuten konnte, ist nur denkbar, wenn wir annehmen, daß auch diese Geographen in einer emotionalen, ästhetischen, von Wertgefühlen getönten, „genußhaften" Beziehung zu ihrem „Forschungsgegenstand" Landschaft standen und stehen: eine Beziehung, die wohl jeder Landschaftsgeograph, den man unmittelbar fragen würde, zurückweisen müßte. Diese Beziehung wiederum erklärt viel von den Affekten, die auf jede Relativierung des Landschaftskonzeptes antworten. Daß die Forschungsobjekte des Wissenschaftlers „libidinös besetzt" sind, ist aber eine alte Geschichte und hat nichts Entlarvendes oder Schimpfliches; diesem Thema hat z. B. *G. Bachelard* eindrucksvolle Studien gewidmet.

## 2. TEIL

# Forschungsperspektiven in der Geographie des 20. Jahrhunderts

### *1. Der landschaftsökologische Ansatz*

Im folgenden werden einige zentrale Forschungsperspektiven umrissen. Die Darstellung ist unvollständig, vorläufig und grobhypothetisch, an manchen Stellen auch noch reichlich ungeklärt (sowohl historisch wie forschungslogisch).

Die jeweilige Ausführlichkeit ist dabei keine Funktion der Bedeutsamkeit des jeweiligen Ansatzes; es werden vielmehr eher diejenigen Ansätze breiter kommentiert, deren übliche Formulierung und Forschungspraxis Unklarheiten und Fragwürdigkeiten enthält.

Die Darstellung ist ferner zwangsläufig vereinfachend, idealisierend und purifizierend; ich hoffe aber, keine allzu groben „Vergewaltigungen zum Typus" vorgenommen zu haben. Die Darstellung ist überdies einseitig insofern, als der historische Aspekt (und auch die präzise und *eingehende* Untersuchung der Forschungspraxis) zurück-, die jeweilige Selbstinterpretation und deren forschungslogische Diskussion aber stärker hervortritt. Diese Mängel und Akzentsetzungen ergeben sich einfach aus dem Fehlen von Voruntersuchungen.

Man kann die referierten und kurz diskutierten „Grundansätze" natürlich in anthropogeographische, physisch-geographische und „integrative" (oder „integrierte") aufteilen. Die Existenz von „integrierten" Ansätzen nur macht es ja verständlich, daß Physische Geographie und die Geographie des Menschen vielfach bis heute institutionell verbunden sind (und sich beide „Geographie" nennen). Aus der Existenz solcher „integrativer Ansätze" (etwa des kulturökologischen, landschaftsgeographischen und länderkundlichen) folgt aber nicht unbedingt ein Schluß auf die Zweckmäßigkeit oder gar die „Logik" einer institutionellen Einheit der Geographie; das Thema der „Einheit" (oder „Zweiteilung") bedarf besonderer Erörterung im Rahmen der vorherrschenden Gesamt-Thematik des Faches (bzw. mit Bezug auf die Gesamtheit der vorherrschenden Themenstellungen in den beiden „Geographien").

Einige gemeinsame Themen genügen kaum auch nur als betont pragmatische Begründung einer „Einheit" der Geographie. Eine Gruppierung nach (wissenschaftsgeschichtlich zuweilen nicht sehr langlebigen) Themen, Fragestellungen, „centres d'intérêts" usf. ist im Bereich der Wissenschaften auf lange Sicht nicht sinnvoll („Brücken", die von bestimmten „komplexen" Themen her notwendig werden, können bei Bedarf immer ad hoc geschlagen werden); es ist vielmehr sinnvoll, Forschungsrichtungen nach gemeinsamen theoretischen Grundstrukturen zu Fächern und Fächergruppen zu ordnen und dabei z. B. mehr deskriptiv-empirische Arbeitsrichtungen an die entsprechenden, mehr theoretischen Disziplinen anzuschließen (die Sozial- und Wirtschaftsgeographie an die Sozial- und Wirtschaftswissenschaften, die „Klimageographie" an die Meteorologie/Klimatologie und an die (Geo)Physik der Atmosphäre, die Geomorphologie an dynamische Geologie, Quartärgeologie, Geophysik und Hydrologie — usf.).

Zunächst der *landschaftsökologische Ansatz*. Nach dem Selbstverständnis der in dieser Richtung arbeitenden Geographen (die auch in diesem Falle zu begriffsrealistischen und universalistischen Definitionen ihres „Gegenstandes" neigen) handelt es sich um die Erfassung des (totalen) „Landschaftshaushalts" oder „Naturhaushaltes an der Erdoberfläche", um die Erfassung des physisch-geographischen „Gesamtzusammenhanges" („Geosystems"), der „Gesamtkorrelation" und „Integration" von Litho-, Pedo-, Hydro-, Bio- und Atmosphäre. Charakteristisch für die (oft bizarren) methodologischen Äußerungen von Vertretern (oder auch nur Propagatoren) dieser Forschungsrichtung ist unter anderem die eigentümliche „Reifizierung" oder „Hypostasierung" des geobotanischen Standortbegriffs sowie eine begriffsrealistisch-holistische Wucherung des Begriffs „System": aus dem „Standort" als Abstraktion — etwa als die Gesamtheit der für eine *bestimmte* Lebensgemeinschaft (als individuelles Konkretum oder als Typ!) relevanten Umweltfaktoren

— wird der „Standort“ (oder „Standortraum“) als ein *konkret-materieller* Raumzeitausschnitt mit einem „totalen“ physisch-biotischem Inhalt — wobei dieser materielle Inhalt noch als irgendwie zu *einem* „Gesamtsystem“ gekoppelt gedacht wird.

Die Zukunftsprogramme sind von höchstem Ehrgeiz. Gegenstand ist nicht nur „die Gesamtheit *aller* den (Landschafts-)-Haushalt prägenden Faktoren und Kräfte“ (*L. Finke* 1971, S. 179, Hervorheb. orig.), sondern sogar der gesamte „Massen- und Energiehaushalt der Ökosysteme“ (S. 174) — wovon zumindest das erste eine leere Universalformel und das zweite zumindest verwunderlich ist, wenn man betrachtet, wo heute tatsächlich Stoffbilanzen und Stoffkreisläufe, Energieverteilungen, Energieflüsse und Energiebilanzen in „Ökosystemen“ gemessen und theoretisch aufbereitet werden. (Zur ersten Orientierung vgl. etwa *H. Ellenberg*, Hg., 1973 und die *„Ecological Studies“* 1 ff., 1970 ff.)

Die geographische Forschungspraxis im Rahmen dieses Ansatzes (der oft beschworen, in dem aber wenig gearbeitet wird, zudem nicht selten etwas hausbacken-dilettantisch — gemessen am Niveau der ökologischen Nachbardisziplinen) sieht indessen anders aus. Es handelt sich um Betrachtung bestimmter Aspekte dieses „Naturhaushaltes“ bei gemeinhin groben, makroskopischen Betrachtungsaggregaten mittlerer Größenordnung; gearbeitet wird oft mit stark vergröberten Beschreibungsmustern und Forschungstechniken aus verwandten Disziplinen (unter anderem aus Phytosoziologie, ökologischer Geobotanik und Pflanzenökologie; Feldbodenkunde und Bodenökologie; forstlicher Vegetationskunde und Forstökologie, Geländeklimatologie und Agrarmeteorologie).

Im Rahmen dieses Ansatzes haben sich einige *Hauptthemen* eingebürgert. Das traditionsreichste Thema ist die Untersuchung der Korrelationen und Kovariationen von Vegetation, Klima und Boden in *kleinem* Maßstab[28] — also im Rahmenthema „Landschaftszonen“ oder „Klima und Pflanzenkleid der *Erde*“. Das Ziel ist durchweg eine „informelle“ Klassifizierung (Typisierung) und Regionalisierung der Erdoberfläche in mehrdimensionaler Weise, d. h. meist: bei *gleichzeitiger* Berücksichtigung vor allem von Vegetation und Klima; seltener findet sich das explizite Studium von (mehrdimensionalen) Formenwandelreihen. Die Vokabel „informell" soll andeuten, daß die Gliederungen i. a. intuitive Kriterien enthalten und von quantitativen Techniken der Regionalisierung und Formenwandelbeschreibung (etwa faktorenanalytische Techniken und Techniken der Trendoberflächenbestimmung) kaum Gebrauch machen. Die Vokabel „mehrdimensional" soll andeuten, daß Regionalisierung und Formenwandelbeschreibung nach mehreren grobdefinierten Eigenschaftsdimensionen (Vegetation, Klima ...) und den drei Lagedimensionen vorgenommen werden[29]. Für die nachdrückliche Betonung der Höhengliederung bzw. des „hypsometrischen Formenwandels" im Rahmen dieser Thematik hat *C. Troll* die Vokabel „dreidimensionale Betrachtung" bzw. „dreidimensionale Gliederung" eingeführt.

Klassische Arbeiten im Rahmen dieser Thematik (durchweg mit vegetationsgeographischem Akzent) sind die Arbeiten von *C. Troll* und einiger seiner Schüler[30]. Interessant ist, daß Arbeiten dieses Maßstabes sehr erfolgreich als Sekundäranalysen vorliegender Literatur durchgeführt werden konnten (*Lauer* 1952, *Schweinfurth* 1957); der Ansatz bietet sich heute zu solcher Behandlung geradezu an. Sobald er mit dem ihm eigenen Instrumentarium kleinere Räume in Angriff nimmt, bekommen die entsprechenden Arbeiten leicht den Anstrich von zwar vielseitigen, aber doch im Detail und in der Hypothesenbildung allzu unscharfen und unspezifischen „naturkundlichen Führern" — jedenfalls, wenn man sie vom Standpunkt der heutigen pflanzensoziologischen, ökologischen und geländeklimatologischen Möglichkeiten her beurteilt.

Im *großen* Maßstab wird die genannte Thematik heute übrigens weitgehend von Nichtgeographen vertreten, und es sieht nicht danach aus, als ob sich daran noch einmal etwas ändern würde. Das ist disziplinpolitisch insofern bedauerlich, als im Rahmen der Raumplanung und zugehörigen „Umweltforschung" heute ausschließlich dieser große Maßstab von Bedeutung ist.

Insgesamt kann man sagen, daß diese Thematik zu einem großen Teil erschöpft ist, soweit es die in der Geographie traditionellen kleinen Maßstäbe angeht — „erschöpft" in dem Sinne, daß unter biologisch und ökologisch orientierten Geowissenschaftlern sowie unter geobotanisch und ökologisch engagierten Biologen der Eindruck verbreitet ist, daß auf diesem Felde zumindest im Rahmen der bisher üblichen Methodik große Meriten nicht mehr zu erwerben sind und daß „tout est dit et l'on vient trop tard".

Solche atmosphärisch umgehenden Meinungen sind natürlich oft schief oder nur die halbe Wahrheit, aber sie sind sehr wirksam, wenn der junge Wissenschaftler sich sein „eigentliches Arbeitsgebiet" wählt: Er wird ja psychisch und sozial gedrängt, sich sozusagen wachstums- und „forschungsfrontorientiert" zu verhalten, also ein prestigestarkes, entwicklungsfähiges, sich rasch entwickelndes und problemreiches Gebiet zu suchen, in dem er voraussichtlich mit vertretbarem Aufwand Neues entdecken und Originalität beweisen kann — und wo vor dem Erreichen der „Forschungsfront" nicht erst unbedingt eine breitgestreute säkulare Tradition aufgearbeitet werden muß. Gebiete, die als „erschöpft" und in diesem Sinne als „abgeschlossen" und „unmodern" gelten, sinken „zurück" zu den oft nachlässig behandelten Traditionsbeständen an „klassischen" Vorlesungsstoffen, an Lehrbuch- und Examenswissen, und diese Dinge werden von den spezialisierten Forschern und Universitätslehrern (nicht selten zu Unrecht) oft als zweitrangig, ja als eigentlich überflüssig erachtet[31]. Es wäre aber sehr ungünstig z. B. für die künftige Ausbildung von Ökologen (die, wie auch die *langfristige* Tendenz der „Gesellschaft für Ökologie" zeigt, aller Voraussicht nach vom Fache Biologie monopolisiert werden wird), wenn die angesprochene traditionelle Thematik diesen „Umweltforschern" im Laufe ihres Studiums weitestgehend oder völlig fremd bliebe oder ihnen nur unsystematisch-zufällig begegnen würde.

Die interessante „Dynamik" eines Unmodern-werdens (im angedeuteten Sinne) hätte auch im Rahmen der geographischen Disziplingeschichte eine Monographie verdient; *A. M. Weinberg* illustrierte sie (1970, S. 122) an einigen Beispielen aus der Physik: „Die Zahl der Probleme [und Themen], mit denen sich die Naturwissenschaft aktiv auseinandersetzen kann, ist immer begrenzt. Was geschieht mit den älteren Problemen [und Themen], wenn neue auftauchen und an deren Stelle treten? Manchmal wird ein Gebiet tatsächlich irrelevant, weil alle Probleme gelöst sind. Das traf weitgehend für die klassische Thermodynamik und die Newtonsche Mechanik zu. Das betreffende Gebiet wird dann zwar unmodern, aber es ist [in vielen Fällen] weiterhin von Nutzen für andere Zweige der Naturwissenschaft. Manchmal wird ein Wissenschaftsgebiet nicht deshalb unmodern, weil seine Probleme sämtlich gelöst worden sind, sondern vielmehr, weil niemand mehr Fortschritte absehen kann und die Wissenschaftler deshalb das Interesse verlieren. In gewisser Beziehung traf das für die Supraleitfähigkeit zu, bevor der Isotopie-Effekt entdeckt wurde: erst diese Entdeckung brachte die Theoretiker auf die richtige Spur, wodurch erneut ein lebhaftes Interesse an der Supraleitfähigkeit entstand. Die Optik galt unter Physikern als unmodern, bis der Laser erfunden wurde, was zu einer Renaissance dieses Gebietes führte. Typisch ist auch, daß ein Bereich, der bisher aktuell war, langsam das Interesse der Wissenschaftler des engeren Fachbereichs verliert und dann von den Wissenschaftlern eines anderen Gebietes aufgegriffen wird. Hierfür ist die Kernchemie ein prägnantes Beispiel: sie begann als Kernphysik, wurde von den Chemikern übernommen und wird heute — soweit nukleare Eigenschaften von Radionukliden für die Technik von Bedeutung sind — von der Ingenieurwissenschaft weitergeführt."

Innerhalb der geographischen Landschaftsökologie ist an zweiter Stelle die Thematik der „landschaftsökologischen" und „naturräumlichen Standorterkundung" zu nennen, die von den Schülern *E. Neefs* seit Ende der fünfziger Jahre vorangetrieben wurde. Hier wurde — vor allem von *G. Haase* (z. B. 1967) — ein umfassendes *Beschreibungsschema* für „den Standort", für die Erfassung und Typisierung von Standorten entwickelt, und zwar vor allem im Hinblick auf die landwirtschaftliche Nutzung der betreffenden Geländeteile. Es umfaßt Boden, Vegetation und Geländeklima mit sehr starker Betonung des Bodenprofils (Bodentyps) und des Bodenwasserhaushaltes. (Daß unter den drei „ökologischen Hauptmerkmalen" — Bodentyp, Bodenfeuchteregime-Typ, Vegetationstyp — die Vegetation zurücktritt, ist einzig dadurch bedingt, daß in dieser Gruppe von

Wissenschaftlern zufällig die geobotanisch-vegetationskundliche Vorbildung oft fehlte.) Die Beschreibungstechniken sind zwar so gut wie ausnahmslos den Nachbardisziplinen entliehen; die deskriptive Zusammenfassung (und teilweise Vereinfachung) war jedoch äußerst verdienstvoll insofern, als diese Arbeiten nachdrücklich auf die Möglichkeiten der Zusammenarbeit der geographischen Ökologie mit der Bodenkunde und auf die Notwendigkeit hinwiesen, deren Feld- und Labormethoden zu rezipieren.

Der zugehörige metatheoretische Überbau allerdings ist verworren, operiert (trotz scheinbarer Modernisierung des Vokabulars mittels systemtheoretischer und kybernetischer Brocken) mit traditionellen Begriffen landschaftlicher Totalität und landschaftlichen Allzusammenhangs und steht in keiner ersichtlichen Beziehung zum tatsächlichen Inhalt dieser Forschungen.

Dieser Überbau hatte offenbar die Funktion, einerseits den Eigenstand dieser Arbeitsweise gegenüber den methodenliefernden Nachbardisziplinen, andererseits den (im Sinne der landschaftsgeographischen Tradition) „genuin geographischen Charakter" dieser Studien herauszustellen. Beides ist auf die Dauer ebenso unglaubwürdig wie überflüssig. Die physische Geographie ökologischer Arbeitsrichtung hätte gerade ohne diese verzerrenden Disziplinideologien wahrscheinlich durchaus eine Chance im Kreis der außergeographischen ökologischen Disziplinen: *vorausgesetzt,* der „Öko-Geograph" ist zugleich entweder Boden- und/oder Vegetationskundler, oder Kulturtechniker, oder Hydrologe, oder Agrarmeteorologe (oder dergleichen). Er könnte von seiner breiter angelegten Vorbildung her einen Sinn für Einflußgrößen, Relationen und übersehene Systemelemente in die ökologische Konkurrenz einbringen, durch den er einem im wesentlichen biologisch ausgebildeten Ökologen (dem er in anderen Bereichen natürlich unterlegen ist) in manchen Bereichen überlegen sein könnte.

In der an zweiter Stelle angeführten Thematik der „landschaftsökologischen Standorterkundung" tritt die naturräumliche „Typenabgrenzung" etwas zurück hinter der ausgefeilten, vielseitigen Standortbeschreibung und -typisierung. In der Landschaftsökologie der westdeutschen Geographie stehen indessen gerade diese Fragen flächendeckender Naturraumgliederung im Vordergrund: von dem Maßstab der „naturräumlichen Gliederung Deutschlands" bis zur naturräumlichen Gliederung im Sinne von „Art und Anordnung der Physiotope und Ökotope" (*H.-J. Klink* 1966).

Die Naturräume werden „nach dem gesamten natürlichen (physisch-geographischen) Bestand (Charakter usf.)", „nach dem Gesamtcharakter der Landesnatur" usf. oder wenigstens multidimensional typisiert, abgegrenzt und kartiert; die methodischen Angaben zu diesem großmaßstäbigem Regionalisierungsverfahren sind durchweg äußerst allgemein gehalten, im einzelnen unklar und voller zirkelhafter Formulierungen. Will man die Arbeitsweise erkennen, muß man sich also fast ausschließlich an das halten, was die Autoren im Detail und in concreto wirklich tun.

Am besten charakterisiert man solche Ökotopbeschreibungen und -kartierungen als breitangelegte und großzügige Zusammenstellungen regionaler naturkundlicher Information aus verschiedenen Nachbardisziplinen (wobei nicht selten partiell gefiltert wird durch eine Art landschaftsphysiognomisches Relevanzkriterium) *plus* eine mehr intuitiv gehandhabte, meist freilich durchaus plausible synthetische „Regionalisierung" und Kartierung, in welche auf kaum explizierte Weise Prinzipien der großmaßstäbigen Vegetationskartierung, der Bodenkartierung sowie der Geländeklimaaufnahme einzugehen pflegen. Ist die Materialgrundlage aus anderen Disziplinen gut (geologische Karte 1 : 25 000, forstliche Standortaufnahme, pflanzensoziologische Arbeiten oder sogar Boden- und Vegetationskarten) und versteht man genug von diesen Materialien, um sie auswerten zu können, dann kann man Arbeiten zur Ökotopgliederung so, wie sie nun einmal sind, bei höchstens einigen Stichproben im Gelände bequem am Schreibtisch durchführen. Auffällige methodische oder inhaltliche Fortschritte sind seit der Arbeit von *KH. Paffen* (1953) kaum zu bemerken.

Die in dieses Thema investierte Mühe hat sich insofern gelohnt, daß die durch Arbeiten dieser Art bekannt und üblich gewordenen Gliederungsgesichtspunkte durchaus brauchbar sind, wenn man sich (z. B. als ökologisch ausgerichteter Vegetationsgeograph) in einem bestimmten Gebiet einen ersten Überblick über die Variabilität und Verbreitung der häufigsten Standorttypen verschaffen will. Was die Bemühungen um naturräumliche Gliederungen und den damit verbundenen Glauben an eine „naturgemäße Erdraumgliederung“ insgesamt angeht, so sollte man aber folgende Argumente im Auge behalten.

1. Regionalisierung ist eine Art von Klassifikation: „regional terminology can be translated into classificatory terminology“ (*W. Bunge* 1966, S. 14). Unter Klassifikation oder Klassifizierung versteht man die Gruppierung von Individuen (Objekten) einer Grundmenge zu Klassen, und zwar auf der Basis von gemeinsamen Eigenschaften oder gemeinsamen Beziehungen. Fassen wir z. B. „Orte“ oder „Erdstellen“ usf. als Individuen auf, dann sind Regionen „räumliche Klassen“; zur Forderung nach Ähnlichkeiten und/oder gemeinsamen Beziehungen tritt die Forderung nach räumlicher Nachbarschaft. (Natürlich können auch andere „Individuen“ gewählt werden.) Mit anderen Worten: Die Regionalisierung ist eine Klassifizierung von Erdstellen oder anderen Individuen nach bestimmten Eigenschaft(sdimension)en dergestalt, daß deren räumliche Ordnungsstruktur („Raumstruktur“) weitgehend berücksichtigt, d. h. das „Kontingenzprinzip“ gewahrt wird (vgl. *D. Bartels* 1968, S. 82 ff.). In „funktionale Regionen“ („functional“, „nodal regions“) werden „Erdstellen“ oder andere räumliche Individuen aufgrund gemeinsamer *Beziehungen* zusammengefaßt — in zentralörtlichen Bereichen z. B. Orte, denen die Beziehung zu einem zentralen Ort gemeinsam ist. Homogene Regionen (uniform regions) werden nach gemeinsamen *Eigenschaften* ihrer Individuen gebildet, und mit solchen haben wir es auch im Falle der naturräumlichen Gliederungen zu tun. (Vgl. auch die gute Einführung und Zusammenfassung bei *Abler, Adams* und *Gould* 1971, S. 85 f. und 149—189.)

2. Es gibt keine „natürliche“, sozusagen in der Wirklichkeit selbst vorgezeichnete Klassifizierung, ebensowenig eine „natürliche“ Regionalisierung. Es gibt vielmehr Mehrzweck- und Spezialzweck-Klassifizierungen, und ebenso steht es bei der Regionalisierung (vgl. *D. Grigg* 1970, S. 187 ff.). Vorgebliche Allzweck-Regionalisierungen sind entweder im Grunde ebenfalls

bloß Mehr- oder Spezialzweck-Regionalisierungen, oder sie sind zu überhaupt nichts Rechtem mehr nütze — und es steht zu befürchten, daß die vielfach als Allzweck-Regionalisierungen gedachten naturräumlichen Gliederungen bald zu gar nichts mehr nütze sein werden als höchstens noch zum Vorzeigen. Selbst mit naturräumlichen Gliederungen, die als Beitrag zur Planung und vielleicht sogar als Auftragsarbeit erstellt wurden, steht es nicht besser als mit vielen sogenannten wissenschaftlichen Gutachten: „Sie wandern in die Schubladen der Auftraggeber und haben dort allenfalls Renommierfunktionen, wenn wissenschaftsgläubige Besucher zu betreuen sind" (*K. Ganser* 1971, S. 98). Planungsbeiträge in diesem Stil haben sicher keine große Zukunft; gelegentliche Anforderungen von naturräumlichen Gliederungen sollten nicht zu Illusionen verleiten.

Bevor man also sinnvoll regionalisieren kann, muß man wissen, wozu (zu welchen wohldefinierten Zwecken) man es tut — im Rahmen welcher Fragestellung, im Rahmen welcher Hypothesen, zugunsten welcher wohldefinierter praktischer Bedürfnisse. Schon eine Klassifikation von Geländeklimaten und eine Definition und Kartierung von „Klimatopen" wird verschieden ausfallen, je nachdem, ob sie für den Weinbau, für den Ackerbau, für allgemein geobotanische, für geomedizinische, forstbauliche oder andere Zwecke entworfen wird.

3. Daß es keine Allzweck-Regionalisierungen gibt, hängt natürlich damit zusammen, das es keine Klassifikation und Regionalisierung nach *allen* Merkmalen gibt. Nicht einmal Bodenprofile und Pflanzenbestände können zugleich nach *allen* Merkmalen klassifiziert werden, geschweige denn „Standorte"[32]. Jede Regionalisierung setzt voraus, daß eine endliche Zahl, also *bestimmte* unterscheidende Merkmalsdimensionen (die an *allen* „Individuen" der Grundmenge gemessen werden können und nur in ihrer Ausprägung variieren) als Klassifikations- bzw. Regionalisierungskriterien benutzt werden. „(...) the definition of uniform regions is essentially a statistical problem in efficient classification. Every attempt to classify involves decisions as to which among an infinite number of observable facts will be considered. Without a measure of significance it is impossible to make these decisions. Phenomena are never significant for

their own sake (. . .), and this means that at least *implicit theory must be involved*" (*W. Bunge* 1966, S. 95; Sperrung von mir).

Klassifikationen oder Regionalisierungen sind ebenso wenig richtig oder falsch, wie Begriffe oder Vorstellungen falsch oder richtig sind. Sie sind vielmehr brauchbar oder unbrauchbar — wissenschaftlich brauchbar z. B., wenn sie brauchbar sind, um bestimmte Theorien aufzustellen oder zu testen. Es ist nutzlos, ein Objekt nur einzuordnen, um es einzuordnen: Denn das würde heißen, daß man es einordnet um der Ordnung willen — so als gäbe es in diesem Zusammenhang so etwas wie „*die* Ordnung". Ebenso sinnlos ist es, den Raum zu gliedern um „der Gliederung" willen: handle es sich nun um Landschaften oder Ökotope. Zahlreiche Regionalisierungen und besonders naturräumliche Gliederungen stehen so zweckfrei im Raum der geographischen Literatur, daß man nicht umhin kann zu vermuten, daß (wenn schon nicht klar ausgesprochen, so doch halbbewußt) diese Maxime der Gliederung um der Gliederung willen hier federführend war. Hinter dieser unklaren Praxis steht mindestens stillschweigend, aber nicht selten auch explizit die Illusion, man könne die Erdoberfläche nach der Totalität ihrer Merkmale in *einer* „richtigen" Gliederung und in ihren „wahren" oder „wirklichen" Regionen (Landschaften, Ökotopen usf.) erfassen, die Erdoberfläche nach ihrem „Totalcharakter" in *einer* richtigen (wirklichkeitsadäquaten) Weise regionalisieren.

Das Vorhaben ist doppelt verfehlt: Hinsichtlich der Totalität wie hinsichtlich der *einen* „wahren" Gliederung; schon der *Begriff* einer solchen Regionalisierung (oder gar noch einer Hierarchie von Regionen) kann rational gar nicht konstruiert werden.

Die Landschaftsökologen gliedern aber durchweg, ohne irgendwelche sinngebenden Fragestellungen, Hypothesen usf. zu explizieren, die über die pure Gliederung hinausgehen würden und in deren Rahmen eine naturräumliche Gliederung gleich welchen Maßstabs erst eine Funktion hätte. Landschaftsökologische Ökotopgliederungen sind im allgemeinen nicht in eine objektsprachliche Theorie, sondern meist in eine (wissenschaftstheoretisch durchweg belanglose) Metatheorie und „Ontologie der Landschaft" und auf diese Weise in diffuse Ganzheitsvorstellungen eingebettet. Man findet meist nicht viel mehr als eine unpräzisierte allgemeine Hypothese des totalen Zusammenhangs, aus der nicht viel mehr folgt als die Trivialität, daß letztlich auch im Ökotop alles mit allem auf wechselnde Weise zusammenhängt. Eine präzisierte Fragestellung, Hypothese oder Theorie über den Zusammenhang *bestimmter* Variablen aber könnte doch erst Gesichtspunkte für die Kriterien der Gliederung, für die Auswahl der zu berücksichtigenden Mehrmalsdimensionen liefern; selbst multivariate und faktorenanalytische Techniken ergäben ohne diese Voraussetzungen bekanntlich entweder uninterpretierbare oder nur noch zu Trivialitäten interpretierbare Resultate.

Die Kriterien der Gliederung sind in landschaftsökologischen Arbeiten demgemäß vielfach sehr unklar formuliert (können in günstigen Fällen freilich aus den Ergebnissen in etwa herausinterpretiert werden); die Gliederung selbst ist durch eingeschlossene subjektiv-intuitive Entscheidungen an vielen Stellen unkontrollierbar (freilich durch den investierten common sense und implizite Bezüge auf geologische, pflanzensoziologische und bodenkundliche Karten usf. für den flüchtigen Blick durchweg „plausibel" bis „evident"); von inzwischen schon standardisierten quantitativen Regionalisierungsverfahren wurde von professionellen Naturraum- und Ökotopgliederern bisher meines Wissens kaum Gebrauch gemacht.

So kann man nur hoffen, daß die geographischen Landschaftsökologen künftig nicht mehr ihre Arbeitskraft fast ausschließlich darin investieren, die Erdoberfläche nach ungeklärten Kriterien ganzheitlich zu gliedern, sondern damit, im Anschluß an die ökologischen Arbeitsrichtungen benachbarter Disziplinen ökologischen Fragestellungen, prüfbaren Hypothesen, Theorien, Vermutungen über Systemzusammenhänge nachzugehen. (Die bei Landschaftsökologen geläufige Verbindung von relativer Willkür in der Auswahl der erfaßten Variablen einerseits, des Strebens nach Erfassung des „Ganzen" andererseits ist forschungspsychologisch sogar gut verständlich: Wer an „das Ganze" und seine Erfaßbarkeit glaubt, kann überall und beliebig ansetzen, ohne noch Bedürfnis nach irgendwelchen weiteren theoretischen Leitlinien zu verspüren.) Nur auf diese Weise, durch eine Orientierung an Problem und Theorie, könnte diese Forschungsrichtung der Geographie schließlich auch etwas beitragen zu den planungsrelevanten Fragen nach Möglichkeiten und Grenzen der Nutzung und „Belastbarkeit" von Ökosystemen und Vegetationstypen.

Natürlich sollte man Klassifikationen, Typologien, klassifikatorische „Systeme" und taxonomische Zeitalter einer Wissenschaft nicht grundsätzlich geringschätzen. Denn erstens hat wissenschaftliche Arbeit nicht nur das Ziel, neue Kenntnisse zu erwerben, sondern auch das Ziel, bereits vorhandenes Wissen zu organisieren und zu systematisieren — sofern dies nicht ziellos geschieht und Rücksicht auf das vorhandene theoretische Wissen über die zu ordnenden Phänomenbereiche nimmt. Zweitens produziert eine solche Klassifikation von Erfahrungen und Phänomenen oftmals „wie von selber" weitere Hypothesen und Voraussagen über Zusammenhänge zwischen den klassifizierten Phänomenen. Linnés nach den Geschlechtsorganen der Pflanzen aufgebautes System barg schon gewisse Anregungen genetischer und evolutionstheoretischer Betrachtung der Pflanzenwelt; über die Fruchtbarkeit von Mendelejews periodischem System der chemischen Elemente braucht man nichts zu sagen. Taxonomien (im weitesten Sinne) *können* stimulierend und sehr theorieträchtig sein; solche, von denen man dies annimmt oder ahnt, pflegt man (in mißverständlicher Weise) oft „natürlich" zu nennen. „Natürlich" heißt also oft „theoriebezogen" — bezogen auf eine (explizit oder implizit) existierende oder auf eine entstehende oder auf eine „geahnte" Theorie, in der diese Taxa (oder klassifikatorischen Einheiten) zentrale Rollen spielen. Damit kommen wir aber zurück auf bereits gemachte Feststellungen: Klassifikationen, Taxonomien und Regionalisierungen sind nicht Selbstzweck und in sich weder richtig noch falsch; sie sind vielmehr wertvoll in dem Maße in dem sie zu Entdeckungen über Zusammenhänge anregen oder auch für irgendeine Praxis von Nutzen sind — mehr als die noch nicht oder noch nicht so klassifizierten Ausgangsdaten. Wo die theoretische oder auch nur praktische Fruchtbarkeit der gängigen naturräumlichen und ökotopmäßigen Gliederungen liegen soll, ist aber weithin unerfindlich.

Insgesamt darf man sagen, daß sich die Landschaftsökologie im Rahmen der deutschen Geographie in einem nicht sehr zukunftsträchtigen Zustand befindet. Sie besteht, um es nur wenig zu pointieren, (1.) aus vollmündigen Proklamationen und Programmen über die große Rolle, die die geographische Landschaftsökologie sowohl im Kreise der Wissenschaften wie in der Regionalplanung wie in den Entwicklungsländern von ihrem Wesen her eigentlich spielen müßte (aber natürlich leider nicht spielt noch je spielen wird); (2.) in sterilen Naturraumgliederungen, großzügigen naturkundlichen Überblicken sowie (zugleich endlosen *und* verworrenen) Bemühungen um eine terminologische Systematisierung — als den bislang einzigen „spezifisch geographischen" Beiträgen; (3.) aus einigen respektablen Einzelarbeiten sehr verschiedener Thematik, die im günstigsten Fall in enger Anlehnung an verschiedene Nachbardisziplinen (Klimatologie/Hydrologie, Zoogeographie) vor sich gehen, teilweise nur in sehr eingeschränktem Sinne als „ökologisch" bezeinet werden können und zuweilen von den geographischen Autoren mit einem eigentümlich beziehungslosen landschaftsmethodologischen Überbau versehen worden sind.

Was als Landschaftsökologie konzipiert war (d. h. als eine umfassende naturwissenschaftlich-biologische Umweltforschung im Rahmen der Geographie), das werden eher Teams von Wissenschaftlern übernehmen, in denen Biologen (im weitesten Sinne) und Kulturtechniker (im weitesten Sinne) verschiedener Ausbildungsgänge dominieren und in denen physische Geographen nicht mehr (oder nur zufällig und auf Grund zufälliger Kontakte) vertreten sein werden.

Was manchen Geographen einmal als „angewandte (physische) Geographie" oder auch als „angewandte Landschaftsökologie" vorgeschwebt hat, wird zudem von der institutionalisierten „Landes-" und „Landschaftspflege" beansprucht. Die „Landespflege" faßt sich selbst auf als die zugleich ökologische und „gestalterische" Komponente einer umfassenderen sozioökonomi schen Raumordnung und Raumplanung; „Landschaftspflege" gilt als derjenige Teil der Landespflege, der sich auf die freie Landschaft, die ländlische Siedlung und das Stadtumland bezieht. Entsprechend wird der „Landschaftsplan" oder „Landschaftsrahmenplan" betrachtet als der landschafts- und humanökologische Beitrag, den die Landschaftspflege zur Raumordnungsplanung der Länder, zur Bauleitplanung der Gemeinden und zu den verschiedenen Fachplanungen (Flurbereinigungs-, Wasserwirtschafts-, Verkehrsplanung usf.) beisteuert — als ökologischer Wertungsmaßstab für alle anderen Planungen". Es handelt sich also um eine angewandte Ökologie, um Ökologie, wie sie in einem bestimmten Verwertungszusammenhang benötigt wird. (Vgl. etwa die grundsätzlichen und die unmittelbar planungsbezogenen Kapitel in *K. Buchwald* und *W. Engelhardt* 1968, 1969.) Auch wo Landes- und Landschaftspflege enger und präziser umschrieben werden (vgl. etwa *Bierhals* 1972), erschienen sie als eine Art angewandte Landschaftsökologie.

Es wäre eine sinnvolle Möglichkeit (gewesen), die Traditionsbestände der physisch-geographischen Landschaftskunde durch eine Gesundschrumpfung zu sanieren und die „Landschaftsökologie" thematisch zu zentrieren auf eine Ökologie der Nutzung und des Nutzungswechsels, der Kultivierung und Verödung, der Nutzbarkeit, Belastung, Belastbarkeit und Regenerationsfähigkeit von Landschaftsteilen. (Auf die zuletzt genannten Termini werden wir bei der Erörterung des Systembegriffes zurückkommen.) Die geographische Landschaftsökologie wäre auf diese Weise zum Anschluß an eine überdisziplinäre und zukunftsreiche Forschungsfront und zur Kooperationsfähigkeit mit z. T. entwickelteren Nachbardisziplinen gezwungen (worden) — anstelle ihrer augenblicklichen Stagnation in einer von großen und leeren Worten umrahmten, teilweise provinziellen und isolierten Praxis. Eine solche Landschaftsökologie wäre ferner ein wichtiges Bezugsfach der planerisch angewandten Ökologie — etwa für die „Landschaftspflege".

Im folgenden soll als Illustration ein Forschungsprojekt angedeutet werden, das zur Hauptsache in eine solche „Ökologie der Nutzung und des Nutzungswechsels" gehört. Es wird getragen von Raumplanern, Landschaftspflegern (Kulturtechnikern), Grünplanern, Vegetationskundlern und Agrarökonomen. Geographen sind nicht beteiligt. Das übergeordnete Thema ist wieder die Auswirkung landbaulicher *Nutzungsformen* auf den „Haushalt" bestimmter Landschaftsteile und die *Benutzbarkeit* dieser Landschaftsteile — hier ihren „Freizeitwert": d. h. ihre Brauchbarkeit für verschiedene Freizeitaktivitäten und verschiedene Benutzerprogramme.

Das Projekt umfaßt einen landschaftsökologischen (und „ökotechnischen") Teil sowie eine Untersuchung zur „Umweltwahrnehmung" der Erholungssuchenden. Mit regionaler Differenzierung wird untersucht: Die (zeitlich variable) Auswirkung des Brachfallens von Acker- und Grünland

auf Verdunstung, Oberflächenabfluß, Versickerung, Hochwassereinfluß und Bodenwasserhaushalt;

auf die Wasserqualität und den Chemismus der Vorfluter;

auf den bodenerosiven Abtrag;

auf das Bodenprofil und die physikalischen und chemischen Bodenmerkmale;

auf das Meso- und Mikroklima;

auf Flora und Fauna (d. h. auf Artenvielfalt und Artenverarmung).

Es werden vor allem auch untersucht die Veränderungen der Lebensgemeinschaften, die auf verschiedenen Böden und in verschiedenen Regionen unterschiedlichen pflanzensoziologischen Sukzessionen sowie das Tempo der Verbuschung und Verwaldung.

Auf diese Weise sollen schließlich die (positiven und/oder negativen) landschaftsökologischen Auswirkungen von Brachfallen und Brachflächen beurteilt werden. Mit Hilfe umweltpsychologischer Forschungstechniken soll dann festgestellt werden, welche psychologischen Wirkungen und „Erlebniswerte" die bei der Verödung entstehenden Landschaftsbilder und Landschaftsteile für den Erholungssuchenden haben und wie er diese Landschaftsteile und ihre ökologischen Merkmale für seine Freizeitaktivitäten wertet und benutzt.

Schließlich soll ermittelt werden, welche ökonomisch tragbaren flächenspezifischen Maßnahmen (Brand, Überweidung, Mahd usf.) notwendig sind, um bestimmte ansprechende Landschaftsbilder herzustellen, zu erhalten und für Freizeitaktivitäten zu nutzen.

Die Arbeit umfaßt umfangreiche Expertenbefragungen, Sekundäranalysen (d. h. eine umfassende Auswertung in- und ausländischer Grundlagenforschung) sowie Geländearbeit an sorgfältig ausgewählten Vergleichspunkten. Auf diese Weise wird man schließlich der Planung eine Entscheidungshilfe anbieten können, die naturwissenschaftlich-ökologisch abgesichert und zugleich an den menschlichen Bedürfnissen orientiert ist.

Derlei Projekte und Ansätze werden häufig sein. Wer als Geograph mitarbeitet, wird den Anspruch als abwegig empfinden, daß gerade der Geograph (so, wie er heute ausgebildet wird) berufen sein soll, die Synthese herzustellen und das raumpolitische Fazit zu ziehen (so z. B. *L. Finke* 1971). Die Landschaftsökologie könnte aber *ein* wichtiger Beiträger zu solchen Projekten sein: Falls sie ihre Thematik im beschriebenen Sinne saniert.

## 2. *Exkurs über einige Topoi der geographischen Literatur*

Der wissenschaftlich unbefriedigende und wissenschaftspolitisch fast hoffnungslose Zustand der geographischen Landschaftsökologie des deutschen Sprachbereichs hat seine Gründe. Diese liegen im wesentlichen in einer verfehlten Selbstauslegung und einer daraus abgeleiteten unangepaßten und lähmenden Programmatik. Diese Selbstauslegungen, Programme und Apologien der physisch-geographischen Landschaftslehre wären weniger interessant, wenn es bloß um die Demonstration der negativen Wirkung ginge, die eine falsche Selbstauslegung auf eine Forschungsrichtung gehabt hat; es handelt sich aber bei den hier ins Spiel kommenden Denkfiguren auch um die Kernstücke der Fachideologie der traditionellen Geographie des deutschen Sprachbereichs — „Fachideologie" deshalb, weil das Insgesamt dieser Topoi durchaus die *legitimierende, kompensierende* und *inaktivierende* Funktion echter Ideologien hatte und hat (schon die Analyse einiger jüngerer Polemiken könnte dies sehr leicht zeigen):

1. Scheinhafte Rechtfertigung der bestehenden disziplinären Realität und ihrer Machtstrukturen;
2. Scheinhafte (Über-)Kompensation für den Verlust an Geltung und Wertschätzung, den das Fach in der

wissenschaftlichen und bildungspolitischen Öffentlichkeit erlitten hat;

3. Scheinhafte Absättigung und Inaktivierung von Bedürfnissen — hier des Bedürfnisses einer sozialen Gruppe (von Wissenschaftlern), unter den konkurrierenden Disziplinen und in der wissenschaftlichen Öffentlichkeit einen hohen Status und ein hohes Prestige zu behaupten oder zu gewinnen.

2.1. „Totalität"

In der Methodologie der Landschaftsökologen findet sich unter anderm eine eigentümliche Verbindung von „modernen" systemtheoretischen Redeweisen, in denen der Gedanke des landschaftlichen („vertikalen") Gesamtzusammenhanges weiterlebt, mit traditionellen Gedanken über „den Erdraum in seiner ganzen dinglichen Erfüllung", also über den „Raum" als eine Totalität von Dingen. Die erstgenannten Gedanken kann man (anknüpfend an *J. Schmithüsens* „geosphärischen Synergismus") die „synergistische", die zweitgenannten als die „holistische" (oder „universalistische") Interpretation des Forschungsgegenstandes bezeichnen; beides zusammen als den „synergistisch-holistischen" Landschafts- oder Geosystem-Begriff.

Einige Bemerkungen und Zitate sollen wenigstens die Richtung weisen, in der diese Topoi (bzw. ihre Amalgamierungen) korrigiert werden müssen.

Zunächst, was die Totalität angeht: „Das konkrete Ganze, welches unendlich viele Aspekte, unendlich viele Variablen, unendlich viele Relationen hat, kann vom endlichen Menschen nur endlich betrachtet werden. Es ist als konkretes Ganzes nicht erfaßbar. Das ist auch nicht weiter bedauerlich, denn wir sind [tatsächlich] nie an allen Beziehungen eines Systems interessiert, sondern nur an begrenzten, je nach Fragestellung variierenden. Zugleich werden dadurch Nachvollziehbarkeit und Kontrollierbarkeit garantiert" (*H.-D. Schultz* 1971, S. 38). Wir interessieren uns nie für alles, sondern stets für Bestimmtes (mag es auch Vieles sein).

Eine Erkenntnis von „Allem" (etwa einer Totalität) wäre von den realen Erkenntnisinteressen her ziemlich funktionslos; die

Funktionslosigkeit einer Erkenntnis von Totalitäten wird nur durch die Illusion verdeckt, eine „Totalität“ sei, weil „Totalität“ ein Dingwort ist, selbst wieder ein Ding, und zwar, weil es anders ist als „normale“ Dinge, ein besonders interessantes Ding und möglicherweise sogar ein der Geographie auf den Leib geschriebener Forschungsgegenstand.

Daß solche Totalitäten weder als Begriff gedacht noch als ein Gesamtsystem oder Gesamtprozeß erkannt werden können (und daß die Erkenntnis der Totalität *eines* Gegenstandes identisch wäre mit der Erkenntnis des gesamten Universums), ist inzwischen so oft formuliert und begründet worden, daß sich Zitate fast erübrigen; daß diese schlichte Feststellung so oft übersehen wird, hängt wohl nicht zuletzt damit zusammen, daß auch geographische Autoren (wie z. B. noch *F. Dörrenhaus* 1971) keinen Unterschied machen zwischen „Ganzheiten“ und „Gestalten“ im Sinne der Gestaltpsychologie einerseits und „Ganzheiten“ oder „Gestalten“ im Sinne von „Totalitäten“ andererseits: „Es besteht eine fundamentale Zweideutigkeit im Gebrauch des Wortes „Ganzheit“ (...). Dieses Wort dient als Bezeichnung (a) der Gesamtheit [aller Teile und] aller Eigenschaften oder Aspekte einer Sache und insbesondere aller Relationen, die zwischen den sie konstituierenden Teilen bestehen, und (b) als Bezeichnung bestimmter besonderer Eigenschaften oder Aspekte der fraglichen Sache, nämlich jener, die sie als organisierte Struktur erscheinen lassen“ (*K. Popper* 1965, S. 61) — solche „Strukturmerkmale“ sind z. B. die Symmetrie im Bauplan einer Maschine oder in der Farbenverteilung eines Bildes, der dorsiventrale oder radiäre Bau einer Blüte; und in ähnlicher Weise ist etwa die Melodie zwar eine „Ganzheit“ oder „Gestalt“ im Sinne (b), aber doch nur *ein* klar umrissener Aspekt der Tonfolge, der sich eindeutig unterscheiden läßt von anderen Aspekten, sei es der Einzeltöne, sei es der gesamten Tonfolge.

Aus der offenkundigen Tatsache, daß Ganzheiten im Sinne (b) sehr wohl studiert werden können, darf man noch keineswegs schließen, daß dies auch bei „Ganzheiten“ im Sinne (a) möglich sei. „Diese letztere Behauptung muß zurückgewiesen werden. Wenn wir eine Sache studieren wollen, müssen wir stets bestimmte Aspekte an ihr auswählen. Es ist uns nicht möglich, ein ganzes Stück der Welt oder ein ganzes Stück der Natur zu beschreiben, ja nicht einmal das kleinste Stück läßt sich so beschreiben, denn jede Beschreibung ist notwendig selektiv. Man kann sogar sagen, daß Ganzheiten im Sinne von (a) niemals Gegenstand irgendeiner Tätigkeit sein können, keiner wissenschaftlichen und keiner sonstigen. Wenn wir einen Organismus nehmen und ihn an einen anderen Ort transportieren, dann behandeln wir ihn als einen physikalischen Körper und vernachlässigen viele von seinen anderen Aspekten. Wenn wir ihn töten, zerstören wir damit bestimmte seiner Eigenschaften, aber niemals alle. Es ist sogar völlig unmöglich, die Gesamtheit seiner Eigenschaften und aller Wechselbeziehungen seiner Teile zu zerstören, selbst wenn wir ihn zerschlagen oder verbrennen" (S. 62).

Für denjenigen Geographen, der an einem synergistisch-holistischen Konzept von Landschaft, Geosystem oder Geokomplex orientiert ist, liegt (wie für holistische Gesellschaftswissenschaftler) der Unterschied zwischen der Wahrnehmung von Gestalten im Sinne (b) und der Erfassung von Ganzheiten im Sinne (a), d. h. von Totalitäten, nur darin, daß man die erstgenannten „Gestalten" direkt wahrnehmen kann, während Totalitäten demgegenüber komplexer und nicht so unmittelbar erfaßbar seien (vielmehr durch besondere „ganzheitlich erfassende", synthetisierende oder gar „schauende" Disziplinen wie die Geographie — oder, in anspruchsvollerer Variante, auf *dialektische* Weise — studiert werden müßten). „Kurz gesagt, die Holisten begreifen nicht, daß die Intuition der Gestalt mit Ganzheiten im Sinne (a) überhaupt nichts zu tun hat, daß alles Wissen, ob intuitiv oder diskursiv, Wissen von abstrakten Aspekten sein muß, und daß man die „konkrete Struktur der sozialen Realität selbst" [oder „die räumliche Gesamtwirklichkeit als solche", *J. Schmithüsen*] niemals erfassen kann. Da die Holisten dies übersehen, behaupten sie, daß das Studium der „nebensächlichen Details", das der Spezialist durchführt, durch eine „integrierende" oder „synthetische" Methode ergänzt werden muß, die auf eine Rekonstruktion des „Gesamtprozesses" [oder des „Gesamtsystems"] abzielt; und sie behaupten, daß „die Soziologie [oder: die Geographie] an der wesentlichen Frage so lange vorbeigehen wird, als die Spezialisten sich weigern, die ihnen gestellten Probleme ganzheitlich zu sehen". [„Denn das Zusammenbestehende im Raum wird dabei von der Arbeitsteilung her aufgelöst und nicht in seiner Gesamtheit gesehen", *J. Schmithüsen*]. Doch diese holistische Methode bleibt zwangsläufig bloßes Programm. Kein einziges Beispiel für eine wissenschaftliche Beschreibung einer konkreten sozialen Situation [bzw. einer konkreten Raum- oder Landschaftsganzheit, eines konkreten „geosphärischen Synergismus"] wird je angeführt. Und es kann auch gar nicht angeführt werden, da man in jedem derartigen Fall leicht auf Aspekte hinweisen könnte, die vernachlässigt wurden und die trotzdem in bestimmten Zusammenhängen höchst wichtig sein können" (*K. Popper* 1965, S. 62 f.; in eckigen Klammern: erläuternde Zusätze von *G. Hard*).

Diese Kritik trifft natürlich noch nicht unbedingt alle Varianten jenes Totalitätsbegriffes, der in der marxistisch-neomarxistischen Geschichts- und Gesellschaftsphilosophie eine zentrale Rolle spielt; er trifft aber alle mir bekannten Varianten des landschaftsgeographischen Ganzheitskonzeptes, sofern damit mehr ausgedrückt ist als die ziemlich unfruchtbare Trivialität, daß irgendwie alles mit allem zusammenhängt.

Es versteht sich auch, daß der zitierte Text ein „team-work am Problem" in keiner Weise in Frage stellt. Solche interdisziplinären „Treffpunkte am Problem" bilden sich immer dann heraus, wenn die Probleme und Aspekte der akademischen Disziplinen nicht mehr oder doch nicht mehr unmittelbar die der Praxis sind — oder wenn auf den traditionellen Grenzstreifen und Niemandsländereien zwischen den etablierten und spezialisierten Forschungsgebieten neue Probleme und Wirklichkeitsaspekte sichtbar werden. In solchen Fällen kann man nicht einfach einen vorliegenden, wohlabgegrenzten und auf traditionelle Wirklichkeitsaspekte bezogenen akademischen Wissensbestand und Methodenkanon einsetzen, sondern muß gemeinhin in einem weiten Umkreis des akademisch aufgeteilten Wissens nach Brauchbarem fahnden (oft ohne allzuviel zu finden). Das Problem, die Forschungsarbeit, die „science-carrefour", an denen sich die Methoden und das Wissen aus sehr verschiedenen Gebieten dann treffen, braucht *keineswegs* immer besonders „umfassend" und „komplex" zu sein; sie werden oft sogar ziemlich speziell sein und gerade *Spezialisten*wissen (wenn auch aus sehr verschiedenen Gebieten) fordern, und was an diesem Treffpunkt dann geschieht, ist mit Vokabeln wie „Integration" und „Synthese" nur unvollkommen und mißverständlich umschrieben.

Ein heutiges Beispiel sind die meisten „Umweltprobleme". Sehr viele Fächer (von der Umweltökonomie bis zur Mikrobiologie) sind betroffen; die entsprechenden Projekte bringen oft rege interdisziplinäre Begegnung und Zusammenarbeit zustande. Alle Fragestellungen dieser Art in *einem* „synthetischen" und „integrierenden" Superfach zu sammeln, wäre indessen wenig sinnvoll: Dilettantismus, Ineffektivität und Ausklammerung solcher Fragen aus unseren Forschungsgebieten wären die Folge. Man beläßt die Beiträger wissenschaftsorganisatorisch besser dort, wohin sie nach ihren theoretischen Strukturen und Methoden am engsten gehören und sorgt mit anderen Mitteln dafür, daß die „Begegnung am Problem" möglich und effektiv bleibt.

Zweifellos gibt es heute eine Informations- und Kommunikationskrise in den Wissenschaften: Die Disziplinen, Subdisziplinen und Forschergruppen produzieren in annähernd exponentiellem Wachstum Kenntnisse, werden sich aber zugleich in wachsendem Maße unverständlich, unbekannt und unkontrollierbar, verlieren Verfügbarkeit und Kritisierbarkeit füreinander. Das ist ein hohes Risiko. Denn damit entfällt die wichtigste Sicherung für eine Grundbedingung aller wissenschaftlichen Rede: Ihre „Intersubjektivität" („Objektivität"), d. h. die informierte, organisierte und sozial abgesicherte Bereitschaft der Wissenschaftler, ihr Denken und Reden füreinander verständlich, verfügbar, lernbar und allgemein kritisierbar zu halten. Dies wiederum ist in der sozialen Wirklichkeit nur durch Interdisziplinarität zu garantieren, durch möglichst ungehemmte Information und Kritik über (oft tabuisierte) Kompetenz-, Fach-, Gruppen- und Schulgrenzen hinweg. Nur so ist gesichert, daß Kritiker und Gegenstand der Kritik nicht schon von vornherein „vom gleichen Gift vergiftet" sind (*A. M. Weinberg* 1970).

„Interdisziplinarität" (und in diesem Sinne auch „Synthese") vollzieht sich künftig vor allem auf folgenden Gebieten: (1.) In der umfassenden wissenschaftlichen Theoriebildung; (2.) in der Wissenschaftstheorie; (3.) in der Wissenschaftsdidaktik (und Wissenschaftspropädeutik); (4.) in der *Anwendung von Wissenschaft* auf die dringendsten Probleme der Lebenspraxis, d. h. auf eine nichtdisziplinäre Realität (vgl. hierzu *H. v. Hentig* 1972). Dies aber sind alles keine spezifisch *geographischen* Synthesen mehr, und keines dieser Felder ist in der heutigen Geographie des deutschen Sprachbereichs besonders entwickelt.

Möglicherweise wird künftig der „Generalist" (der „Interdisciplinarius") neben dem „Spezialisten" wichtiger sein als bisher: Aber die heutige deutsche Geographie ist kaum der soziale Ort, an dem der Generalist sein anspruchsvolles Training erhalten könnte.

### 2.2. „Allzusammenhang"

Die alten holistisch-synergistischen Gemeinplätze der geographischen Literatur, also etwa die Rede von Landschaft, Geosphäre, Geosystem, Synergismus (usf.) als „integrierten Ganzheiten", Gesamtkomplexen und Gesamtsystemen, von denen die „Spezialwissenschaften" nur die Stücke in der Hand halten, der Geograph aber „das Ganze" oder den „Zusammenhang des Ganzen" — diese Gemeinplätze und ihre jüngeren Übersetzungen in einen von kybernetischer Vulgärliteratur angehauchten Jargon können sowohl auf ihre forschungslogisch sinnvollen Bestandteile reduziert wie auf ihre forschungspsychologischen Quellen relativiert werden.

Forschungslogisch sinnvoll ist die Idee vom (All)Zusammenhang des „Zusammenbestehenden im Raume" nur, wenn man sie so auffaßt, daß nicht eine Wirklichkeitsstruktur gemeint ist, sondern eine Leitlinie der Hypothesenbildung: als eine Anregung, gerade die Phänomene, die an etwa der gleichen Erdstelle vorzufinden sind (also räumlich bzw. raumzeitlich koinzidieren), auf möglicherweise bestehende Beziehungen zu untersuchen. Dieses „Koinzidenzprinzip" als Stimulans der klassen-, hypothesen- und systembildenden Phantasie ist aber keineswegs auf die Geographie beschränkt und nicht einmal vorzugsweise hier zu Hause — der Biologe, der Chemiker und der Physiker (und sozusagen jedermann) denken vielfach spontan die gleiche Linie entlang, und selbst der Philologe beachtet das Prinzip kontinuierlich, indem er Texte durch Kontexte zu klären versucht.

Das „Koinzidenzprinzip" bezeichnet eine tief verwurzelte Denkbahn; es ist experimentell-psychologisch nachgewiesen, daß schon die pure raumzeitliche Koinzidenz von Phänomenen spontan zu Behauptungen von Relationen (z. B. von Kausalzusammenhängen) führt; diese Denkfigur ist im übrigen Grundzug sowohl des kindlichen Kausaldenkens wie der mythisch-magischen Weltdeutung, welche *E. Cassirer* gerade deshalb als „polysynthetisch" und als „komplexes Denken" bezeichnet hat: Bloßes Beisammensein im Raume genügt, um die heterogenste Ansammlung von Dingen zu einer magischen Einheit des Wirkens — zu einem „Synergismus" — zusammenzuschließen, und all dies mag sehr wohl die Bemerkung *K. Poppers* stützen: „Meiner persönlichen Auffassung nach kann man mit recht guten Gründen behaupten, daß die holistische Denkweise (gleichgültig, ob sie sich mit der „Gesellschaft" oder mit der „Natur" befaßt [oder gar, wie die Geographie, mit dem Gesamt-Ökosystem Mensch-Natur]) keineswegs ein hohes Niveau oder ein Spätstadium in der Entwicklung des Denkens darstellt, sondern für ein vorwissenschaftliches Stadium charakteristisch ist" (1965, S. 60). Diese mythisch-magische „(All)Sympathie der Dinge" lebte bekanntlich über verschiedene Philosopheme bis ins 18. und frühe 19. Jahrhundert weiter — unter anderem in der europäischen Kosmologie und Naturphilosophie. Solche archaischen Denkgewohnheiten und archetypischen Weltbilder können natürlich sehr anregend wirken; sie können sich aber auch, wenn in bestimmten historischen und (wissenschafts)politischen Konstellationen ganze Disziplinen (wie z. B. große Teile der Geographie) von ihnen epidemisch besessen werden, zu schwer überwindbaren Entwicklungshindernissen auswachsen — indem sie z. B. die Forscher von der Prüfung begrenzter und kontrollierbarer Systemtheorien auf vage konzipierte Allzusammenhänge und auf die Konstatierung weitläufiger und diffuser Korrelationen ablenken.

Im Falle der Landschaftsgeographie lag die Fixierung auf ein solches diffuses „ganzheitliches" Denken übrigens um so näher, als das Fahnen- und Schlüsselwort dieser Forschungsrichtung, nämlich das bildungssprachliche Wort „Landschaft", von Hause aus in einen ganzen Hof solcher, ursprünglich *ästhetisch* gemeinter, aber in der Geographie synergistisch-holistisch umgedeuteter Assoziationen (wie Einheit, Harmonie, Zusammenklang, Ganzheit, Integration usf.) eingebettet ist.

Das Koinzidenzprinzip ist seinerseits natürlich nur der (weniger fruchtbare) Spezialfall eines sehr allgemein „Obligates" oder „Postulates" wissenschaftlicher Tätigkeit: daß es überhaupt Zusammenhänge (Invarianzen, konstante Relationen zwischen Variablen) gibt, und daß wir imstande sind, wenigstens einige von ihnen zu erkennen. Ein solches Postulat ist kein Erfahrungssatz und keine Aussage über „die Wirklichkeit" (dann würde es sich um Erkenntnismetaphysik handeln), sondern nur die (etwas mißverständliche) Formulierung für die grundlegende Spielregel des Spiels „empirische Wissenschaft": nämlich die Suche nach Zusammenhängen (d. h. nach invarianten Relationen zwischen Variablen, ob sie nun Strukturen, Systeme, Theorien oder Erklärungen heißen) aufzunehmen und nie aufzugeben, die Nullhypothese nie als endgültig bestätigt zu betrachten und keinen denkbaren Zusammenhang a priori auszuschließen.

Um es in einer vielgebrauchten „Fischermetaphorik" zu formulieren (vgl. *W. Stegmüller* 1970, S. 170): Wer irgendwo zu fischen beginnt, postuliert die Existenz von Fischen (im allgemeinen und im besonderen an der betreffenden Stelle) sowie die Möglichkeit, sie zu fangen: „Hypothesen sind Netze: nur der wird fangen, der auswirft" (Novalis). Geht er leer aus, darf er indessen nicht schließen, daß es hier oder überhaupt keine Fische gibt (es könnte ja an seinem Ungeschick oder an seinem Netz gelegen haben).

Der Allzusammenhangsbehauptung, betreffe sie nun den Kosmos, die Gesellschaft oder die Landschaft, kann man also nur dann einen gewissen Sinn abgewinnen, wenn man sie auffaßt als eine (auf mehr oder weniger spezielle Forschungsbereiche bezogene) Ontologisierung oder Hypostasierung der zitierten Spielregel, als Ontologisierung des zitierten methodologischen Postulats, welches *allem* wissenschaftlichen Handeln zugrunde liegt.

Die Basis aller Irrtümer auf diesem Felde scheint in folgendem zu liegen. Philosophen traditioneller Art und philosophierende Methodologen scheinen oft zu glauben, die Vokabel „Erkenntnis" bezeichne eine zweigliedrige Relation: nämlich die zweistellige Relation zwischen einem erkennenden Subjekt und einem erkannten Objekt. (Diese Annahme wird zwar durchweg auch von Praktikern gemacht, richtet dann aber im allgemeinen, d. h. bevor sie zu philosophieren beginnen, keinen oder nur mäßigen Schaden an.) „Der Ausdruck „Erkennen" bezeichnet demgegenüber [aber] eine dreigliedrige Relation. „Das Subjekt S erkennt den Gegenstand A" ist ein unvollständiger Satz (...). Eine vollständige Aussage, die das Wort „erkennen" enthält, muß lauten: „S erkennt A als C." Man kann nicht schlechthin etwas erkennen, sondern nur *etwas als etwas* erkennen" (*W. Stegmüller* 1965, S. 283). Der Geomorphologe erkennt nicht die Formen der Erdoberfläche „als solche" (das wäre eine dubiose Wesenserkenntnis), sondern er erkennt diese Formen z. B. *als* durch bestimmte geomorphologische Prozesse geformt (und z. B. nicht als Phänomene, die den Touristen ästhetisch ansprechen oder die den Fremdenverkehr beeinflussen). „Das „Als" (...) konstituiert die Auslegung" (*M. Heidegger* 1927, S. 149).

Es ist ein sinnloses Unterfangen, den Fall eines Apfels vom Baum schlechthin und als solchen zu untersuchen (sagen wir, „idiographisch") — wiewohl hinsichtlich des Raumes, der Landschaft, überhaupt der „konkreten räumlichen Individuen" zahlreichen Geographen so etwas vorgeschwebt haben muß. Man kann also das Fallen des Apfels als Paradigma des Fallgesetzes, als physiologisch-ökologischen, chemisch-biochemischen Prozeß betrachten und erklären und das Ereignis sogar in einen sozialgeographischen, also sozialwissenschaftlichen Rahmen setzen (insofern ja erklärt werden könnte, warum der Apfel zu Boden fiel und nicht etwa vorher geerntet wurde). Eine (irgendwie hochkomplexe, synthetische und idiographische) Wissenschaft vom Apfelfallen gibt es nicht, aber es gibt sehr wohl Physik, Chemie, Physiologie, Sozialwissenschaft und vieles mehr, und jede dieser Disziplinen wendet bei Bedarf ihr Wissen auf dieses Phänomen an. Die Sache ändert sich prinzipiell überhaupt nicht, wenn der Mensch, die Gesellschaft, die Geschichte ins Spiel kommen.

Das immer wieder kolportierte Argument (vgl. etwa *E. Neef* 1967 oder *J. Birkenhauer* 1971), die Einheit der Geographie beruhe darauf, daß für den Geographen z. B. alle „Objekte ökonomischer Art" nicht nur „Sozialgesetzen", sondern zugleich auch „Naturgesetzen" unterworfen seien, beweist viel zu viel: auf diese Weise könnte man auch für die Einheit von Kernphysik und Literaturgeschichte argumentieren und eine entsprechende integrierende Disziplin und ein entsprechendes Schulfach ganz eigener Art fordern — denn auch Druckerschwärze, Papier, Buch, Feder und Tinte, Dichter und Leser sind bekanntlich den Gesetzen der Physik unterworfen. So gesehen, gibt es für *jedes* Objekt nur *eine* Wissenschaft — nämlich *alle* Wissenschaften zusammen: eine vollständig richtige, aber auch vollständig triviale Feststellung, die nicht im geringsten dazu verwendet werden kann, um den sogenannten Dualismus in der Geographie zu überwinden und zu beweisen, daß die Geographie „somit" „eine Wissenschaft ganz eigener Art" sei (*J. Birkenhauer* 1971, S. 70), daß sie ein ganz besonderes „Stoffsystem" erforsche, „das sich von anderen, den Natur- und Gesellschaftswissenschaften erforschten Systemen maßgeblich unterscheidet" — und daß demgemäß „keine Möglichkeit" bestehe, „die geographische Wissenschaft nach physischen und nach ökonomischen Kausalitätsformen zu trennen", (*E. Neef* 1967, S. 139 f.). Der Linie dieses Gedankens folgend, wäre es auch unmöglich, Physik und Geschichtswissenschaft zu trennen — was in einem gewissen Sinne natürlich richtig ist, aber jedenfalls nicht in dem Sinne, den die betreffenden geographischen Autoren gemeinhin im Sinn haben, wenn sie in der Geographie analoge Behauptungen aufstellen.

Man muß immer wieder an einen einfachen Sachverhalt erinnern: Wenn irgendein geomorphologisch oder ökologisch oder ökonomisch bedeutsamer Naturprozeß, z. B. die Aufschotterung eines Flusses, durch menschliche Eingriffe verändert wird, bleibt er doch ein Gegenstand naturwissenschaftlicher Erklärung und Theorie (und wird nicht etwa Objekt einer imaginären „integrierten Landschaftsgeographie"); wenn — was etwas ganz Geläufiges ist — in die Erklärung sozialer oder historischer Sachverhalte und in die Erklärung menschlichen Handelns „physisch-geographische Größen" eingehen (und sie gehen in der Masse nicht „als solche", sondern als *wahrgenommene* und *bewertete* Größen ein!), dann bleibt das ganze doch eine *sozialwissenschaftliche* Erklärung und erfordert nicht erst eine typisch geographische „Synthese" oder „Integration" von „Kausalitätsformen". Wenn eine Pflanze an zu geringer Einstrahlung leidet, dann bleibt dies ein Gegenstand der Ökologie bzw. Physiologie: ob der Schatten nun von einem Felsen oder von einer Hausmauer stammt. Im zweiten Fall ist zur Erklärung keine Synthese aus Natur- und Kulturwissenschaften vonnöten. Der Schatten hat in beiden Fällen die gleiche ökologische Bedeutung (vgl. *B. Stugren* 1972, S. 26).

### 2.3. „Individualität" und „Idiographie"

An dieser Stelle kann man auch das Idiographie-Argument (von der Einmaligkeit und Individualität der geographischen Gegenstände) sinnvoller formulieren und zurechtrücken.

Natürlich ist jede Erdstelle, jede Landschaft, jedes Land, jeder geographisch bedeutsame Zusammenhang und jeder historische Augenblick einzigartig; aber auch jeder Apfel fällt auf einzigartige, ja höchst individuelle, unwiederholbare und unverwechselbare Weise vom Baum. Übrigens kreist jeder Planet auf ganz individuelle Weise um die Sonne und schließlich fällt auch jeder Stein ganz individuell zu Boden. Das bedeutet aber keineswegs, daß wir dergleichen Fälle nicht „nomothetisch" (d. h. mit Hilfe von Gesetzesaussagen und Aussagen über Regelmäßigkeiten) betrachten könnten. Sofern wir überhaupt Wert auf eine wissenschaftliche Erklärung legen, ja wenn wir überhaupt über diese Fälle reden wollen, müssen wir sie — sehr vorsichtig formuliert — unausweichlich irgendwie mit „Allgemeinem", d. h. mit per definitionen überindividuellen Invarianzen in Verbindung bringen.

Äpfel, Steine, ja alle Körper „fallen unterschiedlich, je nach der Beschaffenheit des Mediums, durch das sie sich bewegen.

Flugzeuge übrigens fallen im Normalfalle überhaupt nicht. Heißt das nun, daß Galileis Gesetz falsch ist oder daß es so viele Gesetze gibt wie atmosphärische Bedingungen und wieder andere Gesetzmäßigkeiten für Flugzeuge? Offensichtlich zieht die Wissenschaft nicht diesen Schluß. Was Wissenschaftler tun, ist vielmehr folgendes: *sie wenden auf jede konkrete Situation* [die sie interpretieren oder erklären wollen] *sämtliche Gesetze gemeinsam an, in denen die Variablen vorkommen, welche die Forscher aus guten Gründen für relevant halten.* Die Regeln, nach denen diese Gesetze kombiniert werden, wobei sie zum Ausdruck bringen, was man etwas ungenau die Wechselwirkung der Variablen nennt, gehören selbst zu den Regelhaftigkeiten, welche die Wissenschaft zu entdecken trachtet. (...) Es ist daher sinnlos, wie *Hartshorne* es tut, den Sozialwissenschaftler herauszufordern, ein einzelnes Gesetz zu formulieren, das einen so komplexen Sachverhalt wie die Geographie des New Yorker Hafens erklärt. Deskriptiv gesehen ist dessen Situation in der Tat einzigartig, und zwar in dem augenfälligen Sinn, daß es niemals eine Region oder Lage gegeben hat oder geben wird, die genau dem Hafen von New York mit all seinen Funktionen für das Hinterland entspräche. Es wird aber auch niemals *ein* Gesetz zu seiner Erklärung geben. Denn welchen Sinn hätte ein Gesetz, das auf einen einzigen Fall und nur auf diesen Anwendung fände? Andererseits kennen Stadtgeographen mittlerweile ein paar allgemeine Prinzipien, die, gemeinsam auf den New Yorker Hafen angewandt, einiges, wenn auch nicht alles, von seiner Struktur und seinen Funktionen erklären. Darum geht es" (*F. K. Schaefer* 1970, S. 58 f.).

Man sagt zwar, Historiker versuchen zu rekonstruieren, zu beschreiben und zu deuten, was in concreto wirklich geschehen ist — in seinem ganzen konkreten Detail — und ebenso, heißt es, würdigen Geographen (vor allem als Länderkundler) die Individualität einer Landschaft oder eines Landes in ihrer ganzen einmaligen Wirklichkeit. Da aber unzweifelhaft Gesetzesaussagen immer nur in selektiver Weise Klassen und Typen von Dingen beträfen (das liege in ihrer Natur als Allgemeinaussagen), könne dem Historiker wie dem Geographen dergleichen nicht genügen und auch wenig nützen. Was er haben müsse, sei spezielle Einsicht in ganz partikulare („einmalige") Zusammenhänge; nur so könne er den Reichtum und die Fülle der Wirklichkeit ausschöpfen, die unweigerlich durch die groben Netze einer nomothetischen Wissenschaft hindurchfallen müßten. Sobald historische und geographische Tatsachen, historische und geographische Individualitäten als Fälle allgemeiner Gesetzlichkeiten aufgefaßt würden, sei das eigentlich Historische, das eigentlich Geographische (vor allem der Kern der Geographie, die individuelle Landeskunde) verloren: also die konkrete Einmaligkeit, sei es des historischen Ereignisses, sei es des Erdraumes. Beide Disziplinen gehören also (mehr) zu den idiographischen („verstehenden"), nicht zu dem nomothetischen („erklärenden") Wissenschaften.

Ohne Zweifel kann man solche Sätze mit einiger Kunst so auslegen, daß sie einen guten Sinn haben (darüber später); im allgemeinen aber werden sie von Autor und Leser geographischer Literatur aber in einer Bedeutung verstanden, in welcher sie weitgehend unsinnig sind.

Warum sie, wörtlich genommen, unsinnig sind, wurde in einigen wichtigen Punkten bereits skizziert. Das Grundargument ist dies, daß die Dichotomie einmaliger — nicht einmaliger Gegenstand, individuelles — nichtindividuelles Ereignis zu keiner vernünftigen Klassifizierung der bestehenden Wissenschaften und Forschungsrichtungen taugt. Alle Ereignisse sind gleichermaßen einmalig: „Every concrete natural occurrence is unqualifiedly unique, even the occurrence of a so-called „recurrent" phenomonen like a sunrise or of „repeatable" events like the melting of a lump of sugar in an teacup" (*N. Rescher* 1970, S. 148). Jedes Ticken einer Uhr und jeder Quartäraufschluß ist so einmalig wie der Prager Fenstersturz. Ja, man kann sagen, daß *alles* wissenschaftliche (theoretische, ethische, metaphysische ...) und alles sonstige Denken wenigstens *auch* mit partikulären, mit einmaligen Fällen befaßt ist. Ereignisse werden erst *gedanklich* ihrer Individualität und Einmaligkeit entkleidet: Indem wir sie als Elemente von Klassen betrachten. Diese gedankliche Prozedur ist mit *jedem* verständlichen Gebrauch von Sprache und mit *jeder* erfolgversprechenden Handlung verbunden (sei es beim Länderkundler, sei es beim theoretischen Physiker).

In gewissem Sinne kann man ferner argumentieren, daß es das Ziel wissenschaftlichen Handelns sei, immer bessere Erklärungen für immer zahlreichere (individuelle) Ereignisse zu finden; die „Ratio", die Prämissen einer Erklärung (das „Explanans") aber müssen neben Sätzen über individuelle Gegebenheiten (den sogenannten Rand-, Anfangs- oder Situationsbedingungen) auch immer Sätze (und zwar mindestens einen) über Regelhaftigkeiten, konstante Relationen, Gesetzmäßigkeiten enthalten, aus denen *zusammen* das, was erklärt werden soll — das Explanandum — sich zwar nicht unbedingt als logische Konklusion (deduktiv), so doch als etwas ergeben muß, das aufgrund der Prämissen vernünftiger Weise zu erwarten war.

Auch die „morphogenetische Deutung" oder historisch-geographische Interpretation landschaftlicher Sachverhalte läuft im allgemeinen auf eine mehr oder weniger gute *Erklärung* hinaus. Diese besteht darin, daß der jeweils als erklärungsbedürftig empfundene Sachverhalt, meist eine singuläre Aussage, als mehr oder weniger plausible Konsequenz (1.) bestimmter anderer Einzelsachverhalte sowie (2.) einer Reihe von vermuteten oder bekannten Invarianzen (d. h. Gesetzmäßigkeiten, gesetzesartigen Aussagen, Quasi-Gesetzen usf.) ausgewiesen wird.

Natürlich ist eine solche Erklärung immer selektiv — erklärt wird nie „das konkrete Ereignis als solches" bzw. „das konkrete Ereignis in seiner Gesamtheit", sondern immer nur *bestimmte* Sätze *über* dieses Ereignis, also *bestimmte* Sachverhalte (als die Inhalte dieser Sätze): Eine „vollständige" Erklärung ist ebensowenig möglich wie eine „vollständige Beschreibung"; eine Erklärung beschränkt sich notwendig auf einen bestimmten Aspekt (oder auf eine überschaubare Gruppe von Aspekten) eines Phänomens[33].

Um eine einfache Illustration einer historisch-geographischen „Erklärung" als „Subsumtions-Argument" zu geben: Eine Burg gilt als ein landschaftlicher Gegenstand; *ein bestimmter*, sagen wir „räumlicher" *Aspekt* dieses Objektes, nämlich seine Lokalisation (d. h. relative Lage) gelte als erklärungsbedürftig. Zur Erklärung müssen nun die Gesetzesaussagen und vor allem die besonderen Rand- oder Antezedenz-Bedingungen beigebracht werden, von denen dieser Tatbestand (die Lage der Burg) als mehr oder weniger wahrscheinliche Konsequenz „deduziert" werden kann (wobei die Anfangsbedingungen zeigen müssen, daß die Allgemeinaussagen auf den Fall, nämlich die betreffende Burg, anwendbar sind): Gelingt dies in einer Weise, die in der betreffenden Gruppe von Wissenschaftlern als befriedigend gilt (wenn also plausibel gemacht werden kann, daß das „Explanandum" aufgrund der angeführten Prämissen vernünftiger Weise zu erwarten war), dann gilt der betreffende „Tatbestand" als „erklärt", „interpretiert" oder „gedeutet". Die Prämissen (des „Explanans") werden in diesem Falle Quasi-Invarianzen enthalten (z. B. Aussagen über die Geländeverhältnisse, die beim Burgenbau zur Erbauungszeit der Burg bevorzugt wurden, sowie Aussagen über die territorialpolitisch-strategische Rolle solcher Burgen — d. h. Angaben über territorialpolitisch-militärisch bzw. „strategisch" wichtige Punkte, die damals wenigstens tendenziell „allgemein" durch Burganlagen gesichert wurden). Die Prämissen werden aber auch singuläre Aussagen enthalten, die es gestatten, die angedeuteten Allgemeinaussagen (die „Quasi-Gesetzmäßigkeiten") auf den besonderen Fall eben dieser vorliegenden Burg anzuwenden: also Angaben über die hier tatsächlich vorliegenden Geländebedingungen, über die tatsächliche territorialpolitische Situation, die strategisch wichtigen Punkte zur Erbauungszeit usf[34].

Mißlingt der Versuch der Erklärung oder Interpretation (wenn z. B. die allgemeinen „Gesetzmäßigkeiten", die gemeinhin die Erklärung der Lage von Territorialburgen gestatten, auf diesen Fall offensichtlich nicht zutreffen), wird der historische Geograph allerdings nicht diese Quasi-Gesetze für falsifiziert halten, sondern er wird zu zeigen versuchen, daß hier ein „Sonderfall", d. h. eine wohl zu begründende Ausnahme von diesen Regeln vorliegt. Denn „historische Gesetzmäßigkeiten" wie die angedeuteten über den Burgenbau haben (weil ihr Geltungsbereich gemeinhin nicht voll expliziert ist) im Gegensatz zu den „Gesetzen" in manchen Naturwissenschaften eine gewisse (selektive) Immunität gegen Gegenbeispiele (vgl. *M. Scriven* in: *P. Gardiner* 1959, *N. Rescher* 1970).

Wir können aber konzedieren, daß das von uns bisher der Einfachheit halber zugrunde gelegte Schema der wissenschaftlichen Erklärung (nach *Hempel* und *Oppenheim*) nicht alle Varianten wissenschaftlicher Erklärung erfaßt. Wir können darüber hinaus konzedieren, daß „Erklärung" nicht das einzige Ziel der Wissenschaft ist, daß Wissenschaft (d. h. die Summe der Tätigkeiten, die als wissenschaftlich gelten) überhaupt nicht *einem* „summum bonum" nachjagt, sondern „multifunktional" ist und multiple, freilich z. T. koordinierte Ziele verfolgt: „science is (...) a multipurpose endeavor, having not one monolithic aim but a varied spectrum of related objectives" (*N. Rescher* 1970, S. 132) wie Beschreiben *und* Erklären, Prognose *und* „Retrodiction" (d. h. „retrodiktives" Rekonstruieren von Vergangenem), kontemplative Theorie *und* erfolgreiche instrumentelle Manipulation der Wirklichkeit.

Als fundamental könnten wir etwa die „wissenschaftliche Beschreibung" oder „Systematisierung" betrachten, ein Terminus, der dann aber in einem systematischen Sinn, als „scientific understanding" in weitestem Sinne genommen werden muß: Als Beschreiben von Invarianzen und Regularitäten, als *Struktur-* und *System*beschreibung. Solche Beschreibung ist auch da noch möglich, wo eine Erklärung, Prognose und „Retrodiction" konkreter Einzelereignisse nicht mehr zu gelingen scheint, sondern nur noch ein „in-eine-Struktur-Stellen" — z. B. durch großzügige Strukturierung eines Phänomenbereichs oder eines Prozesses.

Als geläufiges Beispiel seien etwa stochastische Prozesse genannt, z. B. *Hägerstrands* Simulationsmodell der Informations- und Innovationsausbreitung. Keine einzige *einzelne* konkrete Information oder Innovation, keine einzige konkrete Lokalisierung von Informanten und Innovatoren kann hier „erklärt" werden, aber jedes dieser individuellen Ereignisse auf der Mikro-Ebene ist doch, obwohl es nicht als individuelles Ereignis durch die gerade hier, an dieser speziellen Stelle wirksamen Determinanten erklärt werden kann, „verständlich" im Kontext des Gesamtmodells, im Rahmen der räumlichen Gesamtstruktur des Innovationsprozesses.

Man kann hier auch, wenn man den Terminus „Erklärung" weit faßt, von einem „pattern model of explanation" sprechen (*Kaplan* 1964, S. 333): „We understand something by identifying it as a specific part in a organized whole"; die „Elemente" bzw. Sachverhalte werden in eine (bekannte) Struktur eingefügt, ein Kontext (i. w. S.) wird rekonstruiert, und die Analyse gilt als triftig, wenn die Sachverhalte in plausibler Weise in diesem Kontext ihren Platz finden. Die „Kontexterklärungen" etwa des Literaturwissenschaftlers und Textinterpreten werden prima vista wohl am besten so verstanden, ebenso viele „historische Erklärungen" (vgl. etwa *Ritsert* 1972, S. 88 f. u. ö.).

Aber auch von einer solchen toleranten Position her ist das Idiographie-Argument in dem vulgären Sinne, wie es gemeinhin in der methodologischen Literatur der Geographie erscheint, gänzlich unhaltbar. Eine Geschichtswissenschaft, die sich einzig damit begnügte, Einmaliges festzuhalten (und die es natürlich nicht gibt), wäre höchstens eine bloße und noch dazu willkürlich auswählende chronikalische Aufzählung; eine entsprechende Geographie (die es ebenfalls nicht gibt) wäre ein willkürlicher Katalog von Hier-und-Jetzt-Aussagen.

Jeder Versuch, Verbindungen gleich welcher Art unter Einzelsachverhalten herzustellen, ja schon die bescheidenste Tatsachenfeststellung kann nur ansetzen im Lichte von verbindenden und trennenden Generalisierungen.

Schon *W. Dilthey* hat offenbar das „Verstehen" des Historikers genau so aufgefaßt: Gerade nicht als „Einfühlung" und „Identifikation", sondern als denjenigen Forschungsprozeß, der das Individuelle dadurch in seiner „Fülle" und „Tiefe" zu verstehen sucht, indem er es in vielfältige übergreifende („nomothetische") Strukturen und theoretische Bezugssysteme stellt; das „Verstehen" wird gerade ermöglicht durch die Theoreme und Strukturbeschreibungen der „systematischen", d. h. theoretischen Wissenschaften (vgl. *M. Riedel* 1970, S. 69 ff.).

## 2.4. Zur relativen Berechtigung des Idiographie-Argumentes

In dem zitierten Idiographie-Argument stecken freilich auch einige (meist verdeckte) Erkenntnisse, die festgehalten zu werden verdienen.

Etwa die Erkenntnis oder wenigstens Ahnung, daß es mehr deskriptive und mehr theoretische Wissenschaften gibt und daß die Geographie zumindest in den meisten ihrer historischen Formen mehr zu den erstgenannten gehört. „Deskriptive" oder „idiographische" Wissenschaften sollen dann solche Wissenschaften heißen, die entweder mehr „strukturbeschreibend" vorgehen (wobei die Erfassungskategorien ihrer „Beschreibungsschemata" nur z. T. theoretisch begründet und nur z. T. erklärungs- und prognosetüchtig sind) — und/oder solche Wissenschaften, die ihre Aufmerksamkeit ganz der vielseitigen „Interpretation" und „Deutung" von individuellen Ereignissen, Situationen und Gegenständen zuwenden. Damit hängt zusammen, daß das Attribut „groß" z. B. bei einem Historiker im allgemeinen eine ganz andere Bedeutung hat als dann, wenn man es auf einen Mann der „exaten Naturwissenschaften" anwendet (worauf z. B. *I. Berlin* 1961 hingewiesen hat).

In solchen mehr deskriptiv-idiographischen Wissenschaften ist gegenüber den mehr theoretischen, an Theorie interessierten Wissenschaften vor allem die Mittel-Zweck-Relation vertauscht. Die Theorie ist für das „idiographische Interesse" meist nur ein *Mittel*, ein tieferes Verständnis des Individuellen oder der Individualitäten zu gewinnen; in den theoretischen Disziplinen oder Teildisziplinen gilt das eigentliche Interesse jedoch der Theorie selbst; diese *Theorie* stellt den Endzweck dar, und der einzelne Fall ist im wesentlichen interessant nur als Prüfungsinstanz, als Testgelände für die Theorie. Disziplinen mit einem vorwiegend deskriptiv-idiographischen Erkenntnisinteresse erzeugen die Theorie (die sie, wie gesagt, nicht entbehren können) in manchen Fällen selber — dann aber meist auf eine ziemlich dilettantische und/oder am gesunden Menschenverstand orientierte Art; idealerweise aber gibt es hier eine sinnvolle Kooperation zwischen (mehr) Theorie-produzierenden Disziplinen oder Forschungsrichtungen einerseits — und andererseits Disziplinen oder Forschungsrichtungen, die nicht oder nur beiläufig selbst Theorie produzieren, sondern vor allem „allochthone" Theorie importieren und konsumieren.

Es ist klar, daß die hier mehr idealtypisch gemeinte Unterscheidung zwischen (mehr) deskriptiven und (mehr) theoretischen Disziplinen *keineswegs* dort verläuft, wo gemeinhin die Grenze zwischen Natur- und Geisteswissenschaften gezogen wird. Auch Astrophysik, Biologie-Paläontologie und Geologie sind vielfach entschieden an der Aufklärung einmaliger (historischer) Ereignisse und Situationen interessiert. Soziologen neigen zuweilen mehr zur theoretischen, zuweilen mehr zur deskriptiv-idiographischen Seite, Wirtschaftswissenschaftler meist entschieden zur Theorie; auch Literaturwissenschaftler, Philologen und Linguisten sind keineswegs unabdingbar „idiographisch" gerichtet.

Wenn mit der Rede vom „idiographischen Charakter der Geographie" bloß gemeint sein sollte, daß der Geograph (z. B. als Länderkundler) vielfach die Tatbestände nicht erklärt, sondern nur beschreibt, ist das zweifellos richtig: aber das heißt doch nur, daß er sie nicht erklären will oder kann; „dieses Phänomen ist einmalig" oder „nur idiographisch zu erfassen", heißt aber dann nur: „Dieses Phänomen kann ich nicht erklären" bzw. „nicht unter eine Theorie subsumieren", „nicht in einen theoretischen Zusammenhang stellen". Dergleichen kommt in allen Wissenschaften vor. Aber es ist nicht sinnvoll, vielmehr sehr schädlich für den Fortgang der Untersuchung, diesen unerklärten Phänomenen eine besondere Weihe zu geben, indem man sie für „einmalig" in einem prägnanten (und irgendwie werthaltigen) Sinn erklärt: Denn dann dekretiert man, daß sie irgendwie „mit Recht" nicht erklärt worden, d. h. unerklärbar seien. Man ontologisiert dann eine Wissenslücke, ontologisiert die Unfähigkeit, ein Ereignis in irgendeiner Weise mit einer Theorie in Beziehung zu setzen.

In der Rede vom idiographischen Charakter der Geographie stecken aber noch einige weitere wichtige Einsichten (die aber bei weitem nicht die „exzeptionalistischen" Konsequenzen haben, die man ihnen gemeinhin zuschreibt).

*Erstens* die Einsicht, daß man in der Geographie des Menschen (wie in der Geschichtswissenschaft) durchweg nicht zu Gesetzesaussagen im Sinne der sogenannten exakten Naturwissenschaften gelangt. Das ist insofern richtig, als die Geographie *des Menschen,* sofern ihr Erkenntnisinteresse auf gewisse Aspekte des Menschen und der Gesellschaft gerichtet ist, einen anderen Stil der Theoriebildung und Erklärung haben muß als die Naturwissenschaften: Sie hat es mit menschlichen Bedürfnissen, Entscheidungen, Aktivitäten zu tun und mit den Ergebnissen solcher Aktivitäten (Siedlungen, Flächennutzungssystemen, Verkehrsnetzen und dergl.), und in der Erklärung solcher Phänomene kommen „Kategorien“ vor, die in den Naturwissenschaften fehlen — z. B. Kategorien wie „Handlung“, „Interaktion“, „Institution“, „Norm“, „Motiv“, „Intention“, „Einstellung“, „Wert“, „Sinn“, „Bedeutung“ usf. Das Verhalten von Gletschern, Flüssen, Winden usf. beschreibt und erklärt man indessen im allgemeinen, ohne solche Größen heranzuziehen. Freilich sollte man sich *im Rahmen empirischer Wissenschaft* hüten, diese unzweifelhaft vorhandene Tendenz zu ontologisieren und einen semantischen Unterschied der theoretischen Sprachen hier und dort, der an einem bestimmten Punkt der Wissenschaftsgeschichte festgestellt wird, zu einer Sache der Seinsstruktur aufzublähen — etwa in dem Sinne, daß „der Mensch“ etwa „wesensmäßig“ ganz anderes sei als „die Natur“.

*Zweitens* klingt in der Rede von der „Idiographie“ vielfach die Einsicht an, daß die „Gesetzmäßigkeiten“ oder „Allgemeinaussagen“, mit denen Historiker, Geographen und natürlich vielfach überhaupt Sozialwissenschaftler arbeiten, gegenüber vielen (keineswegs gegenüber allen!) naturwissenschaftlichen Gesetzesaussagen besondere Charakteristika besitzen — daß sie etwa z. T. ausdrücklich, z. T. stillschweigend raumzeitlich limitiert sind (und insofern nur „Quasi-Gesetze“ darstellen); daß ihre wenn-Komponente nicht nur Raum- und Zeitbeschränkungen enthalten, sondern darüber hinaus die Bedingungen für die Ereignisse, die in der dann-Komponente beschrieben werden, oft nur sehr unvollständig und vage angibt; daß (offen und verdeckt) reichlich Gebrauch von der ceteris paribus — Formel oder ähnlichen restriktiven Wendungen gemacht wird — und daß schließlich aus allen diesen Gründen „Ausnahmen“ viel leichter als „Sonderfälle“ „wegerklärt“ werden können. (Vgl. hierzu und zu weiteren Unterscheidungsmerkmalen — z. B. zu der Bedeutung der „langen Erfahrung“, der „Vertrautheit“, des „umfangreichen Materials“, des „erfahrenen Praktikers“ und des „Expertenwissens“ beim induktiven Räsonieren — *N. Rescher* 1970, S. 154 ff., 163 ff.).

*Drittens* artikuliert sich in der Betonung des idiographischen Charakters der Geographie zuweilen ein zwar berechtigtes, aber inadäquat formuliertes Unbehagen an der Produktion empirisch irrelevanter Theorie (wofür es in der jüngsten Geographie des angelsächsischen Sprachbereichs ja genügend Beispiele gibt). Dieses Unbehagen ließe sich aber besser anders formulieren, z. B. wie folgt: „Es erscheint (...) zweifelhaft, ob (vorerst) der Versuch überhaupt zweckmäßig ist, die Theorie komplizierter Geosysteme aus physikalischen Theorien zu deduzieren. Eine direkte Bestimmung von Daten und eine Verwendung dieser Daten für die Theoriebildung scheinen vernünftiger" (O. *Fränzle* 1971, S. 306).

*Viertens* wird oft mitgemeint, daß der Geograph und der Historiker (aber auch der Sozialwissenschaftler) besondere und eigenartige Methoden besäßen — etwa „Verstehen", „Intuition" oder „Gestaltwahrnehmung". Dabei sind diese Vokabeln offensichtlich nicht im *allgemeinen* Sinne gebraucht (denn in diesem weiteren Sinne machen natürlich auch Mathematiker und theoretische Physiker reichlich von solchen „Methoden" Gebrauch), sondern müssen in einem sehr spezifischen Sinne gemeint sein. Wenn damit vage gemeint sein sollte, daß diese Wissenschaften insofern einen besonderen Zugang zu ihren Gegenständen haben, als man (trivial formuliert) menschliche Aktivitäten bzw. die sie bestimmenden Entscheidungsprozesse „verstehen" kann; daß man hier immer (oder wenigstens oft) von einem mitgebrachten reichen Vorverständnis her interpretieren kann und daß (anspruchsvoller formuliert) hier das erkennende Subjekt dem untersuchten Objekt „durch die Akte des Erkennens hindurch" selbst angehört, dann ist dies zweifellos richtig. Aber *erstens* gilt das Letztgesagte *prinzipiell* auch für das Verhältnis des Menschen zur „Natur" (eine Tatsache, die etwa *Max Planck* immer wieder betont hat); *zweitens* ist zu bedenken, daß dieser besondere Zugang (der unter anderem darin besteht, daß das Subjekt mit dem „Objekt" zu kommunizieren vermag, also gewissermaßen mit ihm „in einem Boot sitzt" und „unter einer Decke steckt") ebensoviel Gefahren birgt wie Erleichterungen bringt und deshalb methodisch aufs schärfste kontrolliert werden muß; *drittens* sollte man nicht aus dem Auge verlieren, daß dieses „Verstehen" und „mitgebrachte Vorverständnis", daß diese „Verständnisinnigkeit" im wesentlichen zum „context of discovery" gehörte: es handelt sich bei dieser speziellen „Intuition" wie bei der „Intuition" und „Gestaltwahrnehmung" im allgemeinen um ein Mittel, Hypothesen zu finden, und nicht um ein Mittel, um Hypothesen zu begründen.

Es ist noch keinesfalls gesagt, daß die auf solchen Wegen gefundenen Hypothesen auch richtig wären — denn es gibt zweifellos Menschen, die sich (für unser intuitives Wissen vom Menschen) völlig unverständlich verhalten. Das verstehbare Motiv braucht nicht das wirkliche zu sein und das wirkliche nicht unbedingt unmittelbar verstehbar. Die Verstehbarkeit als Mittel der Hypothesenbildung liefe unter anderem hinaus auf die Absolutsetzung einer common sense-Psychologie. Ferner ist das, worauf man die heuristische Methode des Verstehens anwenden kann, keineswegs eo ipso „einmaliger" als etwas, was man im allgemeinen nicht in diesem prägnanten Sinne zu „verstehen" versucht: Einen ganz einmalig geschlungenen Mäander kann man nicht „verstehen" (in dem hier gemeinten engeren Sinne), andererseits kann man unter Umständen eine Verhaltensweise verstehen, die sehr vielen oder allen Menschen gemeinsam ist.

„Verstehen", „Intuition", „Gestaltwahrnehmung" sind also auch in dem Sinne, in dem die für „Idiographie" engagierten geographischen Methodologen von ihnen reden, keine Methoden, die zur *Begründung* von wissenschaftlichen Aussagen taugen; und schließlich wird oft übersehen, daß „verstehbar" und „einmalig" (bzw. „individuell") sich nicht decken.

Auch in der Geschichtswissenschaft oder historischen Geographie hat der Hinweis auf das „Verstehen" nur eine sehr begrenzte Bedeutung.

*Erstens* meinen die Historiker offensichtlich ein nach bestimmten Regeln, ein durch „Verstandesoperationen" streng „kontrolliertes Verstehen" (im Gegensatz zum spontanen, intuitiven, unmittelbaren Verstehen). Dieses „kontrollierte Verstehen" hat aber, wie es in der Literatur beschrieben wird, prinzipiell keine Sonderstellung mehr gegenüber der Art, wie in beliebigen anderen Wissenschaften Hypothesen über individuelle Gegebenheiten gefunden und geprüft werden. (Vgl. etwa *K.-G. Faber* 1971, bes. S. 128 ff.)

*Zweitens* ist die Fruchtbarkeit dieser „Methode" weitgehend auf individuelles Handeln und enge Handlungskomplexe begrenzt. Weder die politische Geschichte Frankreichs, sagen wir, zwischen 1780 und 1815, noch die Geschichte der industriellen Revolution oder die Sozial- und Wirtschaftsgeschichte einer Nation lassen sich erfassen, indem man eine Summe von Individualhandlungen „versteht", d. h. durch vermutete Intentionen und Motive zu erklären versucht: Denn solche größeren historischen „Sinneneinheiten", Wirkungszusammenhänge und Prozesse überschreiten natürlich die Absichten und Motive der Individuen.

*Drittens* ist es auch forschungslogisch und forschungspsychologisch nicht mit dem zugleich pathetischen und trivialen Hinweis auf das „Verstehen" getan. (Dieser Hinweis besagt ja nur, daß der Interpret bestimmte „Auffassungsbereitschaften auf Gewohnheitsgrundlage" mitbringt und seine neuen Erfahrungen spontan in diese „altvertrauten Muster der Auffassung" einordnet.) Diese „deutenden Aktivitäten", „Verstehen" genannt, müßten aber nun ihrerseits gedeutet, erklärt, theoretisch erfaßt und systematisch als eine Forschungstechnik entwickelt werden (vgl. hierzu etwa *Albert* 1969, S. 151 ff.).

Die Tatsache, daß sich die Idiographie-Argumente so zählebig fortpflanzten, hat mehrere forschungspsychologische Gründe. Sehen wir von den ideologischen Funktionen dieser Argumente einmal ab (sie werden, wie man sich leicht überzeugen kann, durchweg zu apologetischen Zwecken und polemisch zur Selbstlegitimation und Selbsterhöhung eines bestimmten geographischen Forschungsstiles eingesetzt). Dann scheint vor allem der folgende, in der wissenschaftstheoretischen Literatur vieldiskutierte Sachverhalt wichtig zu sein: In der geographischen Literatur liegen (wie in fast allen Wissenschaften vom Menschen) meist Erklärungs*skizzen* und Erklärungs*fragmente* vor, in denen vielfach schon aufgrund des entsprechenden idiographischen Erkenntnisinteresses die individuellen „Ursachen" (die „Randbedingungen") im Vordergrund stehen und in der Textdarstellung zudem oft auf relativ lose Weise verknüpft werden. Die (überregional gültigen) Allgemeinaussagen des Länderkundlers wie des Historikers waren oft zu trivial, um noch eigens formuliert werden zu müssen; der Autor konnte sich darauf verlassen, daß der common sense des Lesers alles „Allgemeine", wo es nicht ausdrücklich formuliert wurde, stillschweigend ergänzen würde (zumal die „klassische" länderkundliche und historische Literatur — als bestimmte Literaturgattungen — an ein wissensmäßig, sprachlich und ideologisch sehr einheitliches Publikum von „Gebildeten" gerichtet waren). Eine größere Explizitheit hätte leicht den Eindruck von Umständlichkeit, Pedanterie und Banalität erweckt — bei dem oft ausgesprochenen stilistisch-literarischen Ehrgeiz länderkundlicher Werke und geschichtlicher Darstellungen eine vielfach sorgfältig gemiedene Konsequenz. Bei Autor und Leser konnte so leicht die Illusion entstehen, stets von Einzelheit zu Einzelheit, von Individuellem zu Individuellem, von Besonderheit zu Besonderheit fortzuschreiten (oder gar, Individuelles durch Individuelles zu erklären). Die manifeste Textform einer Interpretation oder Erklärung ist aber in diesen Literaturgattungen oft nicht von Ferne identisch mit ihrer latenten logischen Struktur.

## 2.5. „System" und „Geosystem"

Was die Rede von „umfassenden" Systemen und Systemzusammenhängen angeht, die eine spezifische Aufgabe der Geographie darstellen sollen, so sei vorweg darauf aufmerksam gemacht, daß dieser Ökosystem-Rhetorik in der Geographie eine vergleichsweise bescheiden entwickelte Fähigkeit zu systemtheoretischer Forschungsarbeit gegenübersteht. „Im Gegensatz zu der verbreiteten Meinung jedoch, die „systematischen" Fächer analysierten „nur", Geographie hingegen müsse die Synthese vollziehen, werden heute in zahlreichen Disziplinen Systemanalysen durchgeführt, ja, es ergaben sich bereits überdisziplinäre Arbeitsgemeinschaften rein formaltheoretischer Systemforschung. Der Geographie selbst dagegen fehlt es vielfach am notwendigsten Handwerkzeug, um lange vielleicht schon vermutete Korrelationen von Systemvariablen zu präzisieren oder um ihre Systemmodelle aus unzureichenden ontologischen Deutungen (z. B. aus ontologischen Stufenmodellen einer integrierten Erfahrungswelt) herauszuführen und als solche instrumentell zu formulieren, gleichgültig ob ihre empirischen Unterlagen nun auf exakter Messung oder nur auf vergleichender Beobachtung beruhen. Die Ablehnung von „Beziehungswissenschaft", als welche sich tatsächlich doch jede Forschung als grundsätzlich verknüpfender Denkansatz erweisen muß, und die Suche nach „synthetischer" Erkenntnis eines „Ganzen" entstammt einem weltanschaulichen Essentialismus, der sich nach wie vor auf die Möglichkeit einer unmittelbaren und unvoreingenommenen Wesenserkenntnis der Forschungsobjekte durch vermeintlich theoriefreie Feldbeobachtung (oder gar auf direkte „Landschaftserfahrung") beruft" (*D. Bartels* 1968, S. 132 f.).

Der Systembegriff wurde vielfach etwas diffus in die geographische Methodologie eingebracht; im folgenden sollen einige kritische Punkte in pointierter Weise herausgestellt werden. (Diese forschungslogische Thematik wird in der jüngsten geographischen Literatur eingehend erörtert bei *D. Harvey* 1970, S. 447 ff.).

*1.* Ein System ist definiert durch eine Menge von Elementen nebst einer Menge von Relationen, die zwischen diesen Elementen bestehen; diese Menge der Relationen wird im allgemeinen als „die Struktur" des Systems bezeichnet. Ein offenes System umfaßt (1.) eine Menge von internen Elementen, (2.) eine Menge von Beziehungen zwischen ihnen und (3.) eine Menge von Relationen zwischen diesen „internen" Elementen und der „Umwelt" des Systems (die durch mindestens ein externes Element repräsentiert wird).

*2.* Alle Systeme, auch die kompliziertesten und komplexesten, sind, so wie wir sie beschreiben, selektive *Abstraktionen* perspektivischer Art, keine „Realitäten". Ein „reales System" wäre — sofern dieser Begriff überhaupt denkbar ist — eine Unendlichkeit von Elementen und Relationen, aus denen jeder Beobachter eine (andere) Auswahl treffen würde.

Das ist an Folgendem leicht zu erkennen: Wir sind gezwungen, geschlossene Systeme zu schaffen (als intellektuelle Konstruktionen) — schon beim einfachsten „System", der Kausalverknüpfung zweier Elemente als Ursache und Folge. Zwar bedeutet „offenes System" ein System, bei dem Interaktion mit dem „Environment" eingebaut ist. Letztlich aber ist „Environment" immer „alles, was es gibt". Wir brauchen also eine restriktivere Auslegung von „Umwelt"; „Umwelt" als ein System höherer Ordnung, in dem das untersuchte System Element ist, und zwar dergestalt, daß Veränderungen in Elementen des „Metasystems" Veränderungen in den Elementen des Subsystems im Gefolge haben. Wir schaffen also um unser „offenes" Subsystem ein neues geschlossenes System (Metasystem) aus all denjenigen Elementen, die für das beobachtete Subsystem relevant sind — so z. B. der Geobotaniker das Ökosystem aus Phytozönose und Standort. Letztlich also sind alle Systeme *in unserer Betrachtung* geschlossen; denn wissenschaftliche Analyse verlangt, wenigstens das äußerste Metasystem zu schließen: obwohl es sicher keine geschlossenen Systeme gibt, sondern nur offene, die mit ihrem Environment interagieren. Wir schneiden immer Umwelt ab: Sei es durch die Versuchsanordnung, sei es gedanklich und durch gezielte Beobachtung.

*3.* Ebensowenig wie die Systeme sind die Elemente dieser Systeme reale Objekte oder sonstwelche „Entitäten"; die Elemente in den Systemen, die in den Erfahrungswissenschaften beschrieben werden, sind keine realen Dinge, sondern variable Merkmale von Dingen. Im „System" sind nicht Objekte und Objektmengen, nicht Gegenstandskomplexe, Seinsschichten, „Sphären" und dergleichen verknüpft, sondern variable *Merkmale* von Dingen: nicht Boden und Vegetation *als materielle Gebilde* sind korreliert (um ein sehr einfaches System zu zitieren, bei dessen konsequenter Beschreibung wir ein starkes „Rauschen" von „Störfaktoren" her bemerken würden), sondern eine Merkmalsdimension des Bodens (z. B. die Maßzahlen für den pH-Wert) mit einer Merkmalsdimension im Bereich der Vegetation (z. B. den Maßzahlen für die Dominanz von *Ligustrum vulgare*) — oder eine *Reihe* von Merkmalen des Bodens mit einer *Reihe* von Merkmalen der Vegetation.

*4.* „Es muß beachtet werden, daß der Begriff des Systems relativ ist. Stets werden aus der Vielfalt der physikalischen, biologischen usw. Gebilde bestimmte ausgewählt und durch einen Abstraktionsprozeß als Element eines Systems konstituiert. Ebenso wird aus der Vielfalt der Relationen (...) eine bestimmte Auswahl vorgenommen, und die ausgewählten Relationen konstituieren zusammen mit den Elementen das System." (*G. Klaus* 1968, S. 635)

Daraus folgt, daß derselbe Phänomenbereich, „dieselbe Sache" oder Objektmenge auf sehr verschiedene Weise als ein System betrachtet und abgebildet werden kann, und zwar relativ zu je einem bestimmten (theoriegeleiteten) Erkenntnisinteresse. Eine Barockfassade kann sowohl vom Kunsttheoretiker und Kunsthistoriker wie vom Baustatiker als ein System betrachtet werden, aber beide beziehen sich jeweils auf eine völlig andere Klasse von Variablen (Elementen) und Relationen: obgleich sie rein verbal (vor allem, wenn sie populär reden wollen) gelegentlich von den gleichen Dingen (als den Elementen ihrer Systeme) zu sprechen scheinen: von Gesimsstücken, Fensterstürzen, Kapitellen, Säulenbasen, Gewölbeteilen usf. Verwandelt sich diese Fassade in einen Trümmerhaufen, dann handelt es sich bei dem Resultat für den Kunsttheoretiker *und* den Baustatiker nicht mehr um ein System — betrachtet man jedoch „dieses Gebilde unter dem Gesichtspunkt der Mechanik, so ist dieser Trümmerhaufen [der unter Umständen wieder wenigstens teilweise aus Gesimsstücken, Fensterstürzen, Kapitellen, Säulenbasen usf. besteht] ein kompliziertes System mit einer reichhaltigen Fülle von Druck- und Zugrelationen usw." (*G. Klaus* 1963, S. 62).

Die geläufige Rede von „System" (Geosystem, Teilsystem usf.) bei geographischen Methodologen spezifiziert gemeinhin nichts, sondern „koppelt" entweder schlecht bestimmte Objektklassen, Seinsschichten und dergleichen, oder sie beschränkt sich auf die tautologische Versicherung, es handle sich eben um ein *geographisches* System (in älterer Redeweise: eine geographische Ganzheit). Ohne Kriterien für die Auswahl von Elementen und Relationen aber ist die Feststellung, die Geosphäre (oder die Landschaft oder der Geokomplex) sei ein System, bei wohlwollender Interpretation bestenfalls eine ontologisierte und äußerst informationsarme Orientierungstheorie — etwa im Sinne der Aufforderung, die Phänomene der Erdoberfläche in Form von Systemzusammenhängen abzubilden (und z. B. nicht morphologisch, nicht genetisch und nicht in unilinearen Zusammenhängen von Ursache und Wirkung). Es wird gewissermaßen nur eine Kategorie genannt, und solche Kategorien wie Kausalität, Genese, Struktur, Funktion, System haben als kurzgefaßte und fragmentarische, rein formale Orientierungstheorien allgemeinster Art allenfalls einen heuristischen Wert beim Generieren von (inhaltlichen) Problemen, Theorien und Erklärungen, sind aber nicht im entferntesten schon selbst Theorie oder gar etwas spezifisch Geographisches.

Die Relativität des Begriffes System läßt sich in jeder denkbaren Hinsicht demonstrieren. Schon die Entscheidung darüber, was wir als Element und was wir als System ansehen sollen, ist eine Sache des Maßstabs (und natürlich letztlich der Fragestellung): es kommt auf die Fragestellung an, ob ein Wald ein „System" oder ein „Element" ist. Ist der Wald ein System, dann ist etwa eine Pflanze ein Element; aber natürlich kann die Pflanze wieder als ein höchst kompliziertes System betrachtet werden — usf. ad libitum. Ebenso sind in folgender (grob formulierter) Reihe alle Stücke entweder System oder Element — je nach dem Auflösungsniveau („resolution level"): Die Weltwirtschaft — die Wirtschaft eines Landes — eine Firma — eine Abteilung dieser Firma — ein wirtschaftendes Individuum — eine ökonomisch relevante Verhaltensweise dieses Individuums.

Ebenso relativ ist es natürlich, was System und was Umwelt ist (was zum System und was zum Metasystem gehört). Für den Hydrogeographen, der die Wasserhaushaltsgrößen studiert, ist die Vegetation (bzw. deren für den Wasserhaushalt relevante Merkmale) „Umwelt" seines Systems; für den Vegetationsgeographen, der den Zustand der Vegetation erklären will, gehören umgekehrt die Meßgrößen des Hydrogeographen zur Umwelt (der Vegetation). Für den einen ist der Bewuchs, für den anderen „der Wasserfaktor" Environment.

Ebenso ist es eine semantische Frage, d. h. eine Sache der zweckmäßigen Sprechweise, ob man Systeme (z. B. einen landwirtschaftlichen Betrieb, ein Institut, eine Firma, einen Pflanzenbestand) als Einheiten des „Verhaltens" auffaßt (die als Einheiten, also „en bloc" agieren und als „black boxes" betrachtet werden) — *oder* ob man die „black boxes" öffnet und die Systeme auffaßt als Konfigurationen, deren Elemente einzeln mit Einzelelementen anderer Systeme (und natürlich auch miteinander) interagieren.

Was wir als Element (und als System) isolieren und wo wir die Grenzen legen, ist natürlich manchmal nur eine Maßstabsfrage und eine Frage der theoretischen Perspektive: Aber auch wenn die Fragestellung und der Maßstab gegeben sind, ist das Isolierungs- oder Identifizierungsproblem nicht selten immer noch teilweise ungelöst. Oft liegt hier kein Problem und man kann zuweilen Personen, Betriebe, Haushalte, Gemeinden bedenkenlos als „Elemente" oder „Systeme" betrachten; schon bei „Gruppen" wird es meist schwieriger. Der Geobotaniker etwa hat es auf der Ebene der Arten relativ leicht, auf der Ebene der Pflanzengesellschaften schon schwerer, „Einheiten" der Systemanalyse zu finden. Der Philologe gar, der den Text als Struktur und System versteht, hat es oft *sehr* schwer, seinen Text auf intersubjektiv kontrollierbare Weise in Einheiten der Betrachtung — Motive, Topoi, Denkfiguren usf. — zu segmentieren. Wie leicht es ist, in der sozialen Realität „Systeme" als Sinn-, Funktions- oder Wirkungszusammenhänge abzugrenzen, ist unter Soziologen durchaus strittig.

Auf Anhieb entscheiden wir zweifellos aus dem Insgesamt unserer Erfahrung: „Systeme" scheiden wir prima vista aus, wo gewisse Invarianzen auftreten, wo gewisse Anordnungen und Kombinationen vorzuliegen scheinen, die im Wechsel des Geschehens durchhalten, die trotz Veränderung in Raum und/oder Zeit erfahrungsgemäß bestimmte Struktureigenschaften bewahren (z. B. Raumform, Abfolge, Zusammenhang der Teile). Dabei spielen natürlich sinnfällige, „unwahrscheinliche" Anordnungen und „gute Gestalten" eine bedeutende Rolle, außerdem greifen wir intuitiv nach solchen Systemen, deren Grenzen und Inhalte uns unsere Sprache und ihr Bildervorrat als Ordnungsschemata suggerieren.

Es ist aber klar, daß diese „Gestaltwahrnehmung" zwar ein Repertoire an Denkmöglichkeiten (und Denkzwängen!) bereitstellt, aber noch nichts darüber aussagt, ob die divinierte Möglichkeit eines Systemzusammenhangs auch eine Wirklichkeitsstruktur abbildet. Dies vergessen wir um so leichter, als solche „primären", intuitiven Systemhypothesen (wie z. B. das Landschaftskonzept) aufgrund ihrer Herkunft aus erlebnisgesättigter vorwissenschaftlicher Erfahrung und vorwissenschaftlichen

Sprachstrukturen mit einer Aura von Evidenz und Gewißheit umgeben zu sein pflegen. Die Gewißheitsfrage ist aber etwas anderes als die Geltungsfrage.

Zwar beginnt alle Wissenschaft mit solchen primären Systemhypothesen, beginnt bei jenen *manifesten* Strukturen, die das „natürliche", „unverdorbene" Auge mehr oder weniger unmittelbar wahrnimmt. Sie baut aber nicht auf solchen primären Hypothesen und Gewißheiten auf, sondern zersetzt und ersetzt sie durch vordem *latente* Strukturen. „Toute vérité nouvelle naît malgré l'évidence, toute expérience nouvelle naît malgré l'expérience immédiate" (*G. Bachelard* 1963, S. 7): Es handelt sich um das, was man auch als den „kontra-evidenten und kontra-intuitiven Charakter der Wissenschaft" bezeichnet hat. Für die *manifesten* Strukturen wäre keine Wissenschaft vonnöten (es sei denn ihre phänomenologische oder andere Bestandsaufnahme aus wissenschaftlichem Interesse an der vorwissenschaftlichen Sicht der Dinge).

Die Rede vom „System" hat also, bei Licht besehen, einen ganz anderen Sinn als die Rede von der „Totalität": Nur in der landschaftsmethodologischen Denktradition laufen beide Denkmotive ineinander. „System" meint (wie „Modell") *Reduktion* und *Akzentuierung* zugunsten intellektueller *Transparenz:* Ein undurchschaubares und undurchsichtiges Stück Wirklichkeit — eine „Totalität" — wird durch Abblenden von Elementen und Relationen (bei gleichzeitiger Hervorhebung einer *bestimmten* Menge von Elementen und Relationen) erst intellektuell zugänglich und eindeutig gemacht: Denn Totalerfassung gibt es nicht, nur Erfassung von etwas als etwas.

Es ist das wohl am besten belegte Ereignis in der Geschichte der modernen Wissenschaft, daß erst diese „abortive Methode", ein „akosmistisches Verfahren" (welches das „distinctive point of view" an die Stelle des „plenum of nature" setzte) ihren Fortschritt begründete (vgl. *F. Schneider* 1959, 1967): als die Wissenschaftler damit brachen, sich in die Allsympathie der Dinge zu versenken und den Einfluß von allem und jedem in Betracht zu ziehen. Es ist dies ein Punkt, den der Wissenschaftshistoriker *G. Bachelard* aufs klarste herausgearbeitet hat, indem er den „vorwissenschaftlichen Geist" und die Wissenschaft z. B. des 18.

Jahrhunderts mit dem „wissenschaftlichen Geist" und der modernen Wissenschaft verglich, als deren hervorragendes Merkmal er „le principe de négliger" bezeichnete: „l'esprit scientifique explicite clairement et distinctement ce droit de négliger ce qui est négligeable" (1957, S. 222). Welches Phänomen man auch immer betrachte — es gibt immer unzählige räumlich koinzidente Phänomene, die keinerlei meßbaren Einfluß auf dieses Phänomen ausüben: Die Farbe einer Rakete beeinflußt z. B. nicht im geringsten ihre ballistischen Eigenschaften. Der vorwissenschaftliche Geist ist aber gierig nach Einheit und Allzusammenhang: Sein Kennzeichen ist der Mißbrauch des Begriffes „Wechselwirkung". Für ihn sind alle Variablen in steter Interaktion. Der Glaube an eine universale Interdependenz heterogener Dinge ist das Lieblingsthema des naiven Realismus (S. 219): „Rien de plus antiscientifique que d'affirmer (...) sous le couvert de remarques générales et imprécises, des causalités entre des ordres de phénomènes différents" (S. 220). „Par cette idée directrice de la correlation totale des phénomènes, l'esprit préscientifique répugne à la conception toute contemporaine d'un système clos. A peine a-t-on posé un système clos qu'on déroge à cette audace et que, par une figure de style invariante, on affirme la solidarité du système morcelé avec le grand Tout" (S. 219) — und diese „invariante Stilfigur" ist offensichtlich auch der zentrale Topos der Landschaftsmethodologen gewesen. „En fait, la science contemporaine s'instruit sur des systèmes isolés, sur des unités parcellaires. Elle sait maintenir des systèmes isolés. En ce qui concerne les principes épistémologiques, la science contemporaine affirme que les quantités négligeables doivent être négligées. On coupe donc court („schneidet ab") à des déterminations purement plausibles (...). Enfin, la sience quantiative nous familiarise avec la notion de seuil quantitatif. Il y a des énergies insuffisantes pour franchir un seuil. Ces énergies ne peuvent perturber des phénomènes bien définis, bien isolés" (S. 90).

Die Wehklage über Spezialisierung und Einseitigkeit ist hier ohne Sinn: Jedermann darf seine Systeme, in denen er „die Wirklichkeit" abzubilden sucht, so komplex und kompliziert konstruieren als er eben imstande ist: Sofern seine Hypothesen kontrollierbar bleiben und nicht hinauslaufen auf kosmische Träume (wie sie etwa noch fast die gesamte Landschaftsmethodologie durchziehen). Die Kunst des Systembildens ist, wie wir sahen, mehr das Aus- als das Einschließen.

Gefordert ist freilich ein Bewußtsein der Perspektivität; und zwar zugunsten der wissenschaftlichen Produktivität. Das Bewußtsein der Perspektivität ist eine stete Herausforderung, die Perspektive zu wechseln, andere und immer neue Perspektiven an den Phänomenbereich anzulegen (und dies ist ein weiterer Vorzug vor dem Streben nach „dem" „totalen System"). In diesem Zusammenhang liegt je überhaupt die *„schöpferische* Einseitigkeit" *bewußter* Theoriebildung (d. h. *bewußter* Reduktion). Aber indem wir dabei im Auge behalten nicht nur was hervorgehoben, sondern auch was ausgeklammert wurde und welche Bedeutung das jeweils Abgeblendete für unsere Fragestellung haben könnte, treibt sich der Forschungsprozeß weiter, um das „Rauschen" der Störfaktoren zu beseitigen — ohne sich doch sofort in unentwirrbare (oder nur auf der Ebene des gesunden Menschenverstandes und der Trivialwissenschaft entwirrbare) Komplexe und „Ganzheiten" zu verirren. Es ist dies wohl der einzige Weg, der „Totalität" erfahrungswissenschaftlich näher zu kommen — diesem idealen Grenzwert wissenschaftlichen Handelns.

Am Ende muß angemerkt werden, daß der in der Geographie, vor allem bei landschaftsgeographischen Methodologen modisch gewordene systemtheoretisch-kybernetische Jargon gerade die alte „kosmistische" Tradition fortsetzt. Nicht, als ob das Geringste einzuwenden wäre gegen den Versuch, bestimmte Probleme und Zusammenhänge in kybernetisch-systemtheoretischer Weise zu formulieren. Zweifellos ist dies auf bestimmten begrenzten Teilgebieten der physischen Geographie und der Geowissenschaften schon möglich und fruchtbar (etwa in Meteorologie, Hydrologie, theoretischer Geomorphologie); für die physische Geographie und verwandte Disziplinen findet man eine Revue bei *Chorley* und *Kennedy* 1971. Leider sind aber die „systemtheoretischen" „Modelle", die bisher in der deutschen geographischen Literatur vorgelegt wurden, durch ihren ausschweifenden Ehrgeiz, „Landschaftsmodelle" oder etwas ähnlich

Umfassendes zu sein, vielfach wieder eher geeignet, von der Formulierung, Bearbeitung und Lösung *konkreter* Forschungsprobleme an übersehbaren Systemzusammenhängen abzulenken: *Neef* und die Folgen.

Wir können nun auch auf die Fragen nach „Belastung“ und „Belastbarkeit“, „Zerstörung“ und „Regenerationsfähigkeit“ von „Ökosystemen“ zurückkommen — Fragen, die heute im Rahmen von „Umweltschutz“ und „Umweltforschung“ viel erörtert werden. (Als „Ökosystem“ bezeichnen wir das „System“ aus Organismus bzw. Biozönose und Umwelt; der Umweltbegriff wird späterhin differenziert werden.) Bevor solche Fragen *sinnvoll* erörtert werden können, muß in jedem einzelnen Fall vorweg definiert werden, (1.) was man jeweils als „ein System“ betrachten will (welche Elemente und Relationen also gemeint sind), und (2.) bei welchen Schwellenwerten welcher Elemente und Relationen man per definitionem davon sprechen will, daß das betreffende „System“ „belastet“, „überbelastet“ oder „zerstört“ (und ein neues System an die Stelle des alten getreten) sei. Von diesen Definitionen hängt dann die Antwort auf fast alle konkreten „Umweltfragen“ ab, und diese Definitionen erfolgen immer in bezug auf *bestimmte* praktische und/oder theoretische Perspektiven und Ziele: sie sind, konkret gesprochen, immer auf bestimmte *Organismen* und bestimmte *Interessen* bezogen.

Behalten wir dies nicht im Auge, dann laufen wir Gefahr, daß zwar jede Gruppe ihren besonderen Umwelt- und Umweltzerstörungs-Begriff einbringt, diese Vielzahl sich aber dennoch in verwirrender Weise unter den gleichen Vokabeln verbirgt: Eine solche Situation ist bekanntermaßen auch der Nährboden unaufgeklärter und unfruchtbarer Konflikte. Für eine bestimmte biologische Art ist die „Umwelt“ an einer bestimmten Stelle dann zerstört, wenn sie dort nicht mehr zu leben vermag oder die Quantität oder „Qualität ihres Lebens“ dort (in einer genauer zu definierenden Weise) geschädigt wird. Bezieht man die Umweltfragen auf den Menschen (was im allgemeinen das sinnvollste ist), dann müssen die Fragen nach Belastung, Belastbarkeit, Zerstörung usf. strikt auf *bestimmte* Mengen von (oft gruppenspezifischen) Verhaltensweisen, Zielen, Interessen, Bedürfnissen usf. bezogen werden. Für den Naturschützer und oft auch den Biologen ist ein „Ökosystem“ oder „Ökotop“ nicht selten dann schon „zerstört“, wenn bestimmte seltene (oder „ursprüngliche“ oder „geschützte“) Arten an dieser Stelle verschwinden — er betrachtet die „Qualität der Umwelt“ gewissermaßen aus der Perspektive dieser Arten. Das „Ökosystem“ „Bodensee“ (um es vage zu beschreiben) ist bei sehr verschiedenen Schwellenwerten bestimmter Variabler „überlastet“, je nachdem, ob man vom Wassersport, von der Trinkwasserversorgung, von der Fischerei oder vom Naturschutz oder von der Liebe zu einer „ursprünglichen“ oder relativ „unberührten“ Landschaft her urteilt.

Mit solchen Hinweisen sollen die Umweltprobleme zwar relativiert werden, aber nicht im Sinne einer „Verharmlosung“. Es wird lediglich betont, daß die Umweltdiskussion notwendig auf sozialpolitische Entscheidungen darüber hinausläuft, welche Bedürfnisse und Interessen welcher Gruppen wir aufgrund vorgeordneter Zielsetzungen als legitim (und durchsetzenswert) und welche wir als irrelevant und illegitim (d. h. als politisch zu bekämpfen) betrachten wollen.

### *3. Der geomorphologische Ansatz*

Der geomorphologische Ansatz muß heute doppelt charakterisiert werden; im folgenden werden die beiden Charakteristiken in „idealtypischer Weise“ stilisiert.

Wir wollen unterscheiden *einerseits* eine Geomorphologie als Beschreibung und erklärende (d. h. hier vor allem: genetische) Interpretation der Erdoberflächen*formen,* und zwar bevorzugt der Reliefformen „mittlerer“, landschaftlicher Größenordnung[35]. Die Interpretationssprache ist im wesentlichen qualitativ; quantitative Einsprengsel beziehen sich fast ausschließlich auf die Beschreibung von Formen und von Materialeigenschaften, sind also in einem weiten Sinne morphometrisch. Die Variablenbereiche „Kraft“, „Energie“, „Widerständigkeit“ sind nur ansatzweise quantifiziert.

Andererseits gibt es eine Geomorphologie als Studium der formengebenden *Prozesse* samt dem Versuch, die quantitativ formulierten Regularitäten dieser Prozesse an allgemeine geophysikalisch-physikalische Gesetzmäßigkeiten anzuknüpfen.

Die erstgenannte Geomorphologie (die „klassische" und „traditionelle", diejenige, die dem deutschen Studenten noch immer fast ausschließlich nahegebracht wird) kann als ein Bestreben beschrieben werden, in dem hochkomplexen, durch zahlreiche „Alt-" und „Vorzeitformen", ältere Erosionszyklen und paläoklimatische „Prägestöcke" verunklärten Gegenwartsbild *historische Sukzessionen* von *Formengenerationen* zu erkennen und so die *Erosions- und Denudationschronologie der Landschaft* zu rekonstruieren. Diese „chronologie dénudative ou de dissection" verfuhr in gewissem Sinne wie die historische Kulturlandschaftskunde: Zerstreute und isolierte, landschaftlich und arealmäßig unbedeutende, ja rare Evolutionszeugen wurden zu einer Entwicklungsgeschichte des Ganzen zusammengesetzt — wobei aber mehr auf den säkularen Verlauf der Denudation und Erosion ein Licht fiel als auf die konkreten einzelnen Formen und Vorgänge. Neben der „Evidenz" der Formen sind Terrassenschotter, alte Böden und Lockersedimente die wichtigsten Leitsterne dieser Rekonstruktionen.

Die Forschungspraxis konzentrierte sich mit deutlich idiographischer Emphase auf denudations- und erosionsgeschichtliche Studien einzelner Gebiete. Es war ein „regionalgeographisches" Studium der Formen und ihrer Sukzessionen, nicht so sehr der *Prozesse* und der Systemzusammenhänge. Bei den Formen galt denen ein besonderes Augenmerk, die historische Rückschlüsse gestatteten; die formprägenden historischen Prozesse wurden in mehr qualitativer Weise aus den Formen erschlossen: „in such a manner as to exclude from geomorphology the study of the basic dynamics which are controlling the continuous development of the major part of all landscapes" (*R. J. Chorley* 1970, S. 149).

Geomorphologie ist im deutschen Sprachbereich, aber keineswegs nur hier, bis in die jüngste Zeit ein isoliert betriebener, aus zufälligen disziplinhistorischen Gründen aus der Geologie abgesplitterter und von Geographen „gepflegter" Ausschnitt aus der historischen Geologie, ist quartäre Erd- und Landschaftsgeschichte (und nicht einmal so sehr dynamische Geologie). „This idiographic attitude (...) isolated the subject from every other science except a small segment of historical geology. Largely deprived of the stimulus of cross-fertilization, geomorphology in the half century after 1890 developped by in-breeding a highly-stylized discipline wherein the keen edge of research was blunted, and lacking the active professional echelon concerned with practical problems which during the same period, for example, transformed the sister science of meteorology" (*R. J. Chorley* 1970, S. 31 f.; vgl. auch 1964, 1967).

Wenn man sich eine gelinde „Purifizierung zum Idealtyp" gestattet, kann man zwischen dem beschriebenen historisch-geologischen, „idiographischen" Ansatz (einem „historical hangover-approach") einerseits, und einem dynamisch-geologischen „nomothetischen" („dynamic equilibrium approach") andererseits unterscheiden: Dort die genetische Interpretation der Landschaftsformen, hier das Studium von rezenten Prozessen und Systemen, von Gleich- und Ungleichgewichten, die Verknüpfung von quantitativ erfaßtem Prozeß und quantitativ erfaßter Form.

Nicht, daß die erstgenannte Geomorphologie keine „Theorie" kennen würde; aber diese Theorie ist weithin ein sehr massives „black boxes approach" — wobei man vielfach mit sehr umfassenden und komplexen Größen als Reaktionseinheiten arbeitet und das Studium des Systems und der Prozesse „within the black boxes" durch intuitive Einsichten und Entscheidungen (von oft großer Genialität) ersetzte (vgl. *R. J. Chorley* 1967, S. 85).

Es scheint übrigens, daß gerade der *zweite* Ansatz, von dem oft geargwöhnt wird, er sei „keine Geographie mehr", forschungslogisch *und* pragmatisch sehr viel engere Beziehungen zu anderen geographischen Forschungsansätzen hat als die traditionelle Geomorphologie — Affinitäten z. B. zum landschaftsökologischen sowie zum boden- und vegetationsgeographischen Ansatz, und selbst der heutige Kulturgeograph wird sich, wenn überhaupt einmal, dann eher für die Daten und Ergebnisse der zweitgenannten als der erstgenannten Geomorphologie interessieren, nicht zuletzt da, wo sie sich einer „dynamisch-geomorphologischen Ingenieurgeologie" nähert.

Gerade die dominierende, mehr oder weniger „traditionelle" Geomorphologie, die sich einst zugute hielt, Basis und Mittelpunkt der ganzen Geographie oder wenigstens der physischen Geographie zu sein, ist ironischerweise für die moderne Geographie des Menschen fast ohne Belang, für die übrigen Teile der physischen Geographie und für die Geowissenschaften fast ohne Interesse. Und schließlich ist sie auch ohne Bedeutung für menschliches Handeln und weithin ohne technologische Perspektiven: sehr im Gegensatz zu manchen anderen Erdwissenschaften, die sich solcher unmittelbaren Bezüge zum „Menschen" und zur „Kultur" nie gerühmt haben. — Ähnliches gilt übrigens von fast vielen der heutigen physischen Geographie.

Die „traditionelle" Geomorphologie faßte sich im deutschen Sprachbereich auf als ein Teil und nicht selten sogar als das Zentrum der „Landschaftskunde" — als eine „geomorphologische Landschaftskunde der Erde" und eben hierdurch als „Fundament" und „Grundlage" nicht nur „der gesamten Länderkunde", sondern sogar der gesamten Geographie (vgl. z. B. O. *Maull* 1958, S. 2 f.)[36]. Diese Gewichtung ist einerseits ein disziplinhistorisches Erbe — für *A. Penck* war die Geomorphologie 1894 bekanntlich sogar „Hauptbestandteil der eigentlichen Geographie". Die stark am „(landschafts)physiognomischen Prinzip" orientierte Landschaftsgeographie konnte dieses Erbe aber (wenngleich mit neuer Argumentation) unschwer übernehmen — was um so näher lag, als die Vokabel „Landschaft" in der geomorphologischen Literatur bereits lange vor Entfaltung der deutschsprachigen Landschaftsgeographie und Landschaftsmethodologie benutzt wurde — und zwar schlicht im Sinne von „Relief". (In der angelsächsischen Geographie und Geomorphologie überwog immer bei weitem *dieser* — sozusagen harmlose — Gebrauch des Wortes „landscape": wenn man von der „deutschstämmigen" Landschaftskunde *Carl Sauers* und seiner „Berkeley-Schule" absieht.)

Der Reiz der „traditionellen" Geomorphologie lag und liegt wohl im wesentlichen darin, daß dieses Studium der Landform intim mit dem „normalen", außerwissenschaftlichen Aspekt der menschlichen Umwelt und mit der traditionsreichen Weltperspektive der naturhistorischen (vor allem „geognostisch" und botanisch-vegetationskundlich interessierten) Reisenden des 18. und 19. Jahrhunderts verknüpft blieb: Diese Geomorphologie erschloß dem naturkundlich interessierten Gebildeten die primäre physische Umwelt auf eine intellektuell sehr befriedigende Weise, ohne ihm doch ein allzu starkes Engagement in den Naturwissenschaften abzunötigen. Vor allem in der französischen Geographie des 20. Jahrhunderts kann man sehr gut beobachten, daß der von Hause aus mehr philologisch-historisch gebildete Geograph an dieser Stelle am ehesten Zugang zu jenen weitverzweigten beschreibenden Naturwissenschaften fand, die man unter der Kollektivbezeichnung „Physische Geographie" zusammenfaßt. Nur dieser Hintergrund macht verständlich, daß Fortentwicklungen dieser „klassischen" Geomorphologie (z. B. durch Übernahme einiger an sich nicht sehr anspruchsvoller pedologischer und sedimentpetrographischer Arbeitstechniken) sowie ihre in praxi sehr weitgehende Identifikation mit der Quartärgeologie leicht auf Skepsis und zuweilen fast instinktive Abwehr stießen: diese Weiterungen schienen dem traditionsbewußten Geomorphologen vielfach „zu speziell" und „ungeographisch" zu sein, d. h. zu weit von jenem primären Aspekt der Erdoberfläche wegzuführen, als deren Interpret er sich seit eh und je begreift.

Die nomothetisch-quantitative, stark „aktualistisch" und auf Prozeßanalyse gerichtete Geomorphologie hingegen hätte — sofern sie sich nicht einfach zur dynamischen Geologie rechnet — im deutschen Sprachbereich einigen Anlaß, sich als Teil der „Landschaftsökologie" bzw. als eine *ökologisch* gerichtete Geodisziplin zu verstehen: als Studium eines Teils des Energie- und Stoffhaushaltes an der Erdoberfläche. Solche Auffassungen treten etwa bei *R. Martens* hervor (vgl. z. B. auch — wenngleich nur als Programm — *H. Leser* in: *E. Köster* und *H. Leser* 1967, S. 10 ff.); auch hier aber besteht eine gewisse überflüssige Tendenz, einer (vor allem in ihren stricto sensu geomorphologischen Bestandteilen) sehr respektablen, aber doch sehr spezialisierten dynamisch-geomorphologischen Forschungspraxis nachträglich einen etwas bombastischen landschaftsmethodologischen Rahmen und Überbau zu geben.

Im angelsächsischen Bereich wären z. B. folgende Namen von Geologen, Hydrologen und Geographen mit der „nomothetischen" und nicht selten zugleich anwendungsnahen (ingenieurgeologischen) Geomorphologie verknüpft: *Chorley* (und *Kennedy*); *Harbaugh; Krumbein; Langbein* und *Leopold; Leopold, Wolman* und *Miller; Scheidegger* und *Ahnert; Carson* und *Kirkby.*

### 4. *Der vegetationsgeographische Ansatz*

Dieser Ansatz steht hier paradigmatisch auch für einige verwandte Ansätze im Rahmen der Physischen Geographie (z. B. auch für den „klimageographischen" Ansatz). Deshalb wird er auch etwas ausführlicher behandelt, obwohl er im Rahmen der bestehenden Geographie heute nur noch eine bescheidene Rolle spielt — wenn man etwa Beiträge der Geobotaniker (Ökologen, Vegetationskundler, Pflanzensoziologen) als Vergleichsmaßstab heranzieht.

Es handelt sich (ähnlich der Geomorphologie) um Ansätze, die logisch identisch sind mit den entsprechenden Geo-Disziplinen (z. B. Meteorologie und Klimatologie) bzw. den Geo-Zweigen bestimmter Naturwissenschaften (z. B. der Geobotanik) — oder mit Teilen solcher Disziplinen.

Die vielfältigen Versuche, hier „von der Sache her" oder sonstwie irgendwelche wissenschaftstheoretischen Unterschiede zu konstruieren, sind teils leer oder zirkelhaft, teils, wie schon eine oberflächliche Analyse zeigt, bloß verbal oder in sprachbürtigen Trugschlüssen befangen: Was als Unterschied angegeben wird, ist entweder gar kein Unterschied oder eine Leerformel. Bei diesen forschungslogisch-philosophischen Trennversuchen handelt es sich durchweg nur um eine Spielart des geographischen „Exzeptionalismus" — d. h. des Versuches, Gegenstand und Methode der Geographie im allgemeinen und im einzelnen als etwas ganz besonderes auszuweisen (und dadurch als Separata zu legitimieren).

Die irrigen „separatistischen Topoi" sind, wie die Praxis zeigt, nicht nur falsch, sondern nicht einmal ungefährlich: Sie fungieren nicht selten als Alibi dafür, daß man sich mit der entwickelten Forschungspraxis der korrespondierenden Geodisziplinen nicht allzusehr abzugeben braucht. Man braucht sich z. B.

im Falle der „Klimageographie" also kaum mit der meteorologischen Theorie und Modellbildung, im Falle der Vegetationsgeographie höchstens am Rande mit der ökologischen Präzision in der Beschreibung und mit der „quantitative plant ecology" sei es angelsächsisch-niederländischen, sei es französischen Stils abzugeben, und legitimiert diese Abstinenz durch immer neue, aber durchweg gleich schlechte Varianten des Argumentes, dies oder jenes sei „geographisch nicht mehr relevant". Die Inhalte und Methoden werden weitgehend innerdisziplinär in einem Prozeß autonomer Tradierung weitergereicht — in einem Prozeß, der der interdisziplinären Kontrolle der Reflexion und z. T. sogar der Wahrnehmung entzogen ist.

Dies hat in der Vegetations- und ähnlich in der Klimageographie dazu geführt, daß sie in Lehrbuch und Vorlesung im wesentlichen bestimmte Traditionsbestände der Geobotanik und Klimatologie-Meteorologie verwalten, welche teilweise nur noch sehr lose Beziehungen mit den „Forschungsfronten" auf diesen Gebieten haben und die für sich allein auch gar nicht mehr die Potenz haben, an eine Forschungsfront heranzuführen. Eine solche Traditionsverwaltung hat zwar zweifellos auch einige positive Aspekte, aber doch wohl nur, wenn reichlich Gegengewichte vorhanden sind[37].

Wortpaare wie Klimageographie-Klimatologie oder Vegetationsgeographie-Geobotanik sollte man schon deshalb vermeiden, um zu verhindern, daß hier die Sprache fundamentale Verschiedenheiten oder gar Gegensätze suggeriert, die nicht bestehen, und somit Kommunikationsbarrieren verstärkt, die leider schon vorhanden sind: Denn zweifellos haben die Teildisziplinen der Physischen Geographie nur eine Überlebenschance, wenn sie kontakt- und kooperationsfähig gegenüber den entsprechenden (heute forschungstechnisch und theoretisch oft ungleich entwickelteren) Nachbardisziplinen sind.

Die gemeinhin angeführten Gründe für einen epistemologischen Sonderstatus etwa der Vegetationsgeographie gegenüber dem „idiobiologischen" („eigentlich-biologischen") Geobotaniker bedeuten also wenig. Das heißt aber noch nicht, daß ein Lehrbuch, eine Vorlesung, eine Detailstudie in „Vegetationsgeographie" einerseits, ein Lehrbuch, eine Vorlesung, eine Detailstudie in (arealkundlicher, soziologischer, ökologischer oder historischer) Geobotanik andererseits sich überhaupt nicht unterscheiden würden (und ähnliches gilt von dem Paar „Klimageographie" bzw. „geographische Klimatologie" — Klimatologie im Rahmen der Meteorologie).

Es gibt zweifellos beträchtliche Unterschiede, aber diese müßten erst einmal durch sorgfältige Inhaltsanalysen ermittelt werden — gemäß der Frage: Wie und worin ähnlich und unähnlich sind sich (nach disziplinhistorischen Epochen spezifiziert) vegetationskundliche Arbeiten (i. w. S.) von Geographen und von Nicht-Geographen, in geographischen und in (geo)botanischen Zeitschriften? Der Vorteil eines solchen Angangs wäre unter anderem, daß wir zu einer realistischeren Einschätzung dessen kämen, was die entsprechende Subdisziplin der Physischen Geographie in der gegebenen Konkurrenzsituation zu leisten vermag (und dadurch auch zu einer situationsgerechteren Normsetzung) — und dies anstelle von oft maßlos überhöhten Ansprüchen, die kaum jemals eingelöst wurden und sicher künftig nicht mehr eingelöst werden können.

Es kann also kein Zweifel sein, daß Unterschiede faktisch bestehen. Ebensowenig soll etwa geleugnet werden, daß in der Vergangenheit gerade Geographen aufgrund solcher faktischen Unterschiede des Lehr- und Forschungsbetriebs sehr Wesentliches und Originelles zur Beschreibung und Interpretation der Vegetation der Erde beigetragen haben: der Name *Troll* allein genügt als Beleg. Man kann sogar zeigen, daß Originalität und Bedeutsamkeit dieser geographischen Beiträge vielfach auf der spezifisch *geographischen* Vorbildung dieser Vegetationsgeographen, dieser geographischen Geobotaniker beruhte: etwa auf dem anerzogenen „landschaftlichen Auge" (das auf einen sehr weiten Phänomenbereich gerichtet war) und auf der relativen Breite der geowissenschaftlichen Vorbildung, die ein physischer Geograph (relativ zum Geländebotaniker) genossen hatte: Er war vielseitiger informiert, hatte z. B. (i. G. zum biologisch ausgebildeten Geobotaniker) Klimatologie, Geomorphologie, Petrographie, u. U. auch Bodenkunde und Gewässerkunde gehört: Und dies hatte, solide botanische Vorbildung vorausgesetzt, oftmals einen sehr günstigen Effekt[38].

Die Frage einer Grenze und Aufgabenteilung zwischen „idiobiologischer" Geobotanik und geographischer Vegetationsgeographie sollte man also nicht wissenschaftsphilosophisch-definitorisch behandeln, sondern historisch, forschungspsychologisch, pragmatisch, wissenschaftspolitisch. Etwaige Entscheidungen können nicht aus einem (inexistenten) zeitlosen Wesen von Geographie, Vegetationsgeographie, Biologie, Botanik und Geobotanik abgeleitet werden, sondern nur getroffen werden mit Rücksicht auf die augenblickliche wissenschaftspolitische Situation, im Hinblick auf die vergangene und gegenwärtige und vor allem die künftig mögliche Forschungspraxis der Vegetationsgeographie und der Physischen Geographie insgesamt.

## *5. Exkurs: Die separatistischen Topoi in der geographischen Literatur*

Die erwähnten „separatistischen" oder „exzeptionalistischen" Selbstinterpretationen sind in geographischer Klimatologie („Klimageographie") und geographischer Geobotanik („Vegetationsgeographie") ganz parallel, wie schon die entsprechenden Passagen in den Lehrbüchern von *J. Blüthgen* und *J. Schmithüsen* zeigen. Diese Methodologien sollen unter anderem auch deshalb skizziert werden, weil sie trotz aller Fragwürdigkeit doch manche Hinweise auf die spezifisch innergeographischen Forschungstraditionen in diesen Gebieten enthalten. (Im folgenden beschränke ich mich im wesentlichen auf die Vegetationsgeographie, deren Methodologie vor allem von *J. Schmithüsen* sehr viel klarer und detaillierter ausgearbeitet worden ist.)

Die „idiobiologische" Geobotanik, heißt es, untersuche den „Gegenstand als solchen", „den Gegenstand an sich"; die geographische Vegetationskunde, die Vegetationsgeographie hingegen untersuche ihn nicht an sich, sondern in gewisser Hinsicht, im Hinblick auf etwas anderes, unter besonderem, eben spezifisch geographischem Aspekt, „unter geographischen Gesichtspunkten", „von der Fragestellung der Geographie her".

Wir sehen einmal davon ab, daß es schlechthin nicht auszumachen ist, was es heißen soll, „einen Gegenstand als solchen zu betrachten"[39], und wenden uns den Erläuterungen zu, die für den „besonderen geographischen Aspekt“, die „spezifisch geographische Betrachtungsweise“ gegeben werden.

Der Geograph beschäftige sich, heißt es, im Gegensatz zum Botaniker mit der Vegetation, insofern sie das Wesen, den Charakter der Erdräume (Erdgegenden, Länder und Landschaften) bestimme; die Betrachtung ziele nicht auf biologische Probleme, sondern auf (den Charakter der) Erdräume; eigentliche Gegenstände der Vegetationsgeographie seien eigentlich gar nicht die Vegetation und ihre regionale Differenzierung, sondern die Länder und Landschaften.

Sehen wir einmal davon ab, daß die Voraussetzung solcher Aussagen zumindest kontrovers ist (Geographie als die Wissenschaft von den „Erdräumen“, d. h. den Ländern und Landschaften); auch dann noch kann man sich nicht der Einsicht verschließen, daß sich in solchen Formulierungen zwei Leerformeln amalgamieren: die *essentialistische Leerformel* und die *universalistische Leerformel*. Einerseits sind „Wesen“ und „Charakter“ relative und aspektbezogene Begriffe, deren Inhalt je nach Interesse, Perspektive und Kontext wechselt; sie verweisen auf das, was *jeweils* — z. B. in bezug auf ein bestimmtes Interesse — als wesentlich, charakteristisch usf. betrachtet wird. Statt solcher Fragestellung oder Perspektiven wird aber nur ein diffuses und unbegrenzbares „Objekt“ genannt: Mit „Erdraum“ und ähnlichen Ausdrücken wird ein vollständig unbegrenzter, unendlicher Phänomenbereich angesprochen, und Totalitäten dieser Art kann man — davon war schon die Rede — weder innerhalb noch außerhalb der Wissenschaft zu Gegenständen der Betrachtung machen[40].

Vor allem in älterer Literatur ist die Angabe häufig, die Vegetationsgeographie beschäftige sich mit der Vegetation, soweit sie „landschaftlich bedeutsam“ sei, und das heißt hier: mit der Vegetation in ihrer landschaftsphysiognomischen Bedeutsamkeit, mit der Vegetation als Bestandteil und „Faktor“ des Landschaftsbildes. Auffassungen dieser Art werden heute aus guten Gründen kaum mehr ernsthaft vertreten[41]; die landschaftsgeographische Legitimierung einer separaten Vegetations*geographie* ist heute, vor allem bei *J. Schmithüsen,* z. T. weitaus differenzierter formuliert.

Die Vegetationsgeographie gehöre zwar in ihrem speziellen, regionalen (beschreibenden, regionaldeskriptiven) Teil zur *Länderkunde,* in ihrem allgemeinen und grundsätzlichen Teil, als „landschaftsanalytische Vegetationsgeographie", aber zur *Landschaftskunde.* Diese landschaftliche oder landschaftskundliche Vegetationsgeographie, an die sich eine synthetisch-beschreibende und typisierende „chorologische Vegetationsgeographie" (mit dem Ziel einer „räumlichen Ordnung der Biosphäre") anschließt, betrachtet die *„landschaftlich wichtigen* Lebensgemeinschaften" — und „landschaftlich" ist hier nicht so sehr oder nicht nur auf die *Physiognomie,* sondern auch oder vor allem auf die *Ökologie* der Landschaft bezogen (was immer das heißen mag): „Letzten Endes ist es das Hauptziel, die Vegetation in ihrer Bedeutung für das *Wirkungsgefüge der Landschaft* zu erfassen und den Wechselwirkungen mit anderen landschaftlichen Erscheinungen (Bodenbildung, Tierleben, Lebensraum des Menschen, Entwicklungsmöglichkeiten und Formen der Wirtschaft) nachzugehen." (*J. Schmithüsen* 1968, S. 14.) Die „Bedeutung für die Physiognomie" oder „den Charakter der Landschaft" ist also ersetzt durch „die Bedeutung für das Wirkungsgefüge der Landschaft".

Diese Definition der Vegetationsgeographie ist nur verständlich im Rahmen einer landschaftsgeographischen Methodologie, wie sie von *Bobek, Schmithüsen, Winkler, Carol* und einigen anderen Autoren ausformuliert wurde. Als Gegenstand der Geographie gilt die Geosphäre (Erdhülle) und ihre Gliederung in Landschaften und Länder. Die Geosphäre ist aufgebaut aus „Partial-" oder „Elementarkomplexen", „Schichten" oder „Sphären" (etwa aus Litho-, Pedo-, Hydro-, Bio-, Atmo- und Anthroposphäre), die „als solche" Gegenstände elementarwissenschaftlicher Forschung sind und so die Domäne der „systematischen Wissenschaften" bilden — also etwa (um nach den einzelnen „Sphären" vorzugehen) „Gegenstände" der Geologie (i. w. S.), der Bodenkunde, der Biologie, der Meteorologie/Klimatologie, der Wissenschaften vom Menschen. Diese Wissenschaften liefern aber, so heißt es, nur Rohmaterial und Halbfertigwaren, aus denen der Geograph auswählt und die er weiterverarbeitet: Mit dem letzten Ziel einer spezifisch geographischen Gesamtschau oder Synthese, in der diese „Sphären“ (usf.) dann nicht mehr beziehungslos „übereinander“ liegen, sondern in ihrer „Verbundenheit“, „Integration“, „Verflochtenheit“, „Verwobenheit“ usf. studiert werden — so daß endlich die Landschaft (der Geokomplex, das Geosystem usf.), d. h. der „Gesamteffekt“ der Korrelation von Litho-, Pedo-, Hydro-, Bio-, Atmo- und Anthroposphäre, wissenschaftlich erfaßt wird.

Wir wollen hier nur die *Logik* des Gedankenganges (und zwar in bezug auf die Vegetationsgeographie) erörtern, nicht hingegen die Fragen, woher er ideengeschichtlich stammt, woher er forschungspsychologisch gestützt wird und in welche „ideologischen“ Zusammenhänge er gehört; auch nicht die Frage, ob und inwieweit die Geographie insgesamt oder auch eine ihrer Teildisziplinen dieses ehrgeizige Programm praktisch jemals eingelöst haben. Was diesen letzten Punkt angeht, so ist diese Methodologie z. B. bereits von *F. K. Schaefer* treffend charakterisiert worden: „Geographen, die über Wesen und Ziel der Geographie schreiben, beginnen häufig einigermaßen apologetisch, als müßten sie die Existenz der [d. h. ihrer] Wissenschaft überhaupt rechtfertigen. Und merkwürdigerweise — oder vielleicht psychologisch betrachtet, gar nicht so merkwürdigerweise — fordern sie anschließend zu viel. In solchen Schriften erscheint die Geographie (...) als die „integrierende Wissenschaft“, die vollständig verschieden ist von anderen Disziplinen und deren einzigartige Bedeutung ihren Ausdruck findet in den speziellen Methoden, die sie anwenden muß, um ihre tiefschürfenden Ergebnisse zu erzielen. Unglücklicherweise sind die tatsächlichen Ergebnisse der geographischen Forschung, ohne sie verkleinern zu wollen, etwas kärglich im Vergleich mit jenen verblüffenden, neuen und tieferen Einsichten, die man veranlaßt wird von solch überschwenglicher Charakterisierung des Faches zu erwarten. Tatsächlich war der Fortschritt der Geographie eher langsamer als der einiger anderer (...) Wissenschaften (...). Ein Teil dieser Verzögerung ist wohl diesem unrealistischen Ehrgeiz zu verdanken, der genährt wird von dem unklaren Gedanken an eine einzige integrierende Wissenschaft mit einer einzigartigen, ureigenen Methodologie“ (1970, S. 51; zuerst 1953).

Sehen wir uns die Beispiele an, die für solche Verflechtungen von „Sphären“ angegeben werden. Litho- und Anthroposphäre (um in der Sphärenterminologie zu bleiben, die in der Literatur mit einigen äquivalenten Terminologien wechselt) durchdringen und verflechten sich etwa dadurch (wenn auch „gering“), daß zwischen der „konzentrischen Differenzierung eines Stadtkörpers“ und einer „gleichartig beschaffenen Landform“ eine gewisse „Verflechtung“ besteht; eine starke Korrelation bzw. Integration von Litho-, Atmo- und Biosphäre liegt etwa vor „bei einem Gebirge (...), das feuchte Luftmassen zu Niederschlägen zwingt, wodurch eine üppige Naturvegetation erzeugt wird und auch feuchtigkeitsliebende Kulturpflanzen angebaut werden können“ (*H. Carol* 1967, S. 483). Die anderen in der Literatur gegebenen Illustrationen sind zuweilen ausführlicher, aber im wesentlichen von der gleichen Art.

Es ist leicht zu erkennen, daß die „Integration der Sphären“ (und die entsprechenden Unterschiede zwischen der Geographie bzw. ihren Teildisziplinen einerseits, den sogenannten Einzelwissenschaften andererseits) nur figura dictionis hergestellt wird. Das erstzitierte Beispiel nennt eine (schwache) Korrelation zwischen zwei Variablen (oder Klassen von Variablen) — sagen wir, zwischen (a) der Hangneigung und (b) einem *bestimmten* Merkmal des Stadtbildes. Setzt man statt „ein bestimmtes Merkmal des Stadtbildes“ „Anthroposphäre“ (oder „Kultur“ oder auch „Geist“) ein, indem man einfach einen vage umrissenen und unbestimmt großen Phänomenbereich *statt der eigentlich korrelierenden Variablen* nennt, und setzt man in gleicher Weise statt der eigentlichen Variablen „mittlere Hangneigung in Grad pro Flächeneinheit“ (oder einer ähnlichen Variablen) das Wort „Lithosphäre“, dann kann man natürlich in vager Weise sagen, hier liege eine Korrelation von Litho- und Anthroposphäre vor — oder gar, hier seien Kultur bzw. Geist und Natur „verflochten“ oder „integriert“. Solche Redeweisen mögen unter Umständen bloß eine zwar vage, aber doch harmlose „façon de parler“ sein; sie werden aber nicht selten beim Wort genommen und zum Ausgangspunkt und zur Beweisgrundlage einer ganzen Methodologie, die auf diese Weise ein imaginäres geographisches Forschungsobjekt in Form einer Totalkorrelation von Sphären oder Seinsschichten erfindet.

Solche Redensarten hatten unter anderem den schädlichen Effekt, daß man sich in ihrem Banne mit dem (meist bloß qualitativen) Aufweis zahlreicher und weit gestreuter, oft unscharf definierter Korrelationen begnügte, um auf diese Weise einen „Gesamteindruck" des „Gesamtzusammenhanges" einer Landschaft zu geben: Viele Länderkunden und landeskundlich orientierte Arbeiten liefern Beispiele für dieses Verfahren. Ein solches Aufspüren von „Zusammenhängen" irgendwelcher Einzelphänomene mit anderen über alle möglichen Gegenstandsbereiche hin; von Einzelzusammenhängen, die dann in der skizzierten Weise oft noch verbal aufgebläht werden zu Zusammenhängen ganzer Phänomenbereiche, ja sogar von Sphären oder Seinsschichten — ein solches Vorgehen mag gelegentlich von heuristischem Wert sein, es lenkte aber vielfach auf eine bedauerliche Weise von jeder präzisen Hypothesenbildung und Hypothesenprüfung ab, ja oft schon von jedem näheren Versuch, die konstatierten Korrelationen und Kovariationen theoretisch zu interpretieren (also z. B. zu erklären); es trug vielfach eher dazu bei, die wirklichen Zusammenhänge zu verdunkeln, als sie zu klären.

Nehmen wir die besprochenen Variablen (a) „Hangneigung" (bzw. irgendein Maß für die Reliefenergie) und (b) „ein bestimmtes Merkmal des Stadtbildes", dann ist es z. B. klar, daß diese Korrelation nicht so gedeutet werden kann, daß (a) (b) oder (b) (a) „bestimmt". Korrelationen dieser Art sagen wenig aus und erklären bestimmt nicht viel. In diesem Falle geht z. B. Reliefenergie (etwa über den Kostenfaktor) in bestimmte menschliche Entscheidungsprozesse ein, und diese sind es dann, die „das Stadtbild differenzieren". Diese Entscheidungsprozesse wären z. B. zu studieren, wenn Korrelationen der angedeuteten Art interpretierbar oder gar mit Theorie verknüpft werden sollen.

Dann aber wird der konstruierte Synthesecharakter der Geographie fragwürdig: Denn auch ein „Einzelwissenschaftler" würde in Prognose- und Erklärungsversuchen der Stadtentwicklung natürlich die in diesem Zusammenhang bedeutsamen

Merkmale des Reliefs berücksichtigen, um Stadtentwicklung und -gliederung zu erklären oder zu prognostizieren; auch er würde, um es bombastisch zu formulieren, Litho- und Anthroposphäre integrieren.

Der Synthese- und Integrationsanspruch erweist sich auch im Falle der Vegetationsgeographie als illusionär. Man kann die Tätigkeit eines Vegetationsgeographen natürlich — wenngleich in etwas verwirrender Weise — so formulieren, als interessiere ihn die Vegetation nicht „an sich" (was immer es heißen mag, sich für „ein Ding als solches" zu interessieren), als benutze er gewissermaßen die Vegetation oder Biosphäre nur als „Einstieg" in das „Wirkungsgefüge der Gesamtlandschaft", und dies werde ermöglicht durch die zahllosen Verflechtungen und „Wechselwirkungen" der Vegetation mit den übrigen Erscheinungen der Landschaft.

Wenn damit nur gemeint ist, daß die Vegetation sich besonders gut als „aussagekräftiger Indikator" eignet, wenn es darum geht, das acker- und forstbauliche Potential, überhaupt Möglichkeiten und Grenzen der Nutzung, aber auch der „Belastbarkeit" und Regenerationsfähigkeit bestimmter Flächen und Geländeteile abzuschätzen, ist gegen Formulierungen und Argumente dieser Art nicht das geringste einzuwenden. Aber sie leisten methodologisch nicht, was sie leisten sollen: Nämlich einen Eigenstand und eine Eigenmethode der Vegetationsgeographie (gegenüber der Geobotanik) zu begründen.

Denn es ist nicht zu erkennen, inwiefern diese Formulierungen etwas anderes sein sollen als eine rein sprachliche Transformation dessen, was auch nach *J. Schmithüsen* schon die „idiobiologische" Geobotanik tut: Sie untersucht die „Pflanzensippen und Pflanzengesellschaften nach ihrer Verbreitung an der Erdoberfläche und ihrer Abhängigkeit von den Lebensbedingungen" (1968, S. 7), und es ist nicht einzusehen, warum der Geobotaniker nicht fähig sein sollte, seine Arten und Pflanzengesellschaften z. B. auch als „Bio-Indikatoren" für die Qualität *menschlicher* Lebensräume einzusetzen (etwa die Flechten als Indikatoren der Luftverschmutzung, die Wasserpflanzengesellschaften als Indikatoren für den Zustand der Gewässer, usf. usf.). Die Literatur beweist es zur Genüge. Auch „die Geobotanik" berücksichtigt bei der Interpretation der Vegetation im Prinzip alle ökologisch wirksamen Faktoren, also die ganze „Umwelt" (im Sinne des Inbegriffs aller für die betreffende Pflanzensippe oder Pflanzengesellschaft bedeutsamen Umweltfaktoren). Diese „Variablen" oder „Faktoren" kann man auf verschiedene Weise gliedern und zusammenfassen — z. B. nach physiologischen Standortfaktoren (wie Wärme, Wasser, Licht, chemische und mechanische Faktoren) oder als sogenannte Geländefaktoren (wie orographische, edaphische, biotische, klimatische und anthropogene); wenn man die genannten Gruppen der „Geländefaktoren" als Litho-, Pedo- und Hydro-, Bio-, Atmo- und Anthroposphäre etikettiert und verdinglicht, hat man dem in forschungslogischer Hinsicht inhaltlich nichts hinzugefügt. Mit anderen Worten: Nimmt man den Wortschleier der geographischen Methodologen weg, dann ist nicht mehr zu sehen, wo im Falle der Vegetationsuntersuchung logisch und in praxi der Unterschied zwischen dem „Wirkungsgefüge der Landschaft" und dem „Standort" der Geobotaniker liegen soll. Das „Wirkungsgefüge der Landschaft", auf das der Vegetationsgeograph zielt, ist forschungslogisch-semantisch identisch mit dem „Standort", den der Geobotaniker analysiert, um die Vegetation interpretieren zu können.

Es ist schlechthin nicht zu sehen, daß z. B. im Falle der „Korrelation" von Reliefenergie, Steigungsregen und Vegetation der Vegetationsgeograph prinzipiell etwas anderes tun könnte und tun würde als der Geobotaniker — es sei denn, man hielte den Geobotaniker fälschlicherweise überhaupt für unfähig, diese (und andere, weniger triviale Zusammenhänge) zu erkennen. Wenn der Vegetationsgeograph hier „den Zusammenhang von Litho-, Bio- und Atmosphäre" darlegt, dann muß er dasselbe tun wie der Geobotaniker, der „die ökologischen Bedingungen" der betreffenden Vegetation studiert: Beide müßten, um das Vorkommen bestimmter Vegetationstypen und ihre Verteilungsmuster zu verstehen, *alle* wirksamen Faktoren zu finden suchen (also im zitierten Fall prima vista die sofort zu präzisierenden „Geländefaktoren" „Orographie" und „Klima"), und müßten dann auf diese konkrete regionale Situation alle ihnen bekannten Gesetzmäßigkeiten anwenden, in denen diese präzisierten „Faktoren" als Variable vorkommen. „Alle" heißt in diesem Zusammenhang: alle, die dem Forscher zu einem befriedigenden Verständnis der Situation notwendig zu sein scheinen.

Wie weit, in welche Richtungen und bis zu welcher Präzision man hier, beim „Verständlichmachen", geht, hängt von Erkenntnisinteresse, Vorbildung und Divinationskraft des Forschers, nicht zuletzt aber auch von der antizipierten Erwartungshaltung, Interessenlage und Vorbildung des Publikums ab, für das er forscht und schreibt. Der Vegetationsgeograph, der für ein geographisches Publikum schreibt, neigt aus den angedeuteten mehr pragmatischen Gründen nicht selten dazu, die „Faktoren" mehr in extenso zu beschreiben und überhaupt die regionale Umwelt breiter auszumalen — was *unter Umständen* die Hypothesenbildung, das Verständnis und schließlich vielleicht sogar die praktische Anwendbarkeit der Ergebnisse durch Nicht-Fachleute sehr fördern kann, *unter Umständen* aber auch nur zu einem überflüssigen länderkundlichen, physisch-geographischen oder populär-naturkundlichen Textballast führt, der weder für das wissenschaftliche Verständnis noch für die technologische Transponierbarkeit der Resultate von Nutzen ist.

Ein Unterschied zwischen der „geobotanischen" und der „vegetationsgeographischen Betrachtung" der Vegetation entstünde erst dann, wenn der Vegetationsgeograph z. B. „Niederschlag" und „Orographie" (bzw. deren Einzelmerkmale) nicht nur als *Faktoren* betrachten würde; wenn er bestimmte meteorologische und geomorphologische „Gesetzmäßigkeiten" (z. B. betreffend Niederschlagverteilung in Zeit und Raum, morphologische Formengesellschaften sowie Faziesverteilungen von Decksedimenten) nicht nur ad hoc heranziehen würde, um bestimmte pflanzensoziologische Catenen und Verteilungsmuster überschaubarer und verständlicher zu machen (was prinzipiell der Vegetationskundler ebenso tut wie der Vegetationsgeograph); ein Unterschied entstünde erst dann, wenn der Vegetationsgeograph sich darüber hinaus zum Ziel setzen würde, das Relief der betreffenden Region genetisch zu deuten und — im Zusammenhang mit der Niederschlagsverteilung — die Physik der Atmosphäre und das Regionalklima auch in Punkten zu erläutern, die für das Verständnis der Vegetation bedeutungslos sind. Aber dann wäre nicht aus dem (Geo-)Botaniker mit dem beschränkten Blick ein (Vegetations-)Geograph mit dem ganzheitlich-synthetisch blickenden Auge geworden, sondern der Vegetationsgeograph hätte einfach das Thema verfehlt (bzw. gewechselt), wäre von einem *Vegetations*geographen zu einem Meteorologen, Klimatologen und Geomorphologen (oder, was wahrscheinlich ist, einfach zu einem populärwissenschaftlichen Naturkundler) geworden. Beispiele aus der jüngeren geographischen Literatur sind nicht selten; solche Autoren pflegen sich zuweilen auch Landschaftsökologen zu nennen.

Natürlich kann es nicht schaden und nur nützen, wenn ein Vegetationskundler klimatische Größen nicht nur konstatiert und beschreibt, sondern auch etwas von Klimatologie und meteorologischer Theorie versteht. Das wird ihm ungemein erleichtern, die relevanten Variablen (und vor allem die Steuergrößen) zu finden, Scheinkorrelationen von echten Korrelationen zu trennen und räumliche Differenzierungen im Wärme-, Wasser- und Lichtfaktor im voraus abzuschätzen. Solche Kenntnisse sind nicht zuletzt in der sehr häufigen, ja in der Forschungspraxis fast normalen Situation wichtig, in welcher der Geobotaniker bzw. Vegetationsgeograph die vermutlich bedeutsamen Variablen gar nicht direkt messen, sondern nur aus Indizes und theoretischen Überlegungen deduzieren oder wenigstens plausibel machen kann. Was von Klimatologie/Meteorologie gesagt wurde, gilt ebenfalls oder noch mehr von Bodenkunde, dynamischer Geomorphologie und Geologie. Das alles aber ist mehr eine heuristische Angelegenheit und eine Sache des „context of discovery"; das alles trägt ferner dazu bei, daß der einzelne Forscher (oder die einzelne Gruppe von Wissenschaftlern) in der notwendig arbeitsteilig organisierten Forschungspraxis trotz aller Aspektspezialisierung sich doch den Nachbardisziplinen noch verständlich machen und mit ihnen kooperieren kann.

Insgesamt scheint die etwas geschwollene Wissenschaftstheorie der Landschaftsgeographen teilweise darin bestanden zu haben, daß gewisse nützliche heuristische Regeln sowie Regeln für die Kooperation mit anderen Disziplinen zu einer Ontologie, d. h. zu Aussagen über „die Wirklichkeit" und „den Aufbau des irdischen Seins" aufgebläht wurden — was dann ironischerweise den Effekt hat, diese Kooperation gerade zu erschweren.

Die im vorangegangenen Text diskutierten Formulierungen von *J. Schmithüsen* haben allerdings noch eine weitere Nuance: Der Vegetationsgeograph wolle nicht nur die „Wirkungen" erfassen, die „von der Landschaft auf die Vegetation" ausgehen, sondern darüber hinaus auch die „*Wechsel*wirkungen zwischen Vegetation und Landschaft" studieren — d. h. die Wirkungen der Vegetation auf Bodenbildung, Tierleben, Siedlung und Wirtschaft. Hier scheint es sich aber um einen sehr heterogenen Themenkatalog zu handeln, dessen globale Inanspruchnahme durch die Vegetationsgeographie kaum vereinbar ist mit vielen durch Erfolg bewährten und institutionalisierten Rollen- und Forschungsansprüchen anderer Disziplinen (und auch kaum vereinbar mit dem, was man in vegetationsgeographischen Arbeiten wirklich findet). Die Vegetation als Faktor der Bodengenese ist ein entwickeltes Thema der Bodenökologie; die klimatischen Wirkungen der Vegetation sind Themen der Agrar- und Geländeklimatologie; auch hinsichtlich des Themas „die Vegetation als Umweltfaktor tierischer Populationen" zieht die Forschungsfront kaum durch die gegenwärtige Vegetationsgeographie. Was schließlich den Einfluß der Vegetation auf Siedlung, Lebensform und Wirtschaft des Menschen angeht, so ist diese Thematik sogar in sich sehr heterogen[42]. Kurz: dieser Themenkatalog könnte möglicherweise und teilweise in einem schulischen Zentrierungsfach, etwa einer naturwissenschaftlich-ökologisch ausgerichteten Schulerdkunde oder Umweltkunde Platz finden, keineswegs aber in einer sinnvoll organisierten *Sub*disziplin der physischen Geographie oder in einer Disziplin der Geowissenschaften, und vor allem taugt er nicht dazu, eine solche Subdisziplin der Geowissenschaften forschungslogisch und/oder pragmatisch sinnvoll *abzugrenzen.*

Die „separatistische" Argumentation des Klimageographen ist der des Vegetationsgeographen sehr ähnlich. Die auch hier erscheinenden essentialistischen, tautologischen und universalistischen Leerformeln können wir übergehen.

## *6. Zur „Ortsbestimmung" und Zukunft der physischen Geographien*

Der Plural („physische Geographien") will darauf hinweisen, daß es sich um eine Reihe ziemlich heterogener Forschungsrichtungen handelt (sowohl für die methodologische Analyse wie beim Blick auf die bestehende Forschungspraxis), und daß wir uns von einem singularischen Ausdruck wie „die physische Geographie" nicht vorschnell eine *Einheit* suggerieren lassen sollten.

Die vorangegangenen Analysen und Überlegungen haben die schwierige Lage dieser physischen Geographien wohl etwas verdeutlicht. Diese wurde überraschenderweise von physischen Geographen an der Hochschule oft nur unklar wahrgenommen. In der „Krise" befand sich nach ihrer Auffassung höchstens die Kulturgeographie.

Das Hauptproblem der physischen Geographie steckt in ihren divergierenden traditionellen Zielsetzungen. *Erstens* sollte sie künftigen Lehrern eine allgemeine erdwissenschaftliche Bildung vermitteln; es fragt sich aber, wie lange man ihr diese (heute meist lustlos entgegengenommene und oft auch lustlos ausgeübte) Funktion noch lassen wird. *Zweitens* sollte die physische Geographie in Forschung, Ausbildung und Schule eine sinnvolle Beziehung zur Kulturgeographie aufrechterhalten — was ihr auf allen Feldern immer weniger gelang. *Drittens* sollte sie sich trotz der Vielfalt ihrer Ansätze als ein irgendwie sinnvoll zusammenhängendes Forschungsgebiet ausweisen — wozu sie schon seit geraumer Zeit nicht mehr imstande ist. *Viertens* sollte die physische Geographie eine Beziehung ihrer Thematik zur gesellschaftlichen Praxis herstellen und die technologische Transponierbarkeit ihrer Resultate wenigstens andeutungsweise aufzeigen — was sie (von einzelnen Personen abgesehen) sichtlich kaum getan hat. Der Versuch, gleichzeitig auf drei bis vier Hochzeiten mit sehr verschiedenem Publikum zu tanzen — oder gleichzeitig auf drei bis vier sich voneinander entfernenden Seilen zu turnen: dieser anspruchsvolle Versuch hat schließlich, wie es scheint, alle vier Zielsetzungen weitgehend verfehlt. (Vgl. dazu *R. J. Chorley* 1971.)

Der Effekt ist folgender: Die physische Geographie verwaltet heute einige auf mehr oberflächlich-deskriptiven (um nicht zu sagen, populärwissenschaftlichen) Level abhandelbare Wissensbestände verschiedener Erdwissenschaften — Wissensbestände, die überdies in dieser Form technologisch-praktisch nicht sehr bedeutsam sind. Sie hat auf große Strecken keinen Kontakt mehr mit den Forschungsfronten und der Theoriebildung der entsprechenden Geodisziplinen und lief zu einem guten Teil in der Etappe zerstreuten und isolierten Problemen nach (Strukturböden, Rasenschälen, natürliche Raumgliederung, periglaziale Erscheinungen weltweit nach Höhenstufen, Schichtkämme, Pedimente, Rumpfflächen in ihrem Verhältnis zu den Landterrassen ...). Heute gibt es infolgedessen (um an eine Bemerkung *Chorleys* 1971, S. 89 anzuknüpfen), eine „wirklich geographische", mehr deskriptive Klimatologie und eine „wirkliche" Meteorologie/Klimatologie; eine wirklich geographische Vegetationsgeographie und eine biologische „wirkliche Vegetationskunde" (oder Geobotanik); eine „wirklich geographische" regionaldeskriptive Bodengeographie und eine „wirkliche" Bodenkunde, eine „wirklich geographische Geomorphologie" und eine „wirkliche Geomorphologie", und bald wird es eine belanglose geographische Landschaftsökologie geben und eine „wirkliche" Ökologie und Umweltforschung außerhalb der Geographie.

Als disziplinpolitisch unglücklich muß es bezeichnet werden, daß sich die physische Geographie in Deutschland, was ihre Forschungspraxis angeht, als mehr oder weniger traditionelle Geomorphologie und als „Quartärgeologie unter geomorphologischem Aspekt" präsentiert. Daran ändert sich auch dadurch nichts, daß sich manche Geomorphologen — wohl in dumpfer Erkenntnis der mißlichen Situation — als ebenso „umfassende" wie dilettierende Landschaftskundler und Landschaftsökologen gerieren. Jedenfalls gerät der physische Geograph in eine Lage, die *R. J. Chorley* eine „Jekyll-und-Hyde-Existenz" genannt hat: Tagsüber lehrt er in wachsendem Maße desinteressierte Studenten einige traditionsreiche und allgemeinbildende Bestände der deskriptiven Erdwissenschaften, wobei er nicht selten der Versuchung erliegt, das spürbar sinkende Interesse als sinkendes Niveau und schwindenden Leistungswillen zu interpretieren. „Nachts" aber treibt er eine zuweilen an neuen technischen Finessen reiche „reine geomorphologische Forschung".

*R. J. Chorley* sieht nur drei überhaupt erwägenswerte Strategien, um eine wenn auch bescheidene Verbindung zwischen physischen Geographien und Geographie des Menschen aufrechtzuerhalten; nur eine davon hält er für erfolgversprechend. Diese drei Strategien wären:

*1.* Bindung der beiden „Teile" der Geographie über die „theoretische Geographie" (i. S. von *W. Bunge*), d. h. über vorinhaltliche quantitative Modelle und Techniken.

Tatsächlich sind manche der einfachen und entwickelteren Techniken für beide Geographien bedeutsam: z. B. nearest neigbour-Techniken, zentrographische Methoden, Trendoberflächenbestimmung, faktorenanalytische und andere Regionalisierungsverfahren, Analyse und Konstruktion von Netzwerken, Modelle der zeitlichen Veränderung von räumlichen Mustern, ja sogar Gravitations- und Diffusionsmodelle und Konstruktionen zentralörtlicher Bereiche und Bereichshierarchien. „But the question still remains as to whether a relevant linkage between human and physical geography can be attained simply by the exchange of techniques and models. This is particularly debatable because physical geography has been traditionally lacking in the development and application of the kinds of spatial techniques which have formed the mainspring of most of the recent developments in human geography. The sharing of techniques and even of quite complex models manifestly enriches both disciplines, but it is clear it cannot provide the kind of fusion between physical and human geography which is needed" (*Chorley* 1971, S. 96). Die Skepsis scheint hier ein wenig zu weit getrieben: eine gemeinsame Basis dieser Art, und sei es auch nur ein *formal*theoretischer Unterbau im Sinne einer „Distributionsanalyse", wäre, *falls sie hergestellt werden könnte,* zweifellos eine Klammer, die mehr leisten würde als all das, was im Augenblick angeboten wird, um die „Einheit der Geographie" zu fundieren.

*2.* Die zweite Möglichkeit wäre, von der physischen Geographie her die physisch-biotischen Phänomene der Erdoberfläche nur noch als „Ressourcen", als Bezugspunkte und Einflußgrößen menschlichen Handelns zu betrachten (wozu als Forschungsbeispiele etwa die Arbeiten von *Saarinen, Kates, Wong,*

*Sewell* u. a., *Maunder* usf. zu nennen wären). Dieser Versuch, unter anderm Psychologie und Geschichte zu benutzen, um die wechselnde *Wertung* der physisch-biotischen oder „landschaftlichen“ Umwelt durch den Menschen zu studieren (die ja von der „Realität“ dieser Umwelt wohl unterschieden werden muß) — dieser Versuch würde aber die physische Geographie zu einem Teil der Wirtschafts- und Sozialwissenschaften (oder auch zum Teil einer „Umweltspsychologie“) machen; die physische Geographie würde im kulturgeographischen Ansatz „environmental perception“ aufgehen[43].

*3.* Die dritte Möglichkeit (die *Chorley* allein für zukunftträchtig hält), bestünde darin, daß sich die physische Geographie beschränkt und konzentriert auf solche Phänomenbereiche und „Ökosysteme“, in denen reale und potentielle menschliche Eingriffe eine bedeutende Rolle spielen. Dies könnte geschehen im Rahmen ihrer bisherigen Perspektive auf Phänomene mittlerer landschaftlicher Größenordnung. Dadurch würden die „Systeme“ des physischen Geographen in Verbindung gebracht mit den Zusammenhängen und Entscheidungsprozessen, die in der modernen Geographie des Menschen im Zentrum des Interesses stehen (*Chorley* 1971, S. 102 ff., 107 f.).

Diese Möglichkeit, die *Chorley* wohl etwas zu optimisch einschätzt, würde die physische Geographie in die Nähe unserer Programmskizze für eine sinnvolle landschaftsökologische Forschung bringen: als „Analyse“ bzw. Ökologie solcher Prozesse und Systeme an der Erdoberfläche, die den Menschen bzw. bestimmte menschliche Eingriffe als wesentliche Steuergrößen enthalten. Das könnte sowohl auf geomorphologischem wie auf biogeographisch-ökologischem Felde geschehen.

Der Vorschlag kann aber erweitert werden, und zwar in folgendem Sinne.

Die Teildisziplinen der physischen Geographie könnten sich als Teile der entsprechenden Geowissenschaften auffassen: und zwar als solche Teile, die sich *erstens* im Sinne *Chorleys* auf bestimmte *anthropogen* beeinflußte Prozesse und Systeme konzentrieren und die *zweitens* mehr *regionaldeskriptiv* als theoretisch orientiert sind (also mehr Theorie-konsumierend als

Theorie-produzierend). Die Teile der physischen Geographie gehören in dieser Sicht zum mehr deskriptiven Flügel der jeweiligen Geodisziplin (dynamische Geologie, Pedologie, Botanik /Geobotanik bzw. biologische Ökologie, Meteorologie/Klimatologie usf.). *Drittens* könnte man die Teile der physischen Geographie auch noch in anderer Weise den korrespondierenden Geowissenschaften zuordnen (und damit zugleich untereinander enger verbinden, als es bisher möglich war): Man könnte es als Aufgabe der „physischen Geographen" betrachten, die Rolle zu verdeutlichen, welche die *räumlich-distanziellen* Variablen (in weniger klarer Ausdrucksweise „die räumlichen Differenzierungen") in den betreffenden Naturprozessen und Natursystemen an der Erdoberfläche spielen. Hierzu gehören Distributionsanalysen und Regionalisierungen ebenso wie das Studium von Formenwandelreihen und Ausbreitungsphänomenen.

Die Vorschläge stehen in guter Übereinstimmung mit der traditionellen Forschungspraxis — zumindest mit deren Hauptentwicklungstendenzen. Punkt *2* (die „mehr deskriptive Orientierung") soll noch etwas beleuchtet werden.

„Die (...) Forschung wird gewöhnlich so dargestellt, als ob *erst* eine Theorie formuliert würde, die *dann* einer empirischen Prüfung unterzogen wird. Wenn dies auch vielleicht das allgemeine Prinzip des Fortschritts [der] Erkenntnis ist, so sollte man sich doch nicht zu der Annahme verleiten lassen, als sei dies der tatsächliche Ablauf der Mehrzahl der (...) Forschungsprojekte." (*Zetterberg* 1962, S. 79.) Mindestens ebensosehr wird — wie in den Sozialwissenschaften, so auch in Geobotanik, Geomorphologie und Klimatologie — auch ein „Komposthaufen" an „empirischem Material" anhäuft und in Begriffe gefaßt, die teils der eigenen Beobachtungstradition, teils der theoretischen Sprache der eigenen Disziplin, teils anderen Disziplinen, teils der vorwissenschaftlichen Alltagssprache und teils der Phantasie des Empirikers entstammen. Dieser Apparat des Empirikers ist immer nur zu einem Teil mit den Begriffen von Thesen und Theorien verknüpft. Für einen Teil des „dimensional" aufgearbeiteten und in Beschreibungsschemata gefaßten empirischen Materials mag gelten, daß Empiriker und/oder Theoretiker der Meinung sind, diese Faktoren könnten einmal für

Theorie und Erklärung nützlich sein, auch wenn zur Zeit noch keine solchen klar formulierten Hypothesen vorliegen. „Das ist jedoch nur *ein* Kriterium (...). Zum Teil ist die Soziologie — ähnlich wie Geographie und Geologie [und Klimatologie...] — eine deskriptive Wissenschaft, die Gesellschaften darstellt; darum brauchen wir auch einige Freiheit in der Verwendung deskriptiver Kategorien, die in keiner Beziehung zu heute bekannten Thesen stehen" (S. 80). Erst dieser Vor- und Überschuß an empirischem Kleingeld schafft die Möglichkeit eines ex post-Theoretisierens und schöpferischen induktiven Räsonnierens, die beide im wissenschaftsgeschichtlichen „context of discovery" eine so stimulierende Rolle spielen. An dieser Stelle wird sehr deutlich, daß die Theorie *auch* die Funktion hat, Ordnungsgesichtspunkte für empirische Beschreibungsschemata, Perspektiven für die Beschreibung und Anordnung der Beobachtungen zu liefern.

Die deskriptive Komponente einer Disziplin oder Disziplingruppe hat also relativen Eigenwert und Eigenstand; ihr scheint sogar so etwas wie ein eigenständiges Erkenntnisinteresse zu entsprechen: Während das Erkenntnisideal des Theoretikers auf eine „Vermehrung der Übersicht über den ‚Gesamtzusammenhang der Welt'", also auf die Modelle und Strukturen gerichtet ist (und ihn die „Fülle der Empirie" nur oder doch zur Hauptsache als Instanz interessiert, an der er seine Theorien prüft), zielt das Erkenntnisideal des Empirikers auf eine perspektivische „Übersicht über die ‚Gesamtheit der Tatbestände der Welt'", und er nimmt neue Theorien im wesentlichen zur Kenntnis nicht um der Theorien willen, sondern eher deshalb, weil sie ihm neue Instrumente für die systematische Anordnung und die Interpretation seines „Materials" — im Falle der Geographie seines regionaldeskriptiven Materials — liefern (vgl. etwa *Bartels* 1968, S. 46).

Diese idealtypische Dichotomie Theoretiker—Empiriker freilich sollte uns nicht vergessen lassen, daß die Fruchtbarkeit einer sozial- und vor allem naturwissenschaftlichen Disziplin, insgesamt gesehen, weitestgehend auf einem organisierten Wechselspiel zwischen Theorie und Empirie beruht. „Die Theoretiker sollten dazu ermuntert werden, zu zeigen, wie ihre Begriffe auf deskriptive Schemata angewendet werden können, und die (empirischen) Forscher sollten ihrerseits dazu angeregt werden, zu überdenken, wie sich die von ihnen verwendeten deskriptiven Schemata zu den Begriffen verhalten, die durch die Theoretiker entwickelt werden." (*Zetterberg* 1962, S. 75.) Entwickeln sich die beiden „Sprachen" allzuweit voneinander, beginnen oft Theoretiker und Empiriker gleicherweise unfruchtbar zu werden: Der Theoretiker z. B. im „Modellplatonismus", der Empiriker z. B. in der Unsitte, alles mögliche nur deshalb ausführlich zu behandeln, zu klassifizieren und zu regionalisieren, weil es bisher noch nicht oder noch nicht so ausführlich behandelt, klassifiziert und regionalisiert worden ist.

Weite Teile der kontinentalen Geographie, und zwar nicht nur die Länder- und Landschaftskunde, sondern fast alle Zweige der traditionellen physischen und Kulturgeographie leiden allerdings am ehesten unter dem *zweiten* der genannten Übel. Von Hause aus mehr oder ganz überwiegend deskriptiv angelegt (was, wie gesagt, an sich noch nicht das Übel ist), haben sie sich in ihren Relevanzkriterien und Beschreibungsprogrammen teilweise so sehr nicht nur von den zugehörigen theoretischen Ansätzen der mehr theoretisch gerichteten Teildisziplinen unter den Sozial- und Geowissenschaften entfernt, sondern auch von den dortigen empirischen Forschungen, so daß sie, von außen betrachtet (und diese Außenansicht ist die wissenschaftspolitisch entscheidende!), teilweise als isolierte art pour l'art erscheinen müssen. Der Anschluß an „die Theorie" und an die mit der Theorie kommunizierende empirische Forschung ist um so dringender, als „theoretische Wissenschaft" heute dem Wissenschaftsideal viel mehr entspricht als die Betonung der „empirischen Fülle" und sich fast jede selbstbewußte Disziplin heute zumindest *auch* als theoretische Wissenschaft versteht.

Unser Vorschlag war, die „physischen Geographien" auf folgende Weise zu verstehen: (*1.*) als *mehr (regional)deskriptive* Teile der jeweils korrespondierenden, fast immer mehr theoretisch ausgerichteten Geowissenschaften; (*2.*) als Subdisziplinen, welche im *theoretischen* Bereich vor allem den Einfluß der Distanzvariablen studieren und (*3.*) als solche Subdisziplinen der Erdwissenschaften, die die Variablenklasse „menschliche Eingriffe" in den Vordergrund rücken. Als *vierter* Punkt wird eine gewisse Konzentration auf den ökologischen Ansatz einerseits, die nomothetisch-systemtheoretische Geomorphologie andererseits vorgeschlagen. Als *fünfter* Punkt (der bereits in Punkt 3 wenigstens teilweise impliziert ist) könnte der traditionelle geographische „mittlere Maßstab der Betrachtung" beibehalten werden: wenngleich mit einer deutlichen Verschiebung auf die höheren Werte der G-Skala (vgl. etwa *Haggett* 1965). Diese Verschiebung ins relativ Großmaßstäbige würde allerdings nur einen säkularen disziplinhistorischen Trend fortsetzen[44].

Die bestehende physische Geographie hat *außerdem* (meines Erachtens aber nicht als Zusatz-, sondern nur als disziplinpolitisches *Alternativprogramm)* zweifellos auch die Chance, ein Ausbildungsmonopol für eine naturwissenschaftliche Schulerdkunde (als eine Propädeutik der Geowissenschaften) zu behaupten — ein Fach, das, sollte die physische Geographie oder die Geographie insgesamt aus den Schulen verschwinden, sicherlich über kurz oder lang wieder dorthin zurückkehren, aber dann wahrscheinlich nicht mehr durch Geographen vertreten sein würde. Die (physische) Geographie hat, einstweilige schulpolitische Selbstbehauptung vorausgesetzt, in diesem Zusammenhange *möglicherweise* auch eine gewisse Chance, die Ausbildung für ein neues, naturwissenschaftlich-ökologisches Zentrierungsfach „Umweltkunde" zu monopolisieren oder mit der Biologie zu teilen: wie immer dieses Fach auch heißen wird.

Aber es ist sehr zweifelhaft, ob der bestehenden physischen Geographie alles zugleich gelingen kann: einerseits die konzentrative Neuanpassung und Entwicklung zu einer spezialisierten Geo(sub)disziplin (bzw. zu einer Gruppe solcher Disziplinen), wie sie oben angedeutet wurde, *und* die Monopolisierung der Lehrerausbildung für ein (inhaltlich *teilweise* neues) geowissenschaftlich-umweltkundliches Zentrierungsfach in der Schule, das die Nachfolge der alten physischen Schulerdkunde antreten wird.

Möglicherweise werden beide (Überlebens)Chancen versäumt, weil man in diffuser Weise beide Ziele zugleich anstrebt und (als drittes Ziel) auch noch die traditionelle physische Geographie und die traditionelle Einheit der Geographie erhalten will. So wie die Dinge zur Zeit disziplinpolitisch stehen, wäre es noch eine sehr glückliche Zwischenlösung der Affäre, wenn schließlich die physischen Geographen an den (ehemaligen) Pädagogischen Hochschulen mittels entsprechender rascher Anpassung die skizzierte schulpolitische Chance wahrnähmen, während die universitäre physische Geographie sich als *ein* Bezugsfach (oder als eine eng begrenzte Gruppe von Bezugsfächern) für dieses schulische Zentrierungsfach behaupten könnte.

## 7. *Der landschaftsgeographische Ansatz*

Der Kern der Landschaftsgeographie war die Beschreibung und genetische Deutung des heutigen (Kultur-)Landschaftsbildes; die Landschaftskunde war in diesem Sinne „Morphologie“ oder „Morphogenese“ der Kulturlandschaft[45]. Die „(Physiognomie der) Kulturlandschaft“ war das Explanandum. Im älteren Ansatz lieferten „Kräfte“ (vor allem „historische Kräfte“) das Explanans bzw. die Erklärungsgrößen, im neueren die in wachsendem Maße mit sozialwissenschaftlichen Mitteln angegangenen Aktivitäten, Aktivitätsradien und Attitüden (Verhaltensbereitschaften) menschlicher Gruppen.

Die Ausrichtung auf die „Physiognomie der Kulturlandschaft“ wurde vielfach verbunden mit *kulturökologischen* Fragestellungen, d. h. hier: mit der Frage, wie sich bestimmte menschliche Gruppen oder ganze „Gesellschaften“ und „Kulturen“ mit bestimmten Landschaften auseinandergesetzt haben („Landschaft“ teils im Sinne von natürlichen Gegebenheiten, teils umfassend als Ensemble von Natur- und Kulturlandschaftsraum).

Im Rahmen der Landschaftsgeographie wurden die kulturökologischen Probleme aber vielfach in ganz bestimmter Weise aufgefaßt: Man wollte das Kulturlandschaftsbild als ganzes, den „Stil der Kulturlandschaft“ als (Kunst-)Werk und Ausdruck bestimmter Epochen, Kulturen, Gesellschaftsordnungen und kulturhistorischer Schicksale deuten; unter der „Hand“ und „Einwirkung“ solcher historischen und gegenwärtigen „Mächte“ und „Kräfte“ seien eben diese Kulturlandschaften als je einmalig-historische Individualitäten aus den Ur- und Altlandschaften herausgearbeitet und ausgeformt worden.

Der „Morphogenese der (heutigen) Kulturlandschaft" (mit ihrem ausgeprägten Interesse an der „historischen Tiefe" der Kulturlandschaft) stand die historische Geographie dieser Zeit sehr nahe. Diese landschaftsgeographisch betriebene historische Geographie war im wesentlichen damit beschäftigt, historische Kulturlandschaften sowie kulturlandschaftlich bedeutsame historische Perioden und Prozesse zu rekonstruieren; sie strebte also eine Morphologie, Chronologie (Genetik), Ökologie und Typologie (Systematik) *historischer* Landschaften an[46]. Man kann sagen, daß die zu einer historischen Landschaftskunde gewordene historische Geographie sich zwischen etwa 1920 und 1960 großenteils in die Kulturlandschaftskunde hinein auflöste, die ihrerseits auf weite Strecken Kulturlandschaftsgeschichte betrieb: Die („diachronen") Längs- und („synchronen") Querschnittsbetrachtungen der Kulturlandschaftskunde, ihre Herausarbeitung von entscheidenden landschaftlichen Zuständen und Entwicklungsperioden, ihre Rekonstruktion von bestimmten historischen Kulturlandschaften als Bezugspunkten machten die „aktualistische" und die „historische" Landschaftskunde auf weite Strecken fast ununterscheidbar; hierfür mögen als Illustration Namen wie *Schlüter*, *Gradmann*, *Mortensen*, *Scharlau*, *Krenzlin*, *Jäger*, *Born*, *Nitz* und *Matzat* stehen (eine jüngere Zusammenfassung: *H. Jäger* 1969)[47].

In diesen Zusammenhang gehört natürlich auch die „exterritoriale" Schule *C. Sauers*, in der die wurzelhaft deutsche Kulturlandschaftsmorphogenese sich im angelsächsischen Sprachbereich als das Studium der „human occupance of area" und der historischen Sequenzen dieser „occupance of area" entfaltete (vgl. für die stark kulturökologische Nuance dieser Kulturlandschaftsgeschichte *G. Fuchs* 1966, 1967).

Diese stark philologisch-historisch beeinflußte Forschungsrichtung, die in ihrer reinen Form heute auch im deutschen Sprachgebiet im Aussterben begriffen ist bzw. sich in die „historische Geographie" zurückzieht (wo sie, disziplinhistorisch gesehen, auch herstammt), hat für den Wissenschaftshistoriker wie für den Wissenschaftstheoretiker aus mehreren Gründen einen hohen intellektuellen Reiz.

*Erstens,* weil sie sehr interessante ideengeschichtliche Wurzeln hat: Sie entstammt einmal dem an Klassik, Klassizismus, klassischer Bildung, Historismus, Landschafts- und Vedutenmalerei geformten Interesse des deutschen Bildungsbürgertums an der Rekonstruktion zuerst antiker, dann auch nationaler und überhaupt geschichtsträchtiger historischer Kulturlandschaften; sie wurzelt also wenigstens teilweise, wenn man es sehr pointiert sagen darf, in einer Rekonstruktion Arkadiens[48].

*Zweitens* wies diese Arbeitsrichtung bei einigen ihrer Vertreter (vor allem in den zwanziger und frühen dreißiger Jahren) eine „Klassizität" auf wie kaum eine andere Forschungsrichtung in der Geschichte unserer Disziplin: Wenn man „Klassizität" definiert als weitgehende Übereinstimmung von Methodologie und Methode, Metatheorie und Theorie, mothodologischem Bewußtsein und tatsächlicher Forschungspraxis. Höchstens noch in Teilen der klassischen, „regionalistischen" französischen Geographie um und nach *Vidal de la Blache* treffen wir eine ähnliche Kongruenz — und teilweise wiederum in Teilen der heutigen (angelsächsischen und schwedischen) „analytischen und theoretischen Geographie".

*Drittens* aber liegt der Reiz dieser Landschaftsgeographie sensu stricto — wenn man ihre große Zeit zwischen etwa 1920 und 1940 betrachtet — in ihrer einzigartigen Konformität mit dem wissenschaftlichen und außerwissenschaftlichen „Zeitgeist" und — damit zusammenhängend — in ihren zahlreichen Kontakten zu (meist historisch ausgerichteten) Nachbardisziplinen, von denen viele damals im Zenit ihres Ansehens und für die „öffentliche Meinung" der Wissenschaftler und der „gebildeten Welt" an der „Forschungsfront" der Wissenschaften vom Menschen standen: Kultur- und Landesgeschichte, „geschichtliche Landes- und Volksforschung", Kulturraumforschung, Kulturmorphologie und Volkskunde; Ur- und Frühgeschichte, (Kultur-)Anthropologie, Kunstgeschichte und Archäologie. (Es ist bezeichnend, daß damals das Landschaftskonzept in bestimmten Varianten über viele der genannten Disziplinen verbreitet war.) Diese Übereinstimmung (die ich 1969 mit Mitteln quantitativer Inhaltsanalyse provisorisch zu fassen versuchte und deren Feststellung seltsamerweise als „Entlarvung" und „Denunziation“, ja als Beschimpfung der Landschaftskunde ausgelegt wurde) ist vielleicht besonders imponierend für eine jüngere Geographengeneration, die einen enormen Prestigeverlust der Geographie im schul- und wissenschaftspolitischen Feld registrieren, einen wenigstens teilweisen „Identitätsverlust“ der Geographie miterleben und sozusagen auf die Suche nach einer (neuen) Identität gehen mußte: Wenigstens teilweise in dem Bewußtsein, daß die heutige „Malaise der Geographie“ auch „eine (Folge-)Erscheinung mangelnder Integration einer Forschungsdisziplin in das bestehende Sozialsystem“ ist (*D. Bartels* 1968, S. XI). Das soll heißen: diese „Malaise der Geographie“ ist Folgeerscheinung ihrer Entfernung vom wissenschaftlichen wie außerwissenschaftlichen „Zeitgeist“ (d. h. den Denkinhalten und Erkenntnisinteressen, die in den tonangebenden Gruppen dominieren), Folgeerscheinung ihrer Isolierung von den fortgeschrittensten Wissenschaften vom Menschen, ihrer weitgehenden Kontakt-, Kommunikations- und Kooperationsunfähigkeit mit solchen Disziplinen.

## *8. Die „ökologische“ Variante der Landschaftsgeographie und der landschaftsgeographische Possibilismus*

Die große Bedeutsamkeit des landschaftsgeographischen Ansatzes in der deutschsprachigen Geographie war ein *nationales* Charakteristikum (bzw. Merkmal eines bestimmten Sprachbereichs) — was man z. B. schon daraus erkennen mag, daß z. B. *P. Hagget* 1965 (und ähnlich *D. Harvey* 1970) in einer kurzen „disziplinhistorischen Übersicht“ die „landscape school“ nur unter den „deviations“ bzw. „deviationist schools“ (also gewissermaßen unter den „Abweichlern“ bzw. „Heterodoxien“) anführt. Im deutschen Sprachbereich aber umfaßt die „Landschaftsgeographie“ (in einem weiten Sinne) zumindest im Rahmen einer bestimmten Epoche fast die gesamte Geographie; hier beeinflußte, ja steuerte das Landschaftskonzept die Methodologien und Selbstlegitimationen, teilweise sogar die Forschungspraxis fast sämtlicher anderer geographischer Ansätze — dies gilt z. B. für den geomorphologischen, vegetations- und klimageographischen, landschaftsökologischen, kulturökologischen und länderkundlichen Ansatz. Neben der skizzierten Landschaftsgeographie als „Morphogenese der Kulturlandschaft" existieren infolgedessen auch zahlreiche *Varianten* der Landschaftskunde.

Die landschaftsökologisch-kulturökologisch gefärbte Variante sei kurz erörtert. Landschaftsgeographie (von ihr selbst) verstanden als Demonstration des „vertikalen Zusammenhangs" von Litho-, Pedo-, Hydro-, Atmo- und Anthroposphäre (das ist die „*landschafts*ökologische Komponente"), und zwar mit besonderer Berücksichtigung der Kongruenzen (und Inkongruenzen) von „Natur-" und „Kulturplan", mit besonderer Berücksichtigung der harmonischen Übereinstimmungen (oder Disharmonien) von Natur- und Kulturlandschaft, deren „Baupläne" verglichen werden (das ist die „*kultur*ökologische Komponente").

Der erste Teil dieser Selbstdefinition wurde bereits teilweise diskutiert: Es handelt sich um das Postulat eines Allzusammenhangs im sphärenhaft (schichtenmäßig) aufgebauten „Universum" der „Geosphäre". Ein solches Totalsystem kann natürlich wörtlich genommen gar nicht zum Gegenstand einer Untersuchung oder Wissenschaft gemacht werden. Der universalistisch-holistische Anspruch wird denn auch nur im Rahmen der Methodologie behauptet (und zwar auf die erörterte Weise, daß man vage, ja unendlich vieldeutige uneigentliche Variable in Form von „Schichten", „Sphären" und „Partialkomplexen" an die Stelle von eigentlichen Variablen setzt).

In praxi wurde neben dem *landschaftsphysiognomischen* das *kulturökologische* Relevanzkriterium als Selektionsprinzip benutzt. Die physisch-geographische Seite wurde sehr großzügig behandelt, und zwar meist in Form einer naturräumlichen Gliederung, die implizit bereits auf die Nutzungsmöglichkeiten — meist traditional wirtschaftender bäuerlicher Gruppen — bezogen ist. (Diese für fast alle *naturräumlichen Gliederungen* charakteristische Perspektive läßt sich an den entsprechenden Texten aufweisen; diese Gliederungen sind denn auch am brauchbarsten, wenn man die Agrar- und Siedlungsgeschichte bis — höchstens — etwa zu Beginn oder Mitte des 19. Jahrhunderts erörtert.) Die kulturgeographische Seite wird ebenfalls höchst selektiv bearbeitet: nämlich im Hinblick auf die genannte Übereinstimmung, „Integration", „Harmonie" (usf.), und das Vorhandensein oder Nichtvorhandensein der Harmonie prüfte man vor allem durch Vergleich von Grenzverläufen in der „Naturlandschaft" einerseits, in der „Kulturlandschaft" andererseits[49].

Der Blick war also auf die Kongruenzen und Harmonien von Natur- und Kulturlandschaft fixiert — und auf diejenigen Inkongruenzen und Disharmonien, die aus dieser Perspektive des „Kartenpausendenkens" besonders auffallen mußten. Wo die Untersuchung über die qualitativ-intuitive Erfassung solcher positiven und negativen Korrelationen von Arealen und Grenzverläufen hinausging, blieb die Erklärung fragmentarisch und wurde vom Alltagswissen des gebildeten gesunden Menschenverstandes geleitet. Da eine prinzipielle Harmonie von Natur- und Kulturplan in der Landschaft Ausgangspunkt und diffuse Hintergrundüberzeugung war, setzte die *Erklärung* noch am ehesten dort ein, wo die beiden „Pläne" nicht recht zusammenstimmen wollten; auf konkretes menschliches Handeln als Erklärungsgrund griff man also am ehesten noch da zurück, wo man solche Inkongruenzen, solche durch meist „moderne" Störfaktoren verursachten Disharmonien interpretieren mußte.

Die weitgehende Erklärungsabstinenz ist sehr verständlich, wenn wir bemerken, daß diese Arbeitsweise von einem humanökologischen *Possibilismus* getragen war: Vor allem in der deutschen Variante rückte die Überzeugung von der Willens- und Wahlfreiheit des Menschen stark in den Vordergrund, d. h. die Betonung der menschlichen Freiheit, bei der Auseinandersetzung mit der geographischen Umwelt unter verschiedenen bis sehr vielen Handlungsmöglichkeiten „frei" zu wählen[50].

Dieses Postulat der menschlichen Wahlfreiheit verband sich auf eine ziemlich inkonsistente, aber ideologiegeschichtlich sehr interessante Weise mit dem traditionsreichen Motiv der Mensch-Natur-Harmonie — z. B. in der mehr oder weniger stillschweigenden Annahme, daß der Mensch bei aller Wahlfreiheit doch die Tendenz zeige, sich in Harmonie und „Gleichgewicht" mit seiner, hier als „Naturplan" interpretierten landschaftlichen Umwelt zu setzen.

Der possibilistische Gedankenkreis steht von Hause aus in einer Widerspruchsbindung zum physisch-geographischen Umweltdeterminismus: Der Possibilismus ist in gewissem Sinne ein zahnlos gewordener Determinismus. Der deterministische Environmentalism wird immer dann zum Possibilismus, wenn er darauf verzichtet, die Reaktion „des Menschen" auf seine physisch-biotische Umwelt im einzelnen (oder auch nur im Umriß) zu erklären. Der Possibilist hat sich davon überzeugt, daß die „geographische Umwelt" das Handeln nicht determiniert, sondern (wie er es selbst formuliert) zwar einige und dazu noch meist historisch begrenzte „Beschränkungen" enthält, aber keinen „Zwang" ausübt und folglich nur „Möglichkeiten" bietet. Der possibilistisch ausgerichtete Geograph unternimmt eben deshalb nichts oder wenig, um die Werthaltungen, Motivationen, Dispositionen, Umweltwahrnehmungen zu untersuchen und auf diesen Wegen z. B. die Entscheidungsprozesse zu rekonstruieren, die zu einem bestimmten „Kulturplan" (bzw. zu den Harmonien und Disharmonien von Natur- und Kulturplan) führen und geführt haben: Die Formel von der „Wahlfreiheit" blendete die Bereiche „Gesellschaft", „Einstellungen", „Bedürfnisse" usf. als Erklärungsgrundlagen und mögliche Determinationen weitgehend ab. Der landschaftskundliche Possibilist studiert vielmehr im wesentlichen die *Resultate* und *Effekte* menschlichen Verhaltens, indem er sie in ein loses *Beschreibungsschema* faßt, dessen Grundkategorien „Landschaft", „Harmonie" und „Disharmonie" sind (im erläuterten, stark auf Areale und Grenzen bezogenen Sinne).

Er konstatiert bestenfalls einige (meist triviale) Unmöglichkeiten und Umweltschranken und deutet ein sehr weites Spektrum von Möglichkeiten an — solche Feststellungen konnten aber höchstens zu sehr vagen Erklärungsskizzen und Erklärungsfragmenten führen[51].

Der Landschaftskundler schwankte in praxi allerdings vielfach zwischen dem angedeuteten possibilistischen Ansatz und einem Denken in naheliegenden Wahrscheinlichkeiten: Wo er einmal bestimmte Züge des landschaftlichen „Kulturplans" mehr oder weniger explizit erklärte, verfolgt er eine Methode, die *H.* und *M. Sprout* „common sense-Probabilismus" genannt haben: Er unterstellte stillschweigend in mehr oder weniger einfühlsamer Weise, daß die Akteure im allgemeinen so motiviert und informiert waren und sich infolgedessen genau so verhielten, wie er selbst und überhaupt „die Leute" in solchen Situationen. Dieser common sense-Probalismus war immerhin kennzeichnend für die heute am „modernsten" anmutenden kulturlandschaftskundlichen Studien.

## *9. Die Landschaft als „Palimpsest" und als „Ausdruck eines Kräftespiels"*

Die stark historisch orientierte „Morphologie" oder „Morphogenese der Kulturlandschaft" ist schon von O. *Schlüter* in Analogie und als Pendant zur (genetischen) Geomorphologie aufgefaßt worden; die Parallele ist aber nicht nur in der deutschen Literatur vielfach gezogen worden. Die Landschaftsgeographie ist infolgedessen — ähnlich der genetischen Geomorphologie — durch ihren Grundansatz geneigt, die Landschaft als eine Art Palimpsest zu lesen (eine Metapher, die in der Literatur nicht selten ist), d. h. pietätvoll und zuweilen mühsam die landschaftlichen Zeugen („Relikte", „Survivals") der verschiedenen Epochen aufzusuchen, chronologisch (z. B. nach „historischen Schichten") zu ordnen und in ihrem Beitrag zum heutigen Kulturlandschaftsbild zu würdigen. Da bedeutet natürlich die Konzentration auf einen relativ willkürlichen und sehr fragmentarischen Ausschnitt von historischen Zeugen: verschiedene Phänomene überleben landschaftlich verschieden gut, und manche Überlebsel (z. B. Stufenraine und Wölbäcker unter Wald) erhielten aus dieser Perspektive zuweilen eine etwas kuriose Bedeutsamkeit in der Geographie.

„Palimpsest" (von griech. *palin-* „wiederum, erneut" und *psestos* „abgekratzt") meint in nichtbildlicher Rede eine Handschrift, in der einmal oder mehrere Male eine ältere Schrift teilweise beseitigt und eine neue Schrift aufgetragen wurde; diese teilweise erhaltenen älteren Schriften können durch besondere Methoden (z. B. die Fluoreszenzphotographie) wieder lesbar gemacht werden. Die Palimpsest-Metapher eignet sich einigermaßen, das historische Werden und die morphogenetische Betrachtung der Kulturlandschaft, besonders aber die „schichtweise" Rekonstruktion der Kulturlandschaftsgeschichte zu illustrieren; die Metapher paßt aber auch für die Rekonstruktion der Reliefgenerationen in der historisch-genetisch orientierten Geomorphologie. Das Erscheinen dieser Metapher in der Landschaftsgeographie deutet zugleich an, wie nahe sich diese Geographie den Geschichtswissenschaften fühlte.

Im Rahmen des eigentlich historischen (und auch des sozialwissenschaftlichen) Erkenntnisinteresses würde sich das Ziel verschieben: Die historischen Zeugen in der Kulturlandschaft sind dann nicht mehr etwas, was datiert, nach „historischen Schichten", d. h. chronologisch geordnet und historisch erklärt werden muß — so aber arbeitete vielfach der Kulturlandschaftsgeograph, indem er die Prinzipien seiner Erklärung entweder der geschichtswissenschaftlichen Literatur entnahm oder selbst mit geschichtswissenschaftlichen Methoden erarbeitete. Die historischen Relikte sind dann vielmehr nur noch *eine* Gruppe von Hinweisen auf „historische Geographien", auf historische „Lebensräume" und historische Verteilungen von menschlichen Aktivitäten und Institutionen. („Lebensräume" sind dabei aufgefaßt als Räume ähnlicher Mensch-Natur-Gleichgewichte und Ungleichgewichte, als Gebiete ähnlicher Lebensformen in Antwort auf ähnliche physisch-biotische Milieus, als Räume ähnlichen Verhältnisses von „challenge" und „response"). Der Kulturlandschaftsgeograph wäre ein *Historiker* mit einigen besonderen Beobachtungsfeldern (z. B. der Landschaft) und Beobachtungstechniken (z. B. der Kartierung von Flurrelikten im Gelände) und würde dazu beitragen, die „Tiefengeschichte", „Substruktur-" und „Strukturgeschichte" zu rekonstruieren wie es etwa der geschichtlichen Landeskunde und der französischen Historikerschule der „Annales" vorgeschwebt hat: „une histoire quasi immobile, celle de l'homme dans ses rapports avec le milieu qui l'entoure; une histoire lente à couler et à se transformer (...) (et) au-dessus de cette histoire immobile, une histoire lentement rhythmée (...), celle des groupes et des groupements" (*F. Braudel* 1949, p. XIII; Vorwort zu „La Méditerranée et le monde méditerranéen á l'époque de Philippe II").

Man muß in diesem Zusammenhang daran erinnern, daß der Terminus „Landschaft" bzw. „Kulturlandschaft" sinnvollerweise nur etwa so ausgelegt werden kann, daß er sich auf eine sehr heterogene Menge von physischen (materiellen) Objekten bezieht — nämlich auf solche physischen Objekte, die fach- oder gemeinsprachlich zur „Landschaft" bzw. zur „Kulturlandschaft" gerechnet werden, die also nach den Regeln der Gemein- oder Fachsprache vorhanden sein müssen oder vorhanden sein dürfen, wenn die Gebrauchsbedingungen des Wortes „Landschaft" bzw. „Kulturlandschaft" erfüllt sein sollen. „Genese" oder „Morphogenese der Kulturlandschaft" meint also nur dies: Die Genese (bzw. genetische Erklärung) von bestimmten Beschaffenheiten und bestimmten Relationen einer großen und heterogenen Menge von physischen Einzelobjekten, deren gemeinsames Merkmal es ist, daß sie die extensionale Bedeutung einer im wesentlichen primärsprachlich-vorwissenschaftlichen Wortbedeutung ausmachen.

Eine solche Menge von Dingen ist nicht wieder selbst ein Ding oder ein Gegenstand, und es ist demgemäß klar, daß eine kulturlandschaftskundliche bzw. kulturlandschaftsgenetische Untersuchung forschungslogisch eben nur zusammengehalten wird durch ein primärsprachliches Wort und eine im wesentlichen vorwissenschaftliche Klassenbildung von Phänomenen. Solange in einem bestimmten intellektuellen Klima eine gleichzeitige Behandlung gerade dieser Phänomene als interessant und dringlich erscheint, ist der Zusammenhang rein pragmatisch gesichert.

Ein begrenzter logisch-theoretischer Zusammenhang wurde im allgemeinen dadurch geschaffen, daß man sich auf solche Aspekte „landschaftlicher Gegenstände" beschränkte, die (1.) noch gegenwärtig irgendwie (z. B. physiognomisch oder gesellschaftlich) „bedeutsam" sind und die sich (2.) „schichtenweise" auf bestimmte epochale und allgemein als „bedeutsam" und „erwähnenswert" betrachtete „historische Kräfte", Ereignisse, Epochen usf. zurückführen lassen.

Keineswegs kann der Kulturlandschaftskunde dadurch „vom Gegenstand her" eine „innere Einheit" zugesprochen werden, indem man die an sich harmlose Rede von der „Genese der Kulturlandschaft" im strengen Sinne wörtlich nimmt, d. h. so versteht, als habe „*die* Kulturlandschaft" (oder gar „*die* Landschaft") *eine* Genese, als entwickelte sich „*die* Kulturlandschaft" als solche (sozusagen als eine „totalité en marche"). In solchen Fällen sind die Autoren i. a. von gewissen, ursprünglich bloß *ästhetisch* gemeinten Konnotationen des bildungssprachlichen Wortes „Landschaft", z. B. „Einheit" und „Ganzheit", verführt. Ein solcher diffus totalisierender, „ganzheitlicher Landschaftsbegriff" ist rational gar nicht rekonstruierbar, und der Fruchtbarkeit eines solchen Totalitätsbegriffes widerspricht bereits der offenkundige Sachverhalt, daß sich zahlreiche Merkmale zahlreicher landschaftlicher Phänomene (im explizierten Sinn) völlig oder weitestgehend unabhängig voneinander entwickeln.

Nach den vorangegangenen Erörterungen ist es auch gut verständlich, daß dem Menschen hier nur eine ziemlich randliche Rolle zufiel (wiewohl die Kulturlandschaftskunde im deutschen Sprachbereich doch zeitweise mit „Kulturgeographie" oder „Geographie des Menschen" gleichgesetzt wurde). „It may be noted, however, that part of the price which is paid for this rediscoverery of unity in geography by way of landscape studies is the danger that man may be deposed from a central position in the study of geography and regarded as no more than a anonymous automaton whose task it is to produce the visible features of the cultural landscape, as impersonally as the processes responsible for soil creep" (*C. T. Smith* 1970, S. 175). „Erklärung" bedeutete hier weitgehend die Identifizierung einer „Kraft" (oder von „Kräften") „hinter" einer landschaftlichen Erscheinung: Eine Katalogisierung dieser quasi-ursächlichen Kräfte, deren Träger (nämlich die wirtschaftenden Individuen) meist ziemlich im Dunkel blieben, erfolgte vom „Bild", von den erklärungswürdigen Bildelementen der Kulturlandschaft her, auf der diese Kräfte ihren „Niederschlag" oder „Ausdruck" gefunden hatten — das Bild der Kulturlandschaft prägt hier das Bild des Menschen und seiner „Kräfte" (vgl. *H. D. Schultz* 1971)[52].

Wir lassen hier den interessanten ideologischen Hintergrund beiseite, vor dem die handelnden Subjekte und Gruppen (und die konkreten sozioökonomischen Situationen, in denen sie handelten) so wirkungsvoll abgeblendet und durch vage Abstraktionen (z. B. „historische Kräfte") ersetzt wurden; an dieser Stelle soll nur der forschungslogische Sinn der Rede von den

„die Kulturlandschaft prägenden Kräften" in schematischer Weise verdeutlicht werden.

Nehmen wir als Beispiel die Rede von einer „Ästhetik" oder von „ästhetischen Idealen als landschaftsgestaltenden Kräften". Ein solcher Ausdruck könnte Überschrift eines Aufsatzes sein, in dem folgendes geschieht: Es soll dort erklärt werden, warum eine bestimmte Flur a sehr regelmäßig geschnitten ist (was auf Flurkarten des 18. und 19. Jahrhunderts noch deutlicher hervortritt als in den heutigen Flurplänen und in der heutigen Kulturlandschaft). Explanandum ist also ein auffälliges „landschaftliches Phänomen". Das Schema einer losen Erklärung wäre in etwa:

1. $\bigwedge x$. Wenn Fx, dann Gx
2. Fa

...................................................

3. Ga

In Worten:

1. *Quasi-Gesetzmäßigkeit:* Für alle Dorffluren (des Gebietes) gilt: Wenn eine Flur im frühen 18. Jahrhundert von den herrschaftlichen Geometern auf eine ästhetische (d. h. von ästhetischen Idealen beeinflußte, regularisierende) Weise renoviert (neu vermessen) wurde, zeigt sie bis heute eine große Regelmäßigkeit der Anlage.
2. *Randbedingung („Ursache"):* Die Dorfflur a wurde im frühen 18. Jahrhundert auf eine ästhetisch bewußte, regularisierende Weise von herrschaftlichen Geometern renoviert.
3. *Explanandum („Wirkung"):* Die Dorfflur a zeigt heute eine große Regelmäßigkeit der Anlage.

Dieses Explanandum ist das „landschaftliche Phänomen", das wir erklären wollten. Die Quasi-Gesetzmäßigkeiten wie die Randbedingungen müssen natürlich vom Autor aufgrund archivalischen Materials unabhängig von den Explananda plausibel gemacht (d. h. als Hypothesen behandelt und bestätigt) werden; dann erst kann der Autor ja zeigen, daß das Explanandum aufgrund dieser Prämissen „vernünftigerweise" zu erwarten war.

Es ist nun klar, was mit den „landschaftsgestaltenden Kräften“ namens „ästhetische Ideale“ oder „Ästhetik“ eigentlich gemeint ist: Es handelt sich um Substantive, mit deren Hilfe wir die Art und Weise beschreiben, wie bestimmte Subjekte unter bestimmten Bedingungen zu verfahren pflegen (oder pflegten). Die Quasi-Gesetzmäßigkeit kann man ja auch formulieren, indem man den Wenn-Satz durch ein abstraktes Substantiv (ein „Satzwort“) ersetzt:

> „Wenn eine Flur im frühen 18. Jahrhundert von herrschaftlichen Geometern auf eine ästhetisch (von ästhetischen Idealen beeinflußte Weise) renoviert wurde, zeigt diese Flur bis heute eine große Regelmäßigkeit der Anlage.“
>
> „Im Falle der Renovation einer Flur unter dem Einfluß bestimmter ästhetischer Ideale ...“
>
> „Aufgrund bestimmter ästhetischer Ideale ...“
>
> „Aufgrund einer bestimmten Ästhetik ...“

Man kann nun auch formulieren, daß diese Ästhetik das heutige Flur- und Landschaftsbild geprägt habe.

Eine „landschaftsgestaltende Kraft“ ist also, wie es scheint, gemeinhin nur ein oft etwas verwirrender Ausdruck für bestimmte Verhaltensdispositionen bestimmter Individuen (oder Mengen von Individuen) — hier also für die Disposition herrschaftlicher Geometer, unter bestimmten Umständen auf eine bestimmte (ästhetisch inspirierte, regularisierende) Weise zu verfahren.

In der landschaftsgeographischen Kräftemetaphorik werden also (oft sehr allgemein gehaltene) Dispositionsprädikate als vage „Kräfte“ formuliert, die dann in abstracto und unvermittelt auf eine ebenso unvermittelte Natur und Landschaft „einwirken“ und diese „gestalten“. (Es sei daran erinnert, daß Dispositionsausdrücke wie „löslich“, „fleißig“, „ästhetisch beeinflußt“ sagen, was unter bestimmten Bedingungen vermutlich geschieht: welche Ereignisse unter bestimmten „Testbedingungen“ wahrscheinlich eintreten, welche Merkmale das Verhalten in bestimmten Situationen vermutlich haben wird.)

Nehmen wir ein weiteres, für die Kulturlandschaftskunde um 1930—35 durchaus nicht wirklichkeitsfremdes Beispiel, um die Rede von „Kräften" besser zu verstehen: „Überall in dieser Landschaft schaut uns das Gesicht des deutschen Menschen entgegen; der Fleiß des germanisch-deutschen Menschen war in dieser Landschaft die wichtigste aller Kräfte, die hier die Kulturlandschaft gestaltet haben."

Hier ist also der Fleiß des germanisch-deutschen Menschen eine kulturlandschaftsgestaltende Kraft. Rekonstruieren wir den Weg, auf welchem der „Charakterzug" (die Dispositionsbezeichnung) „Fleiß" zu einer Kraft wurde, welche die Landschaft prägt.

In dem Satz: „Der Bauer pflügt (gerade)" wird das Verhalten eines Subjektes beschrieben. Qualifizieren wir dieses Verhalten aufgrund unserer Beobachtungen, *wie* es getan wird: „Der Bauer pflügt *fleißig.*" Es liegt unter Umständen nahe, die Qualifikation der *Handlung* zu einer Disposition des *Individuums* zu verallgemeinern: Der Bauer *ist* fleißig.

Die Logik solcher Ausdrücke ist vergleichbar der von dispositionalen Ausdrücken wie „zerbrechlich", „löslich", „hart" usf. „,Die Glasscheibe ist zerbrechlich' bedeutet: Wenn ein Stein die Scheibe träfe, würde sie zerbrechen. Daß sie zerbrechlich ist, heißt nicht, daß sie jetzt zerbricht oder jemals zerbrechen wird; es sagt nur, welches Ereignis eintreten würde, wenn ein anderes Ereignis einträte." (*E. v. Savigny* 1969, S. 96).

Die Disposition „fleißig" oder „Fleiß" ist nun nicht sehr spezifisch; was man mit dem Satz: „Der germanisch-deutsche Mensch ist fleißig", genau sagt, hängt davon ab, welche künftigen Ereignisse und Verhaltensmuster man im Auge hat (man kann ja sehr wohl in bezug auf gewisse Tätigkeiten fleißig, in bezug auf andere faul sein), und natürlich auch davon, was man jeweils als Kriterium einer fleißigen und einer faulen Ausführung betrachtet. Immerhin will der Autor wahrscheinlich sagen, daß dieser Mensch nicht nur auf eine bestimmte Weise seinen Acker bestellen, sondern auch auf je eine bestimmte Weise sein Vieh versorgen, mähen, dreschen, ein Haus bauen, sein Anwesen pflegen, die Wege erhalten und einen Berg besteigen wird. Es stört uns unter Umständen nicht allzusehr, wenn dieser Mensch einmal *kein* „fleißiges" Verhalten zeigt, obwohl eine Situation vorliegt, in der man durchaus „fleißig" sein könnte —

zeigt er mehr oder weniger verläßlich fleißiges Betragen in einer Reihe anderer, für uns wichtiger und häufiger Situationstypen, wird man ihn trotzdem „fleißig" nennen.

Ein Dispositionsausdruck gibt also an, auf welche Art eine Person vermutlich bestimmte Handlungen unter bestimmten Bedingungen ausführen wird; wir neigen aber dazu, entsprechende Eigenschaften auch einer Person zuzuschreiben („der Fleiß des Bauern") und diese Eigenschaft schließlich als eine dem Bauern innewohnende Kraft zu beschreiben („der Fleiß treibt ihn aufs Feld" und „treibt ihn an, den Acker zu pflügen"): Die Personen handeln für ein naives Verständnis so, wie sie handeln, aufgrund von ihnen zukommenden Eigenschaften, Vermögen oder *Kräften.*

Von hier ist nur noch ein sehr kleiner Schritt bis zum Fleiß als einer landschaftsgestaltenden Kraft und — schließlich — zu der Rede von den der *Landschaft* innewohnenden Kräften, die — als ein dynamischer Kern — das äußere Bild der Landschaft gestalten und prägen. Tatsächlich werden von den Landschaftsgeographen diese Kräfte bald im Menschen, bald in der Landschaft angesiedelt. Bei manchen Autoren war die Rede von den landschaftsgestaltenden Kräften nur eine „façon de parler", die einem dazu verhalf, daß man im Bereich sozialer und ökonomischer Erklärungsgründe relativ vage formulieren konnte. Bei anderen Autoren allerdings hat sich die „façon de parler" zu einer handfesten Kräftemythologie ausgewachsen, die stellenweise an animistische Vorstellungen erinnert.

### *10. Von der Landschafts- zur Sozialgeographie*

Von der skizzierten Landschaftsgeographie zur deutschen Sozialgeographie vor allem der fünfziger und beginnenden sechziger Jahre gibt es alle Übergänge; es wäre ein sehr reizvolles disziplinhistorisches Unternehmen, diese historische und typologische Catena einmal im einzelnen zu studieren (vgl. dazu auch *E. Thomale* 1972). In der von *W. Storkebaum* zusammengestellten Aufsatzsammlung „Sozialgeographie" sind gerade diese „Übergangszeit" und dieser „Übergangstyp" gut vertreten[53].

Hier bezeichnet „Landschaft" oder „Landschaftliches" ein bestimmtes Beobachtungsfeld für Rückschlüsse auf die gegenwärtigen und historischen Aktivitäten des Menschen (sowie zugehörige Intentionen, Motive, Gruppenmerkmale usf.): Landschaftsphysiognomien und „landschaftliche Phänomene" als „Indizes" und „Indikatoren", als „Spiegel", „Registrierplatten" und „Ausdrucksfelder" menschlichen Handelns, die bald mehr durch deutendes „Verstehen", bald mehr durch systematische Beobachtung erschlossen werden. Landschaftsbeobachtung ist hier bald mehr eine Sache der Heuristik, nämlich eine Methode, in der Geographie des Menschen Hypothesen über vergangene, gegenwärtige und zukünftige Aktivitäten menschlicher Gruppen zu finden, bald mehr eine Methode, solche Hypothesen auf einem bestimmten (traditionellen) Beobachtungsgelände zu prüfen. Bald liegt der Akzent noch mehr auf dem „Sinn und Ausdruck der Landschaft" als Ziel der Forschung (wobei also noch „die Landschaft" der „Gegenstand" der Untersuchung ist); vom menschlichen Handeln interessiert nur jener Ausschnitt, der die betreffende Kulturlandschaft und die einzelnen Züge ihrer Physiognomie entweder unmittelbar intendiert oder wenigstens als mehr beiläufige Resultate hervorgebracht hat. Bald liegt aber der Akzent mehr auf der Information über menschliche Gruppen und ihre Geschichte (überhaupt auf rezenten und historischen *sozialen* Sachverhalten), und das „spezifisch Geographische" dieses sozialwissenschaftlichen Ansatzes liegt einzig darin, daß die sozialwissenschaftliche Information auf eine sehr spezifische Weise gewonnen wird: entweder über eine verstehende Interpretation von ganzen Landschaftsbildern (ältere Variante) oder über Merkmale und Verteilung einzelner „landschaftlich beobachtbarer Gegenstände" wie Sozialbrache, Aufforstungen, vergrünlandete Ackerflächen, bestimmte Nutzflächengefüge usf. (jüngere Variante). Zu der älteren Variante gehört etwa der Versuch, aus einem bestimmten Kulturlandschaftsstil eine bestimmte kulturelle Situation, einen „Kultur-" und „Wirtschaftsgeist" zu erschließen — also in diesem Sinne die Landschaft als „objektivierten Geist" zu betrachten. (Vgl. *G. Hard* 1970.)

Gerade bei der jüngeren und jüngsten Variante ist oft schwer zu erkennen, warum gerade solche landschaftlichen „Indikatoren" oder „Indizes" aufbereitet und nicht die sozialen Verhältnisse und Prozesse direkt studiert werden; wozu dieser oft weitläufige Umweg über die Landschaft und die landschaftlichen Phänomene inszeniert wird, wenn sozialwissenschaftliche Datenerhebung die fraglichen sozialen Verhältnisse sehr viel rascher, klarer und eindeutiger ans Licht gebracht hätte („eindeutiger" schon deshalb, weil „die Physiognomie" bekanntlich „vieldeutig" ist). Zwar ist „die Landschaft" oft eine sensiblere, d. h. rascher ansprechende und zuweilen auch präzisere „Registrierplatte" als die amtliche Statistik, aber sie ist vieldeutiger und nicht selten ihrerseits weniger sensibel als manche sozialwissenschaftlichen Methoden. Infolgedessen ist kaum einzusehen, warum man auf das Landschaftsbild nicht nur dann zurückgreift, wenn dies (bei hinreichender Eindeutigkeit der landschaftlichen Indikatoren) den sozialwissenschaftlichen Techniken vom Arbeitsaufwand her enorm überlegen ist.

So haben viele Arbeiten auf dem landschaftsgeographisch-sozialgeographischen Übergangsfeld (in denen z. B. „sozialer Wandel im Bilde der Landschaft", „Landschaftswandel und Sozialstruktur" oder ähnliche Dinge thematisiert werden) eine eigentümliche Zweideutigkeit, die nicht selten durch gewagte methodologische Gedankengänge noch verstärkt wird — eine Zweideutigkeit, die der „klassischen" und auch methodologisch ungebrochenen Kulturlandschaftskunde noch fehlte.

Disziplinhistorisch gesehen, verschob sich also das Interesse in den fünfziger und sechziger Jahren der deutschen Geographie zusehends von dem Ziel, die Kulturlandschaft zu „deuten" und zu „erklären", auf die menschlichen Gruppen selbst und auf das Ziel, aus der Kulturlandschaft als Ausdrucks- und Beobachtungsfeld Rückschlüsse auf Gruppenmerkmale, überhaupt auf soziale Sachverhalte (sozialpsychologische Räume, Mentalitätsgrenzen, soziale Prozesse usf.) zu ziehen — was *G. Pfeifer* (1965, S. 81) als eine „methodische Wendung" bezeichnete, die „von der Morphologie der Kulturlandschaft auf den Menschen, das erste und vornehmste Subjekt der Anthropogeographie", zurückführe, und was *D. Bartels* (1968, S. 158) eine „deutlich modernere Tendenz zur Rückwendung des anthropogeographischen Interesses auf den Menschen selbst" nannte. Dabei wurde die klassische landschaftskundliche Intention aber nicht selten in etwas unklarer Weise beibehalten.

Die auf „landschaftsphysiognomischem" Wege gewonnenen Hinweise und Hypothesen selbst wurden zudem in zunehmendem Maße *außerhalb* dieses landschaftlichen Beobachtungsfeldes und wenigstens ansatzweise auch mit sozialwissenschaftlichen Methoden geprüft: ja, in der jüngeren Sozialgeographie ist die Tendenz vorhanden, die heuristische Methode des „Rückschlusses" vom „landschaftlichen Niederschlag" auf die „dahinter stehenden" Sozialgruppen abzulösen durch Ansätze, in denen die Verhaltensweisen und Verhaltensbereitschaften menschlicher Gruppen auch *unmittelbar* Gegenstand der Untersuchung werden.

Der allgemeine Stand der Forschungspraxis in der deutschsprachigen Geographie des Menschen bestätigt also noch in den sechziger Jahren und teilweise bis heute die vielfach geäußerte methodologische Formel, was einen Anthropogeographen (und selbst noch einen Wirtschafts- und Sozialgeographen) von einem „Raumforscher", Regionalplaner und regionalen Soziologen, überhaupt von einem Sozialwissenschaftler und Wirtschaftswissenschaftler unterscheide, sei „die Landschaft". Die Formel bezeichnet aber nicht mehr (wie es in der klassischen Kulturlandschaftskunde der Fall war) eine besondere Aufgabe oder einen spezifischen Gegenstand, sondern im wesentlichen nur noch ein von der disziplinären Tradition nahegelegtes Beobachtungsfeld, das nicht zuletzt als Stimulus der hypothesenbildenden Phantasie dienen soll. Die traditionelle Formel von der „Kulturlandschaft als Gegenstand der Kulturgeographie" beschreibt dann nur noch einen kaum jemals realisierten Grenzfall, den Fall nämlich, in dem dieses Beobachtungsfeld ausreicht, die in ihm gewonnenen Hypothesen über menschliche Gruppen auch in hinreichender Weise zu prüfen und zu bestätigen.

Manche methodologischen Arbeiten von *W. Hartke* repräsentieren diese jüngsten und fortgeschrittensten Stadien einer noch „landschaftskundlich" gewendeten Sozialgeographie.

Zwar bleibt „Die Landschaft (...) Bezugsfläche aller geographischen Wissenschaft" (1959, S. 426). Aber wichtiger als die

„absoluten“ Eigenschaften der Geofaktoren sind ihre *vorgestellten* Eigenschaften und ihre Bewertung durch den Menschen. Der Mensch wertet, „bonitiert“ die Erde — und da die Sozialgruppen Träger dieser Wertungen sind, sind die Wertungsbereiche, Wertskalen und Wertungen sozialgruppenmäßig bestimmt und differenziert: In der gleichen Landschaft leben meist mehrere verschieden wertende Gruppen.

Diese Bewertungsprozesse motivieren die Arbeitsprozesse und bestimmen deren Verbreitung: Den Gruppen gleicher Wertmaßstäbe entsprechen „Räume gleichen sozialgeographischen Verhaltens“. Die Arbeitsprozesse wiederum schlagen sich (durch einen „landschaftlichen Prägeprozeß“) im Landschaftsbild nieder — zu den landschaftlichen Ergebnissen und Nebenergebnissen der geglückten und mißglückten menschlichen Spekulationen mit und auf der Erde.

Dem Sozialgeographen gehe es nun darum, typische Merkmale im Landschaftsbild zu finden, die gewissermaßen „geeicht“ und als geographische Indizes für typische Prozesse des heutigen sozialen Lebens interpretiert werden können: aus solchen Räumen mit bestimmten *landschaftlichen Veränderungen* könne dann wiederum rückgeschlossen werden auf die Verbreitung bestimmter *Verhaltensänderungen* und *Wertwandlungen*. So interpretiert der Sozialgeograph seine Praxis, und die Arbeiten etwa zur „Sozialbrache“ sind damit auch ziemlich treffend beschrieben.

### *11. Ein Beispiel*

Folgendes Beispiel illustriert die erwähnten Zweideutigkeiten im kulturlandschaftskundlich-sozialgeographischen Übergangsfeld. Herangezogen sei ein Aufsatz von *K. Ruppert* „Über einen Index zur Erfassung von Zentralitätsschwankungen in ländlichen Kleinstädten“ aus dem Jahr 1959 (wieder abgedruckt 1969), den bereits *H. D. Schultz* in einer Examensarbeit (1971) trefflich analysiert hat und dessen Analyse im folgenden weitgehend übernommen wird.

Als „Indizes“ gelten bei *K. Ruppert* „einfache landschaftliche Erscheinungen, die es ermöglichen, gewisse komplizierte (soziale und wirtschaftliche) Prozesse auf der Erdoberfläche zu deuten und in ihrer regionalen Reichweite festzulegen, auch wenn die Prozesse selbst u. U. noch gar nicht voll erkannt sind" (vgl. 1969, S. 155 f.). Als eine solche „einfache landschaftliche Erscheinung" gelten hier „die Besitzverhältnisse des landwirtschaftlich genutzten Bodens". Der Autor skizziert also ein *sozialgeographisches* Programm, wenn auch mit Bezug auf ein traditionelles Beobachtungsfeld[54].

Schon ein oberflächlicher Blick auf den Inhalt der Studie zeigt aber, daß der Autor sein sozialgeographisches Programm gar nicht ausführt, sondern statt dessen eine kulturlandschaftskundliche Studie vorlegt; daß er nicht etwa (wie er selbst angibt) die Besitz- und Sozialkartierung der landwirtschaftlichen Nutzflächen (also einen im *weitesten* Sinne „landschaftlichen Index") benutzt, um den Prozeß des Zentralitätswandels zu erfassen, sondern vielmehr die festgestellten Besitzveränderungen also im Sinne des Autors eine „landschaftliche Erscheinung", umgekehrt durch einen Zentralitätswandel erklärt. Die Kenntnis des Zentralitätswandels gewinnt der Autor aus verschiedenen Quellen (unter anderem aus seiner allgemeinen Kenntnis der regionalen Sozial- und Wirtschaftsgeschichte), jedenfalls nicht aus den agrarischen Besitzverhältnissen.

Man kann also sagen, daß der Autor hier nur laut Programm und nach seinem Selbstverständnis „sozialgeographisch" arbeitet und aus einem landschaftlichen „Index" sozioökonomische Vorgänge erkennt und „deutet", in der Durchführung aber ein ganz anderes Thema behandelt — nämlich in etwa das Thema: „Zentralitätsschwankungen in Kleinstädten als landschaftsgestaltende Kraft". Der Autor beschreibt z. B. *vorweg*, daß eine Veränderung in der Zentralität und eine wachsende Zahl zentraler Funktionen unter anderem die Zahl der städtischen Akkerbürger schrumpfen und die Zahl der Ausmärker steigen ließ, welche nun (von den noch agrarisch orientierten Nachbargemeinden her) durch Landerwerb und Zupacht in die Gemarkung der einst stärker agrarisch orientierten zentralen Kleinstadt eindrängten. Der angebliche „Index" steht *als Explanandum* am *Ende* einer Erklärungskette; im Explanans stehen Vorgänge und Ereignisse, die keineswegs nur und nicht einmal zu einem bedeutenden Teil aus dem vieldeutigen „Index" „Besitzverhältnisse" erschlossen (und noch weniger hieraus „gedeutet") werden konnten.

Es ist schwer zu sagen, was der Autor sagen will, wenn er davon spricht, er wolle mittels des „Index" „gewisse komplizierte (sozioökonomische) Prozesse *deuten*". Eine *Erklärung* mittels des Index kann keinesfalls gemeint sein; denn der Index — die „Veränderung der Besitzverhältnisse" — ist keine unabhängige Variable, kein „Kausalfaktor". Der Autor erklärt vielmehr den Index (d. h. bestimmte landschaftliche Erscheinungen) mittels eines Kausalfaktors, den er nicht ganz angemessen „Zentralitätswandel" nennt[55].

Die aus der Tradition des Faches stammende Sensibilität vor allem der frühen Sozialgeographie für „landschaftliche Indikatoren" hatte ohne Zweifel Vor- und Nachteile. Einerseits lag die Versuchung nahe, sich immer vorzugsweise auf die „Landschaft", also auf eine sehr restriktive sozialwissenschaftliche Erfahrungsbasis zu beziehen und sich vorzugsweise damit zu beschäftigen, die gesamte Landschaft in „Indikatoren" aufzuteilen: Man bemerkte dann zwar rasch, daß diese „Indikatoren" vieldeutig und substituierbar sind (daß also z. B. Vergrünlandung und Brachfallen unter Umständen „funktional äquivalent" sind, d. h. daß „hinter" diesen beiden Indizes die gleichen sozialen „Prozesse" und „Kräfte" stehen können); viel schwerwiegender war, daß man keinen rechten Zugang zu den zahllosen sozialen Prozessen hatte, denen unmittelbare landschaftliche Korrelate abgingen — selbst wenn diese sozialen Sachverhalte und Prozesse durchaus eine räumlich-distanzielle Seite besaßen. Das sensibilisierte „landschaftliche Auge" des Sozialgeographen hatte aber auch eine gewisse anregende Funktion: „Der tatsächliche nützliche (heuristische) Sinn der Indikatoren liegt in der Möglichkeit, die Aufmerksamkeit des Forschers zu stimulieren und möglicherweise erste Orientierungen für eine dann einsetzende genauere Untersuchung zu geben, die dann beiläufig auch die landschaftlichen Tatbestände miterklärt, mehr aber nicht" (*H. D. Schultz* 1971, S. 89.)[56].

Insgesamt war der Versuch, Sozialgeographie von den landschaftlichen „Indizes" her zu betreiben, wenig fruchtbar: Die Indikatoren oder Indizes der Sozialgeographen kann man auffassen als eine Art von Verknüpfungsregeln in der Form von wenn-dann-Sätzen, in denen einzelne landschaftliche Erscheinungen mit bestimmten sozialen Prozessen usf. gekoppelt wurden: Aber während der dann-Satz einen präzise bezeichneten Indikator enthielt, enthielt der wenn-Satz durchweg extrem unpräzise Angaben, nicht selten sogar nur vage Möglichkeiten zur Auswahl oder auch nur wieder die alten „sozialen Kräfte“: Für eine sozialwissenschaftliche Geographie war damit wenig oder nichts gewonnen.

Selbstverständlich war die sozialgeographische Arbeitsweise, die der Aufsatz von *K. Ruppert* repräsentiert, schon 1959 in gewissem Sinne eine bedeutsame disziplinhistorische Innovation gegenüber der „klassischen“ Morphologie der Kulturlandschaft; es ist aber auch deutlich geworden, daß dieser neueren Arbeitsrichtung ein bedeutsamer und bewundernswürdiger Zug der älteren Kulturlandschaftskunde abging: die Kongruenz von Praxis und Methodologie.

## *12. Zum Gebrauch des Wortes „Landschaft“ und des Landschaftsbegriffes*

Am Ende sei bemerkt, daß die jüngere Kritik am Landschaftskonzept vielfach mißverstanden worden ist. Sie richtete sich im wesentlichen gegen den Versuch, mit Hilfe eines universalistischen, „ganzheitlichen“ Landschaftsbegriffs die Geographie „exzeptionalistisch“ als eine synthetisierende Superdisziplin zu definieren und ihre Teildisziplinen mittels des Landschaftskonzeptes von den verwandten Nachbardisziplinen abzusetzen — und zwar erfolgte diese Kritik nicht so sehr aus forschungslogischen Gründen denn aus pragmatischen, wissenschafts- und schulpolitischen Erwägungen. Die Kritiker glaubten zu sehen, daß ein solches Selbstverständnis schädlich für die Forschungspraxis und die Zukunft des Faches war; die angedeutete Interpretation des Faches und die von ihr infizierte Forschungspraxis isolieren nach dieser Auffassung das Fach, machen es kontakt- und kooperationsunfähig, immunisieren es gegen innovative Forschungsansätze, führen zu einer Unterwanderung und Aushöhlung der Geographie durch konkurrierende Disziplinen. Diese Kritiker plädierten für eine „Aspektspezialisierung", Konzentration und Gesundschrumpfung auf bestimmte zukunftsträchtige und konkurrenzfähige Fragestellungen und Forschungsrichtungen — anstelle einer undiszipliniert-konglomeratigen disziplinären Realität plus anspruchsvoll-leerem Gerede von Synthese, Ganzheit und Totalität (vgl. etwa *D. Bartels* 1968, *G. Hard* 1970, *K. Ganser* 1971).

Die Kritik richtete sich jedoch nie gegen den Gebrauch des Wortes „Landschaft" und fast nie gegen eine historisch-genetische Morphologie der Kulturlandschaft (d. h. die „klassische Kulturlandschaftskunde") als eine geographische Forschungsrichtung, welche ohnehin bald der Disziplingeschichte angehört und außerdem eine viel zu respektable Angelegenheit war, als daß man sie pauschal abqualifizieren könnte.

Linguistische Verbote (z. B. ein „Verbot" des Terminus „Landschaft") sind ohnehin sinnlos und schädlich: *Sinnlos* deshalb, weil der betreffende Wortinhalt in tausendfältiger Verkleidung wiederkehren kann und sich durch diese Verkleidungen immer wieder der Kritik zu entziehen pflegt; *schädlich* deshalb, weil solche Sprachregelungen die Freiheit des Wissenschaftlers beschneiden, bei jedem Versuch, die Strukturen der Wirklichkeit nachzuzeichnen, den gesamten Zeichen- und Begriffsvorrat aller ihm bekannten Sprachen und den Bedeutungsreichtum aller Begriffe dieser Sprachen auszuschöpfen und seinen Zielen entsprechend auszulegen.

Immerhin ist man versucht, einige, von der geographischen Wissenschafts-, Problem- und Dogmengeschichte nahegelegte Vorschläge zu machen, und zwar etwa folgender Art. *Erstens* sollte man sich keineswegs scheuen, das Wort auch in der geographischen Fachsprache bei Gelegenheit „harmlos"-umgangssprachlich zu verwenden; es kann gerade in dieser Verwendungsweise und in bestimmten Kontexten durchaus funktionstüchtig, ja unentbehrlich sein — etwa, um „Eignungsräume" bestimmter Art (z. B. Erholungsgebiete) zu beschreiben und ihre Attraktivität zu analysieren. Vor allem aber sollte man ***zweitens*** das Wort so oder abweichend nur gebrauchen, wie normalerweise Wörter gebraucht werden: In Sätzen und Kontexten, mit denen man etwas sagen will, also im Zusammenhang überprüfbarer Beobachtungen, Hypothesen und Theorien. Dogmatische Verbote von Termini erübrigen sich bei Befolgung dieser Regel von selbst: „schlechte“ (d. h. unbrauchbare) Termini verschwinden bei normaler Forschungspraxis von selber, wenn man sie nicht mehr braucht, um zu sagen, was man zu sagen hat — d. h., wenn ihre Brauchbarkeit in der Sprache der Forschungspraxis nicht mehr gegeben ist. *Drittens* sollte man nicht versuchen, dieses und irgendein anderes Wort vorweg und sozusagen im leeren Raum zu definieren — vestigia terrent; vielmehr sollte man Definitionen und Explikationen erst im nachhinein vornehmen, wenn das Wort schon irgendwo mehr oder weniger gut funktioniert: so daß man die Bedeutung des Wortes mit Bezugnahme auf bestimmte „Funktionsfelder“ dieses Wortes feststellen und/oder neu festlegen kann. *Viertens* liegt es nahe, das Wort „Landschaft“ in der geographischen Beobachtungssprache in einem bestimmten Sinne zu gebrauchen: zur Umschreibung *eines* traditionellen Beobachtungsfeldes (bzw. Beobachtungsverfahrens) — etwa für die Gesamtheit der Sachverhalte, die man mit unbewaffnetem Auge im Gelände feststellen („beobachten“) kann. (Andere „Beobachtungsfelder“ sind z. B. Karte, Luftbild, Statistik, Labor, menschliches Verhalten.) Ein solcher „beobachtungssprachlicher“ Landschaftsbegriff könnte (falls er überhaupt benötigt wird) durch Explikation (im Sinne von *R. Carnap* 1959, S. 12 ff.) beliebig präzisiert werden, z. B. als eine Art „aero-landscape“ im Sinne von *R. Hartshorne* 1939, S. 162 f. (der damit auf einen älteren Vorschlag von O. *Schlüter* zurückkam): „the external surface that underlies the atmosphere — formed by the surface of water-bodies, the uppermost foliage of trees in forests, by grass, or by top-soil in bare fields, or by the outer surfaces of buildings, etc. All of these surfaces together form a continuous surface over the area“ (S. 163). Bei dieser Explikation des umgangssprachlichen Wortes „landscape“ geht es nicht um eine Sachfeststellung, sondern um eine Bedeutungsfestlegung; es geht weder darum, den „Gegenstand der Geographie“ zu definieren, noch darum, festzulegen, womit sich der Geograph vorzugsweise zu beschäftigen (oder gar, worauf er sich zu beschränken) habe. Es geht vielmehr um die Festlegung des Gebrauchs eines Wortes auf einen relativ einfachen, exakten, praktisch brauchbaren und dem Explikandum noch hinreichend ähnlichen Begriff[57].

Man könnte auch daran denken, „Landschaft" bzw. „landscape" auf geomorphologische Kontexte zu beschränken — im Sinne von „regionales Ensemble der Reliefformen mittlerer Größenordnung". Diese Verwendungsweise hat zumindest im deutschen, angelsächsischen und französischen Sprachbereich eine lange Tradition.

Im übrigen sind natürlich noch viele Explikationen möglich — auch solche, die dem Wort „Landschaft", wie es in der außerwissenschaftlichen Umgangs- und Bildungssprache erscheint, weniger nahestehen, sondern eher als metaphorisch zu bezeichnen wären.

Eine dieser Verwendungsweisen ist durch das Buch von *E. v. Böventer* mit dem Titel „Die Struktur der Landschaft. Versuch einer Synthese und Weiterentwicklung der Modelle J. H. Thünens, W. Christallers und A. Löschs" auch ins geographische Bewußtsein gedrungen — nicht ohne daß der Obertitel unter Geographen oft völlig falsche Erwartungen hinsichtlich des Inhaltes erweckt hätte.

Hier meint „Landschaft" oder „Landschaftsstruktur" ein Verteilungs- oder Verknüpfungsmuster (z. B. von Produzenten und Konsumenten verschiedener Güter an Orten verschiedener Größe) — ein „reales" Pattern oder aber ein „theoretisches", welches sich ergeben würde, wenn auf einer Fläche von bestimmten Eigenschaften bestimmte standortdifferenzierende ökonomische Faktoren wirksam würden.

Diese „Landschaften" sind jedenfalls Abstrakta, ja Theorien, und ihre kartographische Darstellung bildet nicht die Erdoberfläche ab, sondern eher Theorien (d. h. Standorttheorien) über die Erdoberfläche bzw. über die räumlichen Aspekte menschlichen Verhaltens an der Erdoberfläche.

Dieser Landschaftsbegriff wäre der ökonomischen Standorttheorie (der Raumwirtschaftstheorie), den regionalen Planungswissenschaften, der Regional Science und — innerhalb der Geographie — dem standorttheoretischen („raumwissenschaftlichen", wirtschafts- und sozialgeographischen) Ansatz angemessen. Dort wird der Terminus „Landschaft“ (bzw. „landscape“) tatsächlich gelegentlich so — im Sinne von „Verteilungsmuster“ bis zur Bedeutung „abstraktes Raummodell“ — gebraucht, ohne doch schon als Terminus verfestigt zu sein.

So reizvoll diese metaphorische Verwendung des Wortes „Landschaft“ sprachlich-stilistisch sein mag und so sehr sie disziplinpolitisch bei Gelegenheit nützlich sein könnte — es fragt sich, ob sie im deutschen Sprachbereich nicht verwirrend wäre und allzuviel unangebrachte Assoziationen hervorrufen würde.

Schließlich wird der Terminus „Landschaft“ gelegentlich von Ökologen in verhältnismäßig vager Weise gebraucht: etwa im Sinne von „Umwelt“ (im weitesten Sinn) oder im Sinne von „Summe aller Umwelten der Organismen eines Raumes“. Der „Charakter der Landschaft“ meint dann „Umwelt“ in einem makroskopisch-physiognomisch formulierten, noch nicht näher umrissenen Sinn (vgl. z. B. *Tischler* 1969, S. 68 ff.).

„Landschaft“ fungiert hier als Anregungs- und Hinweisbegriff. Er steht fast immer in vorläufigen (hinweisenden, anregenden) oder zusammenfassenden Aussagen, in denen auf ökologische Faktoren hingewiesen wird, die (noch) nicht im einzelnen spezifiziert, sondern nur ungefähr lokalisiert werden können oder sollen.

Diese Verwendung des Wortes „Landschaft“ wie auch der umgangssprachlichen Wörter für Landschaftsteile („Wald“, „See“, „Heckenzeilen“, „hügeliges Geländes“, „Schatten“, „Hang“, „Südlage“ usf.) hat also in der Sprache der Ökologen eine nützliche Funktion: Sie gestattet im Bedarfsfalle, Umwelten und ökologische Faktoren relativ vage, vorläufig und summarisch zu beschreiben. Dies ist zuweilen dem Wissensstand oder auch bestimmten didaktischen Zielen durchaus angemessen.

## *13. Der standorttheoretische (chorologische, raumwissenschaftliche) Ansatz: sozial- und wirtschaftswissenschaftliche Geographie*

Es handelt sich, im weitesten Sinne genommen, um eine räumliche, distanzielle Betrachtung der Phänomene der Erdhülle — eine Betrachtung unter Begriffen wie Richtung (Orientierung), Distanz, relative Lage, Verbindung. Es handelt sich um Beschreibung und Interpretation von Verbreitungs-, Verknüpfungs- und Ausbreitungsmustern an der Erdoberfläche — mit und ohne Einbezug ihrer Veränderungen in der Zeit.

Zuweilen wird auch eine etwas engere Umschreibung vorgeschlagen: „chorologische“ Betrachtung und Theoriebildung als Studium der Beziehung, die zwischen der formalen Raumstruktur (der geometrisch-topologischen Struktur) von Phänomenen und den realen Verknüpfungen und Austauschbeziehungen zwischen diesen Phänomenen besteht (vgl. etwa *G. Bahrenberg* 1972) — eine engere Umschreibung, die aber z. B. keineswegs die gesamte angelsächsische Forschungspraxis auf diesem Gebiet umfaßt.

Prinzipiell ist diese „räumliche“ Perspektive sowohl in der Geographie des Menschen wie in der physischen Geographie möglich[58].

Diese Perspektive ist allerdings vor allem in der Geographie des Menschen (als „moderne Wirtschafts- und Sozialgeographie“) bedeutsam geworden. Im naturwissenschaftlichen Bereich wurde diese räumlich-distanzielle Perspektive im wesentlichen in anderen Geodisziplinen weiterentwickelt.

„Theoretische Geographie“ hat in der geographischen Literatur mehrere Bedeutungen; eine in der heutigen Geographie sehr gebräuchliche ist die mit dem Werk *W. Bunges* verbundene: „Theoretische Geographie“ untersucht den angedeuteten, den beiden Geographien gemeinsamen Lokalisationsaspekt der Erdoberflächen-Phänomene sozusagen auf vorinhaltlicher Ebene; sie stellt so die Leerformen, die formalen Sprachen (Kalküle) für künftige inhaltliche Beschreibungsmodelle und empirische Theorien bereit. Es handelt sich um eine (mathematische) Topologie und Geometrie für die Betrachtung der Erdoberflächenphänomene.

Insofern es dieser Ansatz mit Verteilungen von Objekten und Ereignissen im Raum zu tun hat, muß er eine Sprache (d. h. hier: eine Geometrie) finden, um solche Verteilungen und ihre Entstehungsprozesse zu beschreiben und auszumessen. Im einfachsten Fall handelt es sich um ein Koordinatensystem mit

Längen- und Breitengraden. Die Sache ist komplizierter, als man zunächst denken mag. Wir bevorzugen zwar spontan eine bestimmte „Sprache“ (d. h. bestimmte Regeln, um ein Koordinatensystem festzulegen und in diesem zu operieren) — nämlich die euklidische Geometrie. Aber zweifellos sind die Räume, mit denen es die Geographie des Menschen zu tun hat (etwa der vorgestellte, „perzipierte“ Raum, in dem wir erleben und planen), nicht euklidisch. Sie sind vielfach weder isotrop (sondern haben bevorzugte und weniger bevorzugte Richtungen), noch kontinuierlich (sondern sind durch schwer und leicht passierbare Stellen strukturiert), noch homogen (es gibt vielmehr Stellen, die mehr, und andere, die weniger „wert“ sind). Es gilt also, *jeweils* angemessene räumliche Sprachen, angemessene Raumdarstellungen zu finden — und die Regeln, nach denen sie ineinander übersetzt (transformiert) werden können. Die Lehre von den Kartenprojektionen ist eine Parallele zu diesen „theoretischen“ Bemühungen um eine Bereitstellung von „Sprachen“ aus Topologie (u. a. Graphentheorie), projektiver und anderer Geometrie (usf.) für geographische „Raumprobleme“[59].

Zwei bereits benutzte Begriffe sollen noch kurz erörtert werden: „Standort“ und „Raum“.

Was „Standort“ in „standorttheoretisch“ heißen soll, ist leicht zu verstehen. Es handelt sich nicht um den Standortbegriff der Geobotaniker und Ökologen[60].

„Standort“ ist hier vielmehr zu verstehen als eine Lokalisierung in einem Koordinatensystem, als Beschreibung einer Raum(-Zeit)-Stelle. Diese Lokalisierung beschreibt weder ein physisches Ding, noch das Merkmal eines Dinges, sondern eine Relation unter Dingen, einen „ordo coexistendi“.

Beide Standortbegriffe, der des Sozialgeographen *und* der des Ökologen, sind Relationsbegriffe.

An dieser Stelle wird auch der spezifische Raumbegriff eines „raumwissenschaftlichen“ Forschungsansatzes klar.

Es ist dabei nützlich, sich daran zu erinnern, daß es nicht sinnvoll ist, die Frage nach dem Raum bzw. dem Raumkonzept essentialistisch und absolut zu stellen — etwa in der Form: Was ist (der) Raum (eigentlich)? Die Frage ist vielmehr etwa so zu stellen: Was bedeutet „Raum“ in diesem Kontext, in diesem Begriffsrahmen, in dieser Theorie? Anders formuliert: Es ist nicht a priori (logisch oder ontologisch) entscheidbar, welche Sprache, welche Raumdarstellung, welche Darstellung der räumlichen Beziehungen, welche Geometrie jeweils angemessen ist[61].

Die Raumkonzepte der allgemeinen Ideen- wie der Disziplingeschichte kann man auf verschiedene Weise klassifizieren und interpretieren; in unserm Zusammenhang scheint folgende Einteilung am sinnvollsten zu sein: *Einerseits* das Schachtel-Modell des Raumes oder der *Container-Raum* und seine Varianten (der Raum als endlicher oder unendlicher Container; als Behälter, Gefäß der körperlichen Dinge); *andererseits* der *Raum als ein ordo coexistendi,* als ein System von (Distanz-)Relationen, als eine Ordnungsbeziehung zwischen Dingen, als ein räumliches Relationsgefüge, welches die gegenseitige Stellung dieser Dinge regelt. Es ist klar, daß der „standorttheoretische Ansatz“ mit dem zweitgenannten Raumkonzept arbeitet. Wer hier von „Raum“, „Ort“ und „Lage“ redet, meint Anordnung von Objekten im Raum — und sonst nichts; die Vokabeln „Raum“, „räumlich“, werden infolgedessen seltener gebraucht als früher und nicht selten durch „Verteilung“, „Distanz“ und „distanziell“ ersetzt. Geographie gilt entsprechend als distributional view“ und eine „discipline in distance“[62].

Im Rahmen der Geographie des Menschen richtet sich diese Perspektive auf den räumlichen Aspekt der menschlichen Aktivitäten an der Erdoberfläche: Verbreitungs-, Verknüpfungs- und Ausbreitungsmuster (aus Punkten, Linien, Flächen) werden studiert: einerseits als Determinanten[63], andererseits als Konsequenzen menschlichen Handelns.

Diese Muster werden *erstens* quantitativ-statistisch beschrieben und durch quantitativ-statistische Beschreibungsmodelle dargestellt; die Standorte und Standortsysteme werden *zweitens* nach Lokalisierung, Aktivitäten und Beziehungen (d. h. nach „Zu- und Abflüssen“) erklärt und prognostiziert. Dies geschieht, indem sie als Ergebnisse von Standortentscheidungen bestimmter Entscheidungsträger interpretiert werden[64]. Die räumlichen Muster werden also erklärt aus „Zusammenspiel“ und „Konkurrenz“ der Standort- und Flächenansprüche aller tatsächlich oder potentiell Beteiligten. *Drittens* werden dabei diese Standortansprüche und Standortentscheidungen selbst rekonstruiert und prognostiziert.

Vor allem in denjenigen Teilen der standorttheoretischen Forschungsrichtung, die der „regional science" nahe steht, spielen auch normative Ansätze wie die Bestimmung optimaler Standortmuster eine große Rolle.

Die *formalen Kategorien* kann man in grober und oberflächlicher Weise etwa wie folgt ordnen. Es handelt sich

1. um *Verteilungen* von Punkten und Linien (Punktverteilungen; Verknüpfungen von Punkten zu Netzwerken; Areale) und deren räumliche Korrelationen;
2. um *Regionen* (d. h. Gebiete, die aufgrund der Dekkung mehrerer bis vieler Areale bzw. durch Heranziehung mehrerer bis vieler Merkmalsdimensionen konstruiert werden);
3. um *„Felder"* (d. h. räumliche Anordnungen, in denen sich die Abstufung von Merkmalen als Funktion der Distanz von einer punkt- oder linienförmigen Bezugsbasis erweist);
4. um Genese und zeitliche Veränderungen von Verteilungen, Arealen, Regionen, Feldern, d. h. vor allem um Wanderungs- und Ausbreitungs*prozesse*.

Die zugehörigen *quantitativen Techniken* findet man heute vor allem in den angelsächsischen Methodenbüchern (z. B. *L. J. King* 1969, elementarer *J. P. Cole* and *C. A. M. King* 1968; in gewissem Sinne auch *Isard* u. a. 1960, *S. Gregory* 1963, *P. Haggett* 1965, *W. Bunge* 1966, *D. S. Neft* 1966, *M. H. Yeates* 1968, *R. M. Morrill* 1970, *R. Abler, J. S. Adams* and *P. Gould* 1971 und die Sammelbände von *W. L. Garrison* und *D. F. Marble* 1967, *R. J. Chorley* und *P. Haggett* 1967, *B. J. L. Berry* and *D. F. Marble* 1968).

Genannt seien zu *1* die nearest neighbour-Technik (zur Beurteilung von Punktverteilungen), die graphentheoretische Behandlung von Netzwerken, die Gestaltmaße von Flächen und die diversen räumlichen Assoziationsmaße; räumliche Umsetzungen der Parameter der traditionellen Statistik, z. B. Zentralitätsmaße (entsprechend dem arithmetischen Mittel, dem Modus und Median), Streuungsmaße und räumliche Korrelationen. Zu *2* seien Klassifizierungs(Gruppierungs)- und Regionalisierungsverfahren wie Faktorenanalyse (bzw. Hauptkomponentenanalyse) erwähnt, die mit anschließender Distanzgruppierung verbunden werden (auch Cluster-Analyse, Diskriminanzanalyse, verallgemeinerter Abstand nach Mahalanobis usf.); zu *3* Verfahren der linearen und nicht-linearen Regressionsanalyse, Gravitationsmodelle, Potentialmaße, Trendoberflächen-Analyse usw.; zu *4* etwa Mone-Carlo-Stimulation und Markoff-Modelle.

Zu diesen formalen Kategorien und quantitativen Techniken seien einige inhaltliche Fragestellungen hinzugefügt.

Zu *1* gehört die empirische Analyse von Agglomeration und Dispersion bestimmter Aktivitäten und „Institutionen" — seien es Siedlungen, Branchen, Infrastruktureinrichtungen oder was immer sonst; hierher gehören aber auch räumliche Muster von Wertgebungen (z. B. das Gesamtmuster der Bodenpreisverteilung und seine Determinanten), Landnutzungsmodelle usf.;

Zu *2* gehören etwa agrar-, wirtschafts- und sozialräumliche Gliederungen (aber natürlich auch die Herausarbeitung von „Räumen gleichen sozialgeographischen Verhaltens" und die naturräumlichen Gliederungen der physischen Geographie);

Zu *3* gehören die Untersuchungen über „Einflußbereich" und räumliche Reichweite menschlicher Aktivitäten, Wertgebungen und Institutionen in allen wichtigen Dimensionen menschlichen Verhaltens und menschlicher Bedürfnisse (Arbeit, Wohnung, Versorgung, Information, Bildung, Erholung, geselliger Kontakt usf.)[65].

Zu *4* schließlich gehört das Studium des räumlichen (distanziellen) Aspektes von Ausbreitungsvorgängen — handle es sich um Ausbreitung von Informationen oder Innovationen, von Ideen, von materiellen Gütern, von Techniken oder von Verhaltensmustern[66].

Das auf den räumlichen Aspekt konzentrierte Studium von Besiedlungs-, Kolonisations-, Urbanisierungs- und Industrialisierungsvorgängen, das Studium von Wanderungsströmen und der sie steuernden Motivationen, der innerstädtischen, regionalen und interregionalen Mobilität[67] können an *3* und *4* angeschlossen werden.

Der „standorttheoretische Ansatz" versteht sich, wie das Gesagte verdeutlicht, als eine Subdisziplin der Sozial- und Wirtschaftswissenschaften: ihr Gegenstand ist die räumliche Organisation der Gesellschaft; ihr Bestreben ist es unter anderm, das Räumliche („räumlich" in standorttheoretischem Sinne!) zum Reden über das Soziale zu bringen.

Dieser Ansatz ist teilweise stark auf Regionalforschung, auf die Raumwirtschaftstheorie der Ökonomen und deren standorttheoretische Tradition orientiert. Er ist unter anderem bestrebt, „in die traditionelle ökonomische Analyse die Lage- und Raumdimensionen der Realität einzubeziehen" (*W. Isard* und *Th. A. Reiner* 1970, S. 445) — und zwar vor allem im „regionalen Maßstab". Die methodologischen Grundgedanken hat *D. Bartels* (1968, 1969) in den deutschen Sprachbereich eingeführt. Als gute Einführungen können die Werke von *Haggett* (1965) sowie von *Abler, Adams* und *Gould* (1971) gelten; eine knappe Übersicht vermittelt *Taaffe* (ed., 1970).

Der beschriebene „standorttheoretische" oder „wirtschafts- und sozialgeographische" Ansatz gilt heute zuweilen als eine der letzten wissenschafts- und schulpolitischen Chancen der Geographie. Zweifellos verläuft heute hier eine wesentliche „Forschungsfront" der Geographie des Menschen, und die unterrichtlichen Transpositionen der betreffenden Inhalte haben heute am ehesten eine Chance, sich in der Schule zu behaupten (gleich unter welchem Namen und in welchem Lehrbereich). Dazu sind aber einige Bemerkungen notwendig.

Zunächst: Im angelsächsischen Bereich ist vielfach noch immer ein gewisser Modellplatonismus unverkennbar, eine zuweilen fast manieristische Verliebtheit in raffinierte Techniken und verblüffende Analogiemodelle — bei oft sehr bescheidenen empirischen Anwendungsmöglichkeiten.

Von Methodologen dieses Ansatzes wird fernerhin zuweilen (über)betont, daß die Distanzvariable bzw. die Berücksichtigung der „geometrisch-topologischen Raumstrukturen" das Spezifikum geographischer Weltperspektive und Theoriebildung ausmache.

Die Beschreibung von „Feldern" aller Art, z. B. von räumlichen Gradienten in den Regelmäßigkeiten des sozialen Verhaltens, führt aber leicht zu unangemessenen Vorstellungen von der Distanz als einer unabhängigen Variablen, von der Distanz als unmittelbarer Einflußgröße — oder gar zu Vorstellungen über unmittelbare Zusammenhänge zwischen räumlicher und und sozialer Distanz. In der Forschungspraxis werden eine Reihe von Funktionen zur Beschreibung des Zusammenhangs Aktivität(Verhalten)-Distanz vorgeschlagen: Funktionen vom Typ des Gravitationsmodells; die im Prinzip ähnliche Pareto-Funktion; die (negative) Exponentialverteilung; ferner Normal-, log Normal- und Gammafunktion. Aber „fitting such theoretical probability distributions to [e. g.] migration only has utility if the underlying theory has been explored" (*Harvey* 1967, S. 560) Eine solche Theorie ist selten bekannt; es ist überhaupt schwierig, solche Beschreibungsmodelle und Distanzfunktionen mit sozialwissenschaftlichen Theorien zu verknüpfen. Das regte unmittelbar dazu an, „Distanz" nicht als (kilo) metrische Distanz aufzufassen, sondern mit solchen Maßen zu messen, die in sozialwissenschaftlichen, vor allem „handlungs-" oder verhaltenswissenschaftlichen Begriffen ausgedrückt werden können. Man kann etwa Distanz als gewichtete „funktionale Distanz" verstehen, „Distanz" also nach Zeitaufwand, Transportkosten, Sympathie, Attraktivität, „intervening opportunities" usf. gewichten bzw. messen. Man nimmt dann freilich gewichtige Nachteile in Kauf: Erstens sind Daten über diese „funktionalen Distanzen" sehr viel schwieriger zu beschaffen als über kilometrische Distanzen; wir müssen zweitens in jedem Falle eine Auswahl aus einem ganzen Spektrum von Distanzdefinitionen treffen, und drittens verlieren unsere „Räume" bzw. „Felder" die rechnerisch und zeichnerisch so bequemen Eigenschaften des euklidischen Raumes.

Man weiß seit geraumer Zeit zum Beispiel, daß für die Mobilität der Konsumenten der sozialökonomische Status wichtiger ist als die reale Distanz und daß man zumindest Variable wie die Distanz*wahrnehmung* und die räumlichen *Präferenzen* des Konsumenten hinzuziehen muß — Variable, die ihrerseits ziemlich kompliziert mit dem realen Verhalten vermittelt sind.

Schon dem oberflächlichen Blick kann überdies nicht verborgen bleiben, daß die Distanzvariablen mehr komplexe Indikatoren als unabhängige Variable darstellen und im allgemeinen einen ganzen Komplex von spezifisch *sozialen* Variablen reflektieren — und *diese* Verhaltens- und Einstellungsvarianten (und *nicht* die Distanzen) sind letztlich die Größen, die in eine Theorie einzusetzen wären. (Vgl. dazu auch *H. J. Nickel* 1971, S. 65 ff.)

Eben dies scheint *G. Olsson* im Auge zu haben, wenn er betont, daß sich z. B. „gegenwärtige räumliche Interaktionsmodelle [der geographischen Standorttheorie] vor allem auf die Distanzvariable konzentrieren und unsere Kenntnisse dadurch etwas verzerren. Künftige Bemühungen sollten daher besonders der Untersuchung der Verhaltensweisen gelten, die jene Distanzvariationen entstehen lassen" (1970, S. 166). Im gleichen Sinne stellte der Autor fest, daß auch die am weitesten entwikkelten quantitativen Modelle, die die Distanz als unabhängige Variable behandeln, z. T. gute Beschreibungswerkzeuge sind und gelegentlich sogar zur Prognose, aber nicht eigentlich zur theoretischen Erklärung taugen — nicht zuletzt deshalb, weil diese Modelle „nicht genügend in der menschlichen Verhaltens- und Entscheidungstheorie verankert sind" (S. 153).

Es fehlt ihnen sozusagen die „motivationale Dimension". Hinter der Scheindeterminanten „Distanz" steht z. B. die sehr variable Partizipation der betreffenden Gruppen an bestimmten Ideologien und Kommunikationssystemen, stehen überhaupt Einstellungs- und kommunikative Faktoren[68].

*Abler, Adams* und *Gould* haben zuletzt (1971) sehr stark betont, daß die Akzentuierung der Distanzvariablen eher einem älteren Weltzustand und einer älteren Geographie entspricht. Der Einfluß, den relative Lage, Distanz, verfügbares Transportmedium usf. auf menschliche Entscheidungen und Handlungen ausüben, nehme weltweit ab; der Einfluß der jeweils verfügbaren Information aber nehme rapide zu, und die modernen Kommunikationstechniken seien dabei, Informationen und Ideen von der Distanz relativ unabhängig, ja potentiell und tendentiell ubiquitär werden zu lassen. „Whereas the location of people once determined the information they received, information now determines the places where people choose to be" (1971, S. 572). Dem müsse in der künftigen Geographie „a shift in explanations" entsprechend, d. h. „a shift to a new set of explanatory variables": zu einer „geography in which human preference plays a dominant role" — denn „the geography of the future is the geography of human choice" (571 f.). Im Theoretisieren über „räumliches Verhalten" werden die „räumlichen Variablen" im eigentlichen Sinne zurücktreten hinter Determinanten wie Kommunikation, Informiertheit, Wertschätzung (räumliche Präferenzen) usf.

Ist dies erst einmal konzediert, dann leuchtet ein, daß der hier diskutierte „standorttheoretische Ansatz" nicht ohne den Ansatz „Umweltwahrnehmung" denkbar ist, ja, daß die theoretisch-metatheoretische „Selbständigkeit" einer sozialwissenschaftlichen Geographie bei entsprechend aufgeklärter Forschungspraxis und Theoriebildung insgesamt sehr gering wäre. Dies ist aber ein Negativum nur, wenn man ein so obskures und unaufgeklärtes Ziel verfolgt wie „die Erhaltung" oder „die Selbstbehauptung der Geographie als Geographie".

## *14. Zur Sozialgeographie im deutschen Sprachgebiet*

Im Rahmen dieses „wirtschafts- und sozialgeographischen Ansatzes" nimmt die deutsche Sozialgeographie der fünfziger und sechziger Jahre eine Sonderstellung ein. Von den Beziehungen der frühen Sozialgeographie zur Landschaftsgeographie — vor allem zur Kulturlandschaftskunde — war die Rede; die deutsche Sozialgeographie blieb — bei fundamentaler Ähnlichkeit mit dem beschriebenen „standorttheoretischen" Ansatz — bis heute teilweise stärker auf landschaftliche Indikatoren ausgerichtet als die entsprechenden angelsächsischen Forschungsrichtungen, tendierte weniger zu anspruchsvollen quantitativen Verfahren und

Theoriebildungen, jedoch stärker zur empirischen Sozialwissenschaft, „regionalen Soziologie“ und Raumplanung. Als Gegenstand gelten die menschlichen Gruppen, insofern sie „raumwirksam“, „raumdifferenzierend“ werten und agieren[69]; es geht um „Verortung“ und Raumansprüche menschlicher Aktivitäten, um die resultierenden Muster der Flächennutzung und die Prozesse, die wiederum von diesen „Raumstrukturen“ kanalisiert werden.

In ihrer angewandten Form als Raumplanung (und somit als Teil der sozialen Entwicklungsplanung) will die Sozialgeographie dazu beitragen, den Raum so zu organisieren, daß diese Ordnung bestehenden und vorausschaubaren Flächenansprüchen, Raumbedürfnissen und Leistungserwartungen genügen wird.

Die verschiedenen Ansätze innerhalb dessen, was sich im deutschen Sprachbereich „Sozialgeographie“ nennt, wurden zuletzt von *E. Thomale* (1972) zu gruppieren versucht.

Der (kulturökologische) Ansatz von den *„Lebensformgruppen“* her wird im folgenden Kapitel erörtert. Der *„indikatorische Ansatz“* wurde bereits besprochen: Man nähert sich der Sozialstruktur und dem sozialen Wandel über die Kulturlandschaft, über die „landschaftlichen Korrelate“, die „Spuren“ und „Manifestationen“ sozialökonomischer „Kräfte“, „Strukturen“ und „Prozesse“ im Landschaftsbild. *E. Thomale* hat die „historische Funktion“ dieser „spezifisch deutschen Variante der Sozialgeographie“ (S. 217) gut umschrieben: Einerseits gerieten Dinge wie soziale Mobilität, Berufsprestige, Motivationsstrukturen von Verhaltensgruppen usf. hier erstmals ins Zentrum des Interesses, andererseits „gelang es mit Hilfe des indikatorischen Ansatzes der jungen Disziplin [Sozialgeographie] wohl am meisten, dem auf ein physiognomisch wahrnehmbares Aufgabengebiet wartenden Geographen die Zustimmung zu ihrer Existenzberechtigung abzuringen“ (S. 217). Gerade dieser Legitimationszwang durch Verweis auf „die Kulturlandschaft“ stabilisierte den Ansatz — trotz der offenkundigen Selektivität und Vieldeutigkeit des so gewählten primären Beobachtungsbereiches.

Eine weitere Gruppe von Ansätzen kann man als *„sozialräumlich“* gerichtet zusammenfassen. Hier ging es vor allem um sozialräumliche oder „sozial- und wirtschaftsräumliche" Gliederungen aufgrund von statistischen Sozialdaten über Einkommen, Beruf, Besitzgrößen, Familiengröße, Konfession usf. Die Lokalisierung und „Verräumlichung" von sozioökonomischen Daten, wie z. B. die amtliche Statistik sie liefert, führte zu ökonomischen und sozialen „Merkmalsgebieten".

Als Paradigmen kann man die Arbeiten von *Steinberg* (1964, 1967) und *Braun* (1968) nennen. Eine Parallele ist die Abgrenzung demographischer („bevölkerungsgeographischer") Merkmalsgruppen und Merkmalsgebiete (etwa nach generativem Verhalten und Sterblichkeit, Altersaufbau und Wanderungsverhalten).

Die Autoren scheinen zuweilen zu übersehen, daß diese „sozialmorphologischen Datengefüge" noch nicht von ferne so etwas wie „die Sozialstruktur" im soziologischen Sinne beschreiben. Gleiche sozialstatistische Daten können sehr verschiedene Bedeutung haben, sehr verschiedene soziale Strukturen und soziale Gruppen mit sehr verschiedenen Verhaltensweisen, Einstellungen, Normen und Vorstellungen „tragen". Die statistischen Indizes haben hierin *grundsätzlich* den landschaftlichen Indikatoren nicht viel voraus: trotz aller Korrespondenzen, die etwa zwischen den sozialen Normen einer Gesellschaft und ihrem „materiellen Substrat" bestehen mögen. Jedenfalls erlauben solche Inventarisierungen von Merkmalsgruppen und deren räumliche Konfigurationen für sich allein noch keine Aussagen über die sozialen Strukturen selbst; diese können so nur vorbereitungsweise erfaßt und müssen *auch* unmittelbar mit sozialwissenschaftlichen Mitteln der Verhaltens- und Einstellungsforschung angegangen werden (z. B. Fragebogen, Interview, Test).

Wenn dieser sozialräumliche Ansatz sich den sozialen Sachverhalten *unmittelbar* nähert (und nicht über landschaftsphysiognomische und sozialmorphologische Indizes), dann bekommt er „Sozialräume" im eigentlichen Sinne zu Gesicht: Soziale Kommunikationsnetze, Informationsfelder, gruppentypische Reaktions- und Interaktionsweiten (Einzugs- und Aktionsbereiche), also „Sozialräume aufgrund bestehender sozialer Kommunikation und Kohäsion". Hierher gehören auch „sozialpsychologische" Raumgliederungen und -bewertungen, die von den sozialen Gruppen selbst ausgehen und das Verhalten der Gruppenglieder mitsteuern.

Vor allem die jüngsten Arbeiten der „Münchener Sozialgeographie" (*K. Ruppert, K. Ganser, F. Schaffer, R. Geipel, J. Maier, D. Klingbeil, H. Monheim* u. a.) zeigen den Übergang zu einer *sozialgeographischen „Verhaltens- (und Motivations-) Forschung"*, und „das wird (...) zu einer weiteren Anreicherung der Sozialgeographie mit den Erhebungstechniken der empirischen Sozialforschung führen müssen. Ob sie dann noch den geographischen Bezug wahren kann, ohne ihn schon dadurch als gewahrt anzusehen, daß jedes Interview räumlich lokalisierbare Antworten bereithält, ist abzuwarten" (*E. Thomale* 1972, S. 236).

Die im letzten Satz angedeuteten (verbreiteten) Bedenken sind fragwürdig, insofern, als sie voraussetzen, es gebe so etwas wie *den* geographischen Bezug oder *die* Geographie — als ein Etwas, das zudem auch noch die künftige Praxis normieren müßte. Es sieht aber danach aus, daß die Geographie des Menschen sich an dieser (überfachlich gesehen einzig belangvollen) Wachstumsspitze in die Sozial- und Planungswissenschaften hinein auflösen wird. Es bedarf keiner Sehergabe, in diesem Vorgang das bevorstehende Ende der traditionellen, „kultur(landschafts)-geographischen" Geographie des Menschen zu erkennen.

*E. Thomale* weist selbst nachdrücklich darauf hin, daß die bisherigen „Gliederungen" und „Systeme" der Geographie im allgemeinen und die „Ortsbestimmungen" der Sozialgeographie im besonderen mehr von der Suche nach historischer Legitimation, von „disziplinärem Wunschdenken" und von „Legendenbildung" bestimmt waren „als von einer unvoreingenommenen Anerkennung der Realitäten" (*E. Thomale* 1972, S. 250 ff.). Der vom Autor propagierte „ernüchternde Blick auf deren heutige Forschungswirklichkeit" (S. 253) zeigt denn auch deutlich, daß all das, was an sogenannten sozialgeographischen Arbeiten nicht landschaftskundliche Traditition ist, nicht mehr von den übrigen Sozialwissenschaften getrennt werden kann (es sei denn durch willkürliche, unfruchtbare und für die Forschungspraxis bedeutungslose Kompetenzzuweisungen). Sobald ein Sozialwissenschaftler seine Fragestellung regionalisiert oder Merkmale der „räumlichen Ordnung“ und räumlichen Organisation der Gesellschaft einbezieht oder „bodenbezogene“ Formen des sozialen Verhaltens studiert (und all dies geschieht in steigendem Maße) — alsbald beansprucht er mit Selbstverständlichkeit das gleiche Forschungsgebiet, das auch die jüngste Sozialgeographie für sich reklamiert (vgl. etwa *R. Krysmanski* 1967, S. 7 f.).

„Die Wiedervereinigung beider noch getrennten Wissenschaften [i. e. Soziologie und „géographie humaine“] ist eigentlich nur eine Frage der Entwicklung“ (*M. Mauss* 1924/25, S. 112; zit. nach *E. Thomale* 1972, S. 137). Daß sich diese Entwicklung nun vollziehen wird, ist weiter nicht beklagenswert, im Gegenteil: Eine der Wissenschaften vom Menschen orientiert sich wiederum sinnvoll an derjenigen Gruppe von Wissenschaften, mit denen sie die theoretischen Grundstrukturen gemeinsam hat. Die deutsche Sozialgeographie können wir gerade in ihren zukunftsträchtigsten Teilen weithin betrachten als historisch-zufälligen Doppelgänger einer regionalen Soziologie (oder regionalisierten Sozialwissenschaft) — mit einigen traditionsbestimmten Eigenperspektiven. Dazu gehört (neben einer gewissen verblassenden Vorliebe für das Beobachtungsfeld „Landschaft“) die Tendenz, das Interesse auf das „materielle Substrat“ der Gesellschaft, die Tatbestände der „sozialen Morphologie“ (im Sinne von *Durkheim* oder *Mauss*), das „äußere soziale Milieu“ zu zentrieren (die Individuen und Merkmalsgruppen der Bevölkerung in ihrer räumlichen Verteilung bzw. nach physischer Trennung und Verbindung; Art und Verteilung der Verkehrswege, Wohnstätten, Arbeitsstätten, Siedlungen, Nutzflächengefüge — die „Kulturlandschaft“ also; Tatbestände wie Bodenbesitz, Akkernahrung, „Tragfähigkeit“ von Räumen, Erwerbsmöglichkeiten usf.). Zu diesen traditionsbestimmten Eigenperspektiven gehört auch eine Vorliebe für bestimmte „sozialökologische“ Betrachtungsweisen — „Sozialökologie“ hier im engeren Sinne als die Betrachtung des Verhältnisses der menschlichen Gruppen zu dem verfügbaren Raum. Hierzu gehört insgesamt der enge Bezug zur räumlichen, „distanziellen“ Dimension der gesellschaftlichen Tatbestände und die Tendenz, eher regionaldeskriptiv und Theorie-konsumierend als Theorie-produzierend zu sein.

Was die Variante „Raumplanung“ angeht, so sollte nicht übersehen werden, daß die „großen“ sozialen und wirtschaftlichen Ordnungsprobleme nicht auf diesem Felde gelöst werden können und die wesentlichen Entscheidungen nicht hier fallen. Die Raumplanung und Raumforschung ist vielmehr ein Bereich, dessen wirklich große Probleme zu einem guten Teil nicht durch Raumordnung, sondern durch bestimmte, sehr allgemeine *gesellschaftspolitische* Entscheidungen mitgeschaffen und mitgelöst werden.

## *15. Der kulturökologische Ansatz*

Das Thema dieses Ansatzes ist die Auseinandersetzung der menschlichen Gruppen mit ihrem physisch-biotischen Milieu, d. h. mit dem Ensemble der materiellen Gegebenheiten, in denen ihr Leben verläuft. Die Aufmerksamkeit ist einerseits gerichtet auf „die Erde als Wohn- und Erziehungshaus des Menschen“, andererseits auf die „genres de vie“ (die Lebensformen), die sich in diesem Wohnhaus, d. h. gegenüber einem je spezifisch physisch-biotischem Milieu, herausgebildet haben.

Der Ansatz ist natürlich keineswegs spezifisch geographisch; er ist z. B. in der Völkerkunde schon des 19. Jahrhunderts ein zentraler Gedanke gewesen. Zweifellos aber war das kulturökologische Thema das Zentralthema der klassischen (regionalistischen) französischen Geographie seit *Vidal de la Blache:* Regional gebundene, meist bäuerliche „genres de vie“ wurden interpretiert als Ergebnisse einer „aktiven“, „freien“, also possibilistisch gedeuteten Anpassung an Naturräume. *P. Claval* hat diesen traditionellen Zug der französischen „géographie humaine“ mehrfach prägnant herausgearbeitet.

Geographie war hier wesentlich zugleich *Geographie des Menschen* und *regionale Geographie;* „Geographie humaine“ war das Studium der regionalen Symbiosen und symbiotischen Gleichgewichte von menschlichen (meist bäuerlichen) Lebensformen und geographischen Umwelten. Sie war zwar ein Studium der menschlichen Gruppen — aber nicht der Gruppen als soziale Gebilde, sondern der Gruppen in ihren Beziehungen zu ihrem geographischen Milieu. Diese Beziehungen wurden durchaus als wechselseitig, als „Wechselbeziehungen“ aufgefaßt.

Die Menschheit wird hier also nicht nach ihrer *sozialen,* sondern nach ihrer *territorialen* Organisation betrachtet — wobei „territoriale Organisation" nicht oder nur nebenbei standorttheoretisch verstanden wird, sondern vor allem kulturökologisch: Gemeint ist ihre Gliederung nach „natürlichen regionalen Einheiten", und diese regionalen Einheiten sind die *naturräumlichen* Prägestöcke der „genres de vie", stellen die Wohn-, Arbeits- und Erziehungsräume der regional differenzierten Menschheit dar und verleihen den regional gebundenen Menschengruppen ihre eigentliche Individualität und Originalität. Lebensformgruppen wie Bauern, Jäger, Hirten, Bergleute, Nomaden, Städter ... werden mitsamt den zugehörigen Landschaften studiert als die „solutions locales du problème de l'existence".

Der Begriff der Lebensform stammt zwar aus der Völkerkunde, aus der ethnologischen Betrachtung primitiver Völker; von hier aus ist er dann aber in der regionalistischen Geographie auf die bäuerlichen Gruppen traditioneller Gesellschaftsstruktur, auch in Europa, übertragen worden. „Durch ihre Konzentrierung auf das Studium der Lebensformen eignet sie (die Konzeption der klassischen französischen Geographie) sich vorzüglich zur Anwendung bei den einfachen Bauernvölkern Asiens und der Mittelmeergebiete. Führt sie aber ebensoweit, wenn es darum geht, am Anfang des 20. Jahrhunderts denselben Rahmen für die europäischen Länder mit fortschrittlicher Agrarstruktur zu benutzen? In gewissen Umgebungen gewiß" (*P. Claval* 1970, S. 420 f.): Etwa an den Rändern der Ökumene, im Hochgebirge, an der Küste. Denn hier können oder konnten die „Lebensformen" teilweise noch bis ins 20. Jahrhundert als autochthon, als regional gebunden gelten, und es trägt zum Verständnis wenigstens der äußeren und materiellen Aspekte[70] dieser „Lebensformen" bei, wenn man sie als Reaktions- und Anpassungsformen an eine extreme und fordernde Umwelt auffaßt. Diese extremen Fälle bevölkern noch heute als spektakuläre und vermeintlich kindnahe Reliktgeographie in übertriebenem Maße die Erdkunde-Schulbücher, in denen überhaupt das kulturökologische Mensch-Erde-Thema in verzerrender Weise dominiert: Verzerrend im Hinblick auf die thematischen Möglichkeiten einer modernen Schulgeographie.

Aber schon zur Zeit von *Vidal de la Blache* waren, wie *P. Claval* meint, die „Lebensformen" der Beauce oder der Brie auch in oberflächlicher Weise so nicht oder nicht mehr begreifbar, ganz zu schweigen von den großen Agrarräumen der Erde und ihren Veränderungen. Die Lebensformen differenzierten sich im Rahmen einer Region sozialgruppenmäßig so stark und glichen sich andererseits interregional so stark an, daß das Autochthonie-Konzept kaum mehr als ein mehr oder weniger fruchtbarer Interpretationsrahmen akzeptiert werden konnte. Ohne dieses Konzept der Landschafts-, Raum- oder „Bodenverbundenheit" verliert der kulturökologische Ansatz aber seinen (regional)geographischen Wert und Reiz.

Das Manko des kulturökologischen, „lebensräumlichen" Betrachtungsansatzes in der regionalen Geographie des Menschen liegt aber nicht nur darin, daß ihm die Studien- und Demonstrationsobjekte schwinden und daß er heute eher in der Retrospektive und bei sozial- und wirtschafts*geschichtlicher* Betrachtung fruchtbar zu sein scheint. Entscheidender sind andere Punkte.

*Erstens* suggerierte der Ansatz, die Geographie des Menschen könne auf die Betrachtung der Gruppen selbst, auf jede direkte Betrachtung ihrer Sozialstruktur, ihrer Handlungsnormen und nichtmateriellen, nichtlandschaftlichen Kulturelemente verzichten; es genüge, die Relation Gruppe — Milieu ins Auge zu fassen und das zu studieren, wessen man in solcher Perspektive gewahr wird. Infolgedessen kamen diesem Ansatz vielfach nur sehr partielle Aspekte der menschlichen Gruppen zu Gesicht: Zahlreiche soziale Sachverhalte und Kulturelemente — und meist auch diejenigen, die die manifesten „Anpassungsleistungen" an das Milieu erst verständlich gemacht hätten! — gerieten durch eine Art „geomaterialistische" Verzerrung der Perspektive höchstens noch zufällig in das Gesichtsfeld des Anthropogeographen. Zweifellos empfanden viele kulturökologisch arbeitende regionale Geographen, Länder- und Landschaftskundler, daß sie die „Lebensformen" bzw. „den die Kulturlandschaft gestaltenden Menschen" nur sehr mangelhaft verstanden, wenn sie diese nur oder vorwiegend auf der Folie von Landschaft, physisch-biotischer Umwelt, Naturraum und naturräumlicher Gliederung betrachteten — und nicht auf den sozialen und kulturellen *Hintergrund* von „Lebensform" und „Kulturlandschaftsgestaltung" zurückkamen. Sofern sie aber darauf zurückkamen, blieb der Interpretationsrahmen meist begrenzt auf relativ triviale und abstrakte wirtschaftliche Erläuterungen und vage „landschaftsgestaltende Kräfte". Der Mensch, d. h. die Individuen und Gruppen selbst, wurden nicht oder kaum thematisiert.

Ein *zweiter* Punkt kommt hinzu. Weil der soziale Hintergrund, weil die Normen, Einstellungen, Motive, Umweltwahrnehmungen und -wertungen, von denen auch die landschaftsgestaltenden Arbeitsprozesse gesteuert werden, im Dunkel oder im Nebel blieben, tendierte der geographische Kulturökologe beim Studium der Mensch-Natur-Auseinandersetzung aber trotz aller Abschwörungen vom Determinismus und trotz allen possibilistischen Lippenbekenntnissen zur Freiheit des Menschen aber zu einem vagen Determinismus, welcher freilich vom wissenschaftlichen Wachbewußtsein immer wieder eilig verdrängt werden mußte. Man beschwor zwar im Vorwort und an allen programmatischen Stellen eines Werkes die „freie", „schöpferische", nicht naturdeterminierte Anpassung des Menschen an die Natur und benutzte gar das Wort „Determinist" nur als Schimpfwort, geriet aber im Detail immer wieder in quasideterministische Überlegungen und Denkfiguren hinein: eine Analyse der regionalgeographischen und landschaftskundlichen Literatur, vor allem aber auch der Schulbücher würde hier wohl verblüffende Belege bringen — bis in die jüngste Forschung und Schulbuchliteratur hinein. *P. Claval* hat von einer „douce nostalgie du déterminisme" (einem milden Heimweh nach dem Determinismus) gesprochen, welches diese kulturökologisch gerichtete regionale Geographie durchzogen habe. Es ist ja auch in der Tat schwer, vom eigenen Ansatz her immer zwei Erscheinungsreihen gegeneinander halten zu müssen, von denen man überzeugt ist, daß ein wirklicher, erklärender Zusammenhang zwischen ihnen nicht hergestellt werden kann: In dieser Lage befand sich aber stets der possibilistisch gestimmte Geograph.

Sein Geo-Possibilismus beruhte, bei Licht besehen, nur auf der ebenso richtigen wie trivialen Feststellung, daß menschliche Individuen und Gruppen nicht auf verläßliche und historisch durchhaltende Weise auf Naturgegebenheiten reagieren — und daß das menschliche Verhalten und Handeln auch da, wo es in natürliche Zusammenhänge, in den Naturhaushalt, in das Landschaftsbild usf. eingreift, nicht oder wenigstens nicht allein mit Hilfe der Naturgegebenheiten erklärt und prognostiziert werden kann, so wie diese vom Naturwissenschaftler (etwa von einem physischen Geographen) beschrieben werden. Aber er hatte seinen Possibilismus zu einer Metaphysik der Willensfreiheit stilisiert, und dieser ideologische Überbau hinderte ihn daran, die Bestimmungsgründe für die Handlungen, Arbeitsgewohnheiten und Lebensformen, die ihn interessierten, dort zu suchen, wo er sie eher hätte finden können: im sozioökonomischen Kontext.

Der weltanschaulich überhöhte Possibilismus zusammen mit der „douce nostalgie du déterminisme" trug sicher einiges dazu bei, daß ein großer Teil der regionalgeographischen Literatur eine gelegentlich an schöne Literatur gemahnende Undeutlichkeit bis Widersprüchlichkeit im Allgemeinen wie im Detail aufweist, vor allem aber in der Behandlung von Mensch-Natur-Zusammenhängen und bei entsprechenden Erklärungsversuchen — eine Undeutlichkeit, die man schon bei dem Vater der klassischen französischen Geographie vielfach vermerkt hat: „Le lecteur a l'impression de tourner autor des problèmes sans vraiment les voir nettement posés, sans que les contradictions soient toujours levées. Camille Vallaux l'a bien senti: „Il y avait parfois quelque chose d'embrumé et d'incertain", „Vidal n'a jamais voulu définir sa pensée en lui donnant des contours trop nets: de là, comme eût dit Fromentin, cette espèce de brume toujours prête à se répandre en pluie sur ses idées" (*A. Meynier* 1969, S. 29).

Der *dritte* und entscheidende Schwächepunkt des kulturökologischen Ansatzes besteht darin, daß er, methodologisch gesehen, nicht einheitlich ist. Kulturökologische Probleme lösen sich vielmehr bei jeder anspruchsvolleren Analyse in mehrere andere Ansätze auf, die ihrerseits eher als theoretisch einheitlich betrachtet werden können. In jeder kulturökologischen Fragestellung erkennt man mindestens (1.) einen naturwissenschaftlich-ökologischen Problemteil und (2.) ein Problem der Umweltwahrnehmung sowie der empirischen Verhaltens- und Entscheidungstheorie andererseits. Dies wird im folgenden Kapitel erörtert werden.

Im Vorangehenden wurde vor allem die regionale „géographie humaine“ als Beispiel für eine stark kulturökologisch gerichtete Arbeitsweise genannt. Aber auch die deutsche Landschaftsgeographie hat sich vielfach diesen kulturökologischen Perspektiven genähert. Die Kulturlandschaft konnte ja nicht nur als Ergebnis einer Veränderung der realen Naturlandschaft (etwa der Urlandschaft), sondern auch als Ergebnis einer *steten* Auseinandersetzung mit der *potentiellen* Naturlandschaft gedeutet werden — oder einfach als eine stete Neuanpassung des landschaftlichen „Kulturplans“ an den vorgegebenen „Naturplan“, nämlich an das räumlich gegliederte und geordnete physisch-biotische Milieu.

Man kann sogar sagen: Die gesamte „regionalistische“ und (kultur)landschaftskundliche Geographie zwischen der „possibilistischen“ und der „quantitativen Revolution“, also etwa zwischen 1900 und 1950/70[71], hatte neben einer idiographischen und historisch-genetischen Komponente auch einen starken kulturökologischen Einschlag.

Der kulturökologische Ansatz ist aber im deutschen Sprachbereich erst sehr spät programmatisch gefaßt worden: und zwar eigentümlicherweise in sehr genauer (unbewußter) Parallele zu *Vidal de la Blache* und als Programm einer *künftigen* Sozialgeographie (*Bobek* 1948). Ein spezifischer (wenngleich keineswegs „moderner“) Zusatz war bei Bobek lediglich die explizite Forderung „landschaftsprägender Wirkung“ solcher Lebensformgruppen. Den eigentümlichen Archaismus dieser „Selbstbestimmung der Sozialgeographie“ hat *E. Thomale* 1972 (S. 45 f.; vgl. auch S. 211 ff.) gebührend betont.

## *16. Der Ansatz „Umweltwahrnehmung“*

Bei diesem Ansatz „Umweltwahrnehmung“ („environmental perception“ bzw. „perceived environment“) geht es um individuelle und kollektive Entscheidungen, individuelles und kollektives Handeln, *sofern* sie beeinflußt werden durch die Art und Weise, wie die Entscheidungs- und Handlungsträger die physische Umwelt und Umweltereignisse kennen, wahrnehmen, deuten, bewerten.

Maßstäblich reicht dieser Ansatz vom „personal space“[72], von Wohnraum („room geography“) und Architektur über das Bild der Stadt (*Lynch* 1965) bis zum Bilde, das die Nationen, Kontinente, Rassen von sich selbst und voneinander haben[73]. Die geographischen Beiträge betreffen bisher vielfach einen mittleren, „regionalen“ Maßstab und beziehen sich meist auf mehr „natürliche“ Umgebungen und auf Naturereignisse (wie extreme Klimate und Witterungserscheinungen — Trockenperioden, Hochwasser, Sturm — auf Bodenerosion und Ressourcen wie Wasservorräte, Bodenfruchtbarkeit, Bodenschätze usf.)[74].

Disziplinär reicht der Ansatz von Wahrnehmungs- und Sozialpsychologie über Architektur und Geographie bis zur Kulturanthropologie. „Much of the work represents a fusion of ideas from many fields“, und wohl noch mehr als der standorttheoretische Ansatz ist dieser Ansatz geeignet, „to maintain and encourage a free flow of methods, concepts and measuring techniques“ (*Th. F. Saarinen* 1969, S. 3 f.).

Die Besonderheit dieses Ansatzes gegenüber dem deterministischen und possibilistischen liegt in Folgendem: Beim Studium der Beziehungen Mensch-Erde, Mensch-Landschaft, Mensch-Landesnatur, bei der Beschreibung und Erklärung des menschlichen Verhaltens gegenüber physisch-geographischen Gegebenheiten, ja beim Studium menschlichen Verhaltens insgesamt hat man zunächst selbstverständlich versucht, diese „realen Gegebenheiten“ selbst als Bezugsgrößen zu benutzen und z. B. als Stimuli des Verhaltens zu interpretieren. Es wurde rasch klar, daß die Zusammenhänge zwischen sozialem Verhalten und physisch-geographischen Bedingungen — also z. B. den „konkreten landschaftlichen Gegenständen“ — ziemlich kontingent sind und sich nicht auf Regeln bringen lassen. Man einigte sich darauf, daß die Geographie also zumindest in diesem Punkte eine „idiographische Wissenschaft“ sei und keine Gesetzmäßigkeiten suchen dürfe: was wegen der Freiheit des Willens, der oft schöpferischen Spontaneität menschlicher Reaktionen und der Unberechenbarkeit der menschlichen Geschichte nur zu verständlich sei.

Diese Resignation gegenüber dem Allgemeinen und Regelhaften in der Kulturgeographie beruhte auf einem allzu simplen Reiz-Reaktions-Modell: Nämlich darauf, daß die Objekte der physischen Geographie unvermittelt als Stimuli des Verhaltens galten. Der Mensch reagiert aber natürlich nicht oder zumindest nicht direkt auf die Wirklichkeit der physischen Geographie, auf Flußterrassen, Permafrostböden, Klimadaten, Pflanzengesellschaften, naturräumliche Einheiten. Er reagiert nicht auf die Wirklichkeit, wie sie ist, sondern auf die Wirklichkeit, wie sie ihm zu sein *scheint*, wie der *glaubt*, daß sie sei, und wie er sie *bewertet*. Die Beziehung Klima-Landform, Klima-Boden ist kein fruchtbares Paradigma für das Verhältnis Mensch-Erde. Der Boden „erklärt" die Lage der Siedlung nicht in gleicher Weise wie er den Charakter der Pflanzengesellschaft „erklärt". In Computer-Metaphorik gesprochen: Der Output des kybernetischen Systems Mensch ist nicht allein durch die Inputs bestimmt, sondern in hohem Maße von den schon vorher gespeicherten Informationen, zu denen neben vergangenen Einzelerfahrungen ganze Programme gehören. Er reagiert nicht auf ein reales Milieu, sondern auf ein „inneres Modell" dieses realen Milieus, auf ein Psycho-Milieu, auf ein spezifisch vorinterpretiertes Milieu.

Es ist nun auch klar, warum der geographische Determinismus irreführend ist: Nicht etwa, weil er den freien Willen, die Geschichtlichkeit und Individualität zu wenig berücksichtigt hätte. Er hatte vielmehr die Variablen unglücklich gewählt (und eben dies hat der Determinismus mit dem Possibilismus gemeinsam). Determinismus *und* Possibilismus waren auf die Dauer unfruchtbare Paradigmen, zu grobe und schließlich irreführende Orientierungstheorien. Sie versuchten (um die angelsächsischen Termini zu benutzen) „human activity" und „real environment" zu verbinden; es gilt aber, „human activity" mit dem „*perceived* environment" zu verbinden.

Im Rahmen des Ansatzes „Umweltwahrnehmung" sollen also (1.) „perceived environments", wahrgenommene und handlungswirksame Umwelten und Umweltmerkmale, gruppenspezifische „Umweltansichten" beschrieben werden; (2.) sollen diese „perceived environments" erklärt werden durch die Informationsquellen, aber auch durch die Informationsbarrieren und Kommunikationsverzerrungen, die das Individuum in der betreffenden sozialen und ökonomischen Situation antraf[75]. Zumindest für alle Fragen der Praxis, d. h. der Planung und Technologie — aber wenigstens in Umrissen auch dann, wenn es um eine „reine Forschung" geht — muß (3.) eine Beschreibung des „real environment" hinzukommen und schließlich (4.) ein Vergleich von „real" und „perceived environment" nach Gesichtspunkten wie Übereinstimmung und Nichtübereinstimmung, Abbildungstreue und Abbildungsgenauigkeit, Isomorphie und Verzerrung. Es liegt auf der Hand, daß Punkt 3 nicht eigentlich zum Ansatz „Umweltwahrnehmung" gehört, sondern zur *physischen* Geographie; ebenso klar aber ist, daß der Einbezug dieses Punktes die Arbeit erleichtert. Hier scheint in der Tat eine der wenigen Stellen der geographischen „Forschungsfront" zu sein, an der sich die beiden Geographien wenigstens noch *am Problem* begegnen.

Gerade dieser Ansatz sieht sich vielfach mit der Frage konfrontiert, was denn das alles mit Geographie zu tun habe. Diese Frage übersieht *erstens*, was das *Thema* angeht, daß die Mensch-Erde-Beziehung, das kulturökologische Thema („die Erde als das Wohnhaus des Menschen", „the man-milieu relationship") einer der konstantesten Themenkomplexe der geographischen Tradition ist (vgl. zuletzt *Glacken* 1967) und daß eben dieses Thema nur weitergeführt werden kann, wenn der Ansatz „Umweltwahrnehmung" eingeschlossen wird.

*Zweitens* ist auch das Erscheinen von bisher ungewohnten und außerhalb der Geographie entstandenen *Methoden* (Einstellungsmessung, systematische Inhaltsanalyse, projektive Tests, Spiel- und Entscheidungstheorie) kein Grund, eine Fragestellung auszuschließen: All diese Methoden und Arbeitstechniken gehören zu einem Methodenkanon, der in den Wissenschaften vom Menschen interdisziplinär verbreitet ist. Wollte man diese Fragestellung „Umweltwahrnehmung" wegen der subjektiv als „fremdartig" empfundenen Methoden als „nicht mehr geographisch" bezeichnen, so würde man die wohl traditionsreichste Fragestellung der Geographie in eben dem Moment aus der Geographie verbannen, in dem sie adäquater als je zuvor bearbeitet werden kann.

*Drittens* spielen die Probleme der Wahrnehmung in vielen Problemen der Geographie des Menschen eine entscheidende Rolle; der standorttheoretische Ansatz, überhaupt die moderne Wirtschafts- und Sozialgeographie ist ohne Thematisierung der Perzeptionsprobleme kaum lebensfähig[76].

*Schließlich* aber geht es einfach darum, die Geographie auch an dieser Stelle wieder an eine Forschungsfront heranzubringen. Wo aber ist eine Forschungsfront? In Anlehnung an *E. A. Ackermann* (1963) kann man folgende (wohl nicht ganz gleichgewichtigen) Kriterien nennen: *Erstens* ist es charakteristisch für eine Forschungsfront, daß man um Quantifizierung und Mathematisierung der empirischen Probleme und Problemlösungen bemüht ist (ein relativ äußerliches, aber relativ verläßliches Kriterium); *zweitens* liegt eine Front der geographischen Forschung durchweg da, wo die innergeographische Forschung ihre Probleme, Theorien und Methoden im Lichte der Forschungsfronten der übrigen Wissenschaften vom Menschen und (für die physische Geographie!) der übrigen Erdwissenschaften (Meteorologie, Hydrologie, Pedologie, dynamische Geologie usf.) wählt sowie intensive Kontakte zu diesem Frontnachbarn unterhält; wo infolgedessen so etwas wie ein überdisziplinäres Gefühl verbreitet ist, an der gleichen Forschungsfront zu stehen. *Drittens* nähert man sich im allgemeinen einer Forschungsfront in eben dem Maße, in dem auch das Ausmaß der metatheoretischen (wissenschaftstheoretischen) Reflexion und der Kontakt mit der allgemeinen wissenschaftstheoretischen Diskussion wächst; *viertens* dürfte man sich immer da an einer Front befinden, wo die spezifischen Teilsysteme, die der Geograph bearbeitet, als Teile eines umfassenderen Mensch-Umwelt-Systems betrachtet und behandelt werden (Umwelt als soziale und/oder physische Umwelt).

## *17. Einige Explikationen zum Begriffsapparat*

Die vorangegangenen überschlägigen Bemerkungen zum Ansatz „Umweltwahrnehmung" sollen nun noch etwas präzisiert werden. Die Arbeit von *H. Sprout* und *M. Sprout* (1971) liefert hierzu zahlreiche Beiträge.

Vorab bedürfen die Begriffe „Wahrnehmung" und „Umwelt" einer Erläuterung. „Wahrnehmung" soll vor allem in einem sehr weiten Sinne verstanden werden: als ein Prozeß, in welchem die Stimulationen der Sinnesorgane durch die Außenweltreize verarbeitet, organisiert und interpretiert werden zu selektiven, bedeutungsvollen und kohärenten Bildern der Umwelt.

Um die Spannweite des Wahrnehmungsbegriffs zu erläutern, sei auf Abb. 2 verwiesen; die Skizze gibt ein sehr schematisches,

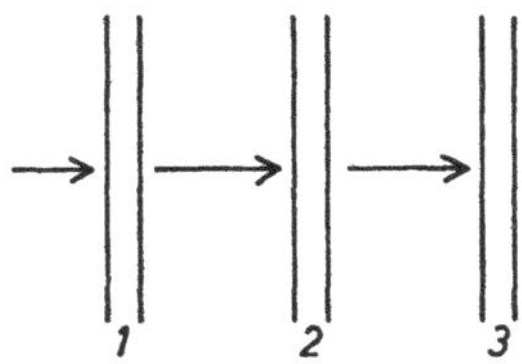


Abb. 2. Modell des Wahrnehmungsprozesses; vgl. Text

aber wohl klärendes Modell des Wahrnehmungsprozesses (im weiten Sinne). Links des *ersten* Filters müssen wir uns die Außenwelt und die Außenweltreize denken; sie werden im 1. Filter in „Perzepte", vorsprachliche Auffassungsgestalten ganzheitlicher Art verwandelt, wie sie etwa von der Wahrnehmungspsychologie studiert werden[77].

Der *zweite* Filter symbolisiert die alltags- oder primärsprachliche „Bearbeitung" und Umformung dieser manifesten „Oberflächenstrukturen" der wahrgenommenen Außenwelt zu „Konzepten" (Sprachkonzepten); was diesen Filter passiert hat, ist die „Alltagswelt", d. h. die Wirklichkeit im Griff der Alltagssprache. Der *dritte* Filter symbolisiert die theoretisch-wissenschaftliche Verarbeitung dieser alltagssprachlichen Welt und ihrer manifesten Strukturen: die Physis der primären Weltauffassung wird umgearbeitet auf die „latenten", „eigentlichen"

Strukturen, auf ihre „Tiefenstrukturen“ hin. Diese Interpretationsebene nennen wir die der theoretischen „Konstrukte“. Insgesamt verdeutlicht das Schema, daß der Wahrnehmende aktiv, selektiv und konstruktiv am Wahrnehmungsvorgang beteiligt ist.

Was man „Wahrnehmung“ nennt, meint zuweilen nur 1, zuweilen 1 und 2, zuweilen 1, 2 und 3 des Schemas. Im Ausdruck „Umweltwahrnehmung“, wie er hier gebraucht wird, ist gemeinhin die zweitgenannte Bedeutung gemeint (also 1 *und* 2 des Schemas).

Natürlich sind die drei Interpretationsebenen (die Ebene der Perzepte, die der primärsprachlichen Konzepte und die der theoretischen Konstrukte) nicht scharf getrennt, bedeuten keine unabdingbare Abfolge und sind vielfach rückgekoppelt (Abb. 3). Daß etwa unsere Sprachen und Theorien unsere Beobach-

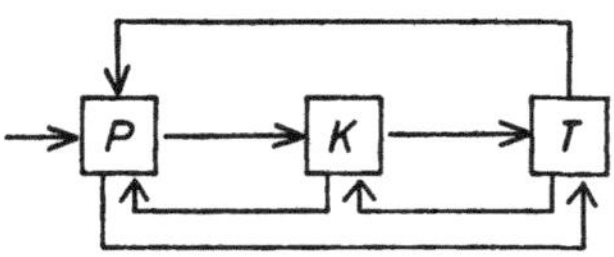


Abb. 3. Rückkopplung von Perzepten P, Sprachbegriffen K (Konzepten) und theoretischen Konstrukten T im Wahrnehmungsprozeß
Texte zu den Abbildungen

tungen (Perzepte) zu beeinflussen vermögen, ist hinreichend bekannt[78]; ebenso bekannt sind die Wirkungen der (wissenschaftlichen) Theorie auf die alltagssprachliche Weltauffassung und (umgekehrt) die Wirkung der Alltagssprache auf die theoretischen Konstrukte der Wissenschaftler. Für den letzten Punkt ist das Landschaftskonzept der deutschen Geographie ein eindrucksvolles Beispiel gewesen (vgl. *Hard* 1970).

Von Wahrnehmungs- und Sozialpsychologie wird uns etwa folgende Vorstellung als heuristisches Werkzeug bei einer Möglichkeitsanalyse oder Hypothesenbildung nahegelegt:

$$W = f(S, K, E, M, T)$$

Dabei bedeutet W Wahrnehmung, S die Außenweltstimuli, K Kapazität und augenblicklichen Zustand der Sinnesorgane,

E die zurückliegende Erfahrung (das Gelernte, das Gedächtnis), M die Motive, Interessen, Bedürfnisse, Einstellungen, Normen des wahrnehmenden Individuums, T die mitgebrachten Ideen und Theorien[79].

„Umwelt" meint je nach Disziplin und Forschungsansatz sehr Verschiedenes: Das Wort meint (1.) alle „inneren" und „äußeren" Faktoren, die auf einen Organismus oder ein Aggregat von Organismen einwirken; dieses *„totale Milieu"* umfaßt also alle empirischen Phänomene, auf die ein Organismus reagieren kann, zu denen er sich verhalten kann oder die sonst in irgendeinem Zusammenhang mit ihm stehen — ausgenommen die angeborenen (ererbten) Strukturen. Dieser Umweltbegriff kommt in der Psychologie vor. „Umwelt" meint zuweilen (2.) alle „äußeren" Faktoren dieser Art, die physisch-biotischen wie die sozialen: dieser Umweltbegriff ist der der Sozialökologie *(„äußeres Milieu")*[80].

Ein weiterer (3.) Umweltbegriff bezieht sich nur auf die materiellen und räumlichen (physisch-biotischen) Aspekte der Umwelt (*ohne* das Netz sozialer Beziehungen) — so werden „Milieu" und „Umwelt" in der biologischen Ökologie und gelegentlich in den Sozialwissenschaften gebraucht (*„physisches Milieu"*). Daneben kommt in Sozialpsychologie und Soziologie auch (4.) eine Begrenzung des Umweltbegriffes auf eben diese sozialen Beziehungen vor *(„soziales Milieu")*. Schließlich wird „Umwelt" (5.) gelegentlich auch nur auf die *natürliche* Umwelt bezogen — wobei „natürlich" Verschiedenes meinen kann, z. B. all das, was nicht ausschließlich vom Menschen geschaffen worden ist (*„natürliches Milieu"*). Dieser Umweltbegriff ist in der kulturökologischen Geographie nicht selten. (Vgl. *Sprout* und *Sprout* 1971.)

Der Terminus „Umwelt" ist, wie aus den Erläuterungen hervorgeht, nur dann sinnvoll, wenn eine „umgebene Einheit" definiert wird. Es kann sich dabei um einen Organismus oder ein Aggregat von Organismen (so in der biologischen Ökologie) oder um eine Entscheidungseinheit, einen Entscheidungsträger handeln (so in der Kultur- bzw. Sozialökologie). Es gibt keine „Umwelt an sich", sowenig wie es einen „Standort an sich" gibt (also einen Standort, der nicht in bezug auf einen Organismus oder bestimmte Organismen definiert ist). *Was* man als „umgebene Einheit" bzw. Entscheidungs- und Handlungsträger betrachten will, ist eine Sache der Zweckmäßigkeit und theoretischen Fruchtbarkeit; die Berechtigung, ein Phänomen so zu betrachten, muß aber nachgewiesen werden.

An dieser Stelle müssen nun auch zwei fundamentale Unterscheidungen anderer Art eingeführt werden: Erstens zwischen zwei Klassen von Umweltfaktoren und zweitens zwischen zwei Arten von Milieus.

Was die Umweltfaktoren angeht, so ist es unerläßlich, zwischen solchen zu unterscheiden, die wahrgenommen und eingeplant werden, auf die man also *bewußt* reagiert, und solchen, bei denen dies nicht der Fall ist, die aber nichtsdestoweniger sehr wirkungsvoll das Ergebnis, den Ausgang unserer Aktivitäten beeinflussen können. Nur von den erstgenannten Faktoren aber kann man sagen, daß sie unser Handeln bedingen und unsere Entscheidungen beeinflussen[81].

Um den Unterschied zu verdeutlichen, sei ein (verändertes) Beispiel von *Sprout* und *Sprout* (1971) angeführt: Ein Mann entschließt sich, über eine dunkle Straße zu gehen, weil er telefonieren will und auf der anderen Straßenseite einen öffentlichen Fernsprecher zu sehen *glaubt*; mitten auf der Straße stürzt er in ein ihm unsichtbares tiefes Loch. Will man die Bedingungen seines Handelns finden und seine Entscheidung, über die Straße zu gehen, erklären, muß man das *„perceived environment"* des Mannes kennen (z. B., daß er — fälschlicherweise — glaubt, auf der anderen Straßenseite befinde sich ein Telefonhäuschen). Das Telefonhäuschen ist ein Umweltfaktor *erster* Art: Ob es nun real existiert oder nur eine Fehlinterpretation war; denn das fälschlicherweise angenommene Telefonhäuschen hatte reale Konsequenzen für die Entscheidung — nämlich dieselben Konsequenzen, die ein wirkliches Telefonhäuschen gehabt hätte, sofern dieses wahrgenommen worden wäre. Darauf allein kommt es an. Das sehr reale Loch in der Straße hingegen spielt bei dieser Analyse des *Handelns* und der *Entscheidung* keine Rolle: Es war für das Individuum unsichtbar, gehörte nicht zu seiner wahrgenommenen Umwelt. Um aber das *Ergebnis* seines Handelns zu verstehen, müssen wir natürlich diesen Umweltfaktor zweiter Art sehr wohl einbeziehen.

In diesem Ansatz zählt in gewissem Sinne eine Vorstellung wie eine Tatsache: die reale Welt braucht (genau genommen) gar nicht beachtet zu werden. Um zu verstehen, wie sich eine bäuerliche Gruppe gegenüber ihrem physisch-biotischen Milieu (z. B. den verschiedenen Böden einer Gemarkung) verhält, braucht man über dieses Milieu und die Böden selbst gar nichts zu wissen: es genügt, die handlungswirksamen Meinungen und Einstellungen der Bauern zu kennen.

Die beiden Typen von „Umwelt" oder „Milieu", die in unserem Zusammenhang vor allem wichtig sind, sollen nun wie folgt charakterisiert werden:

*1.* das Milieu, wie es wirklich ist bzw. wie es einem potentiell allwissenden Beobachter bekannt sein würde (das *Realmilieu,* real environment);

*2.* das Milieu, wie es von einem bestimmten Individuum wahrgenommen wird (das Psychomilieu; perceived environment).

Beides sind Konstrukte, Grenzbegriffe, die wir annähernd konstruieren können — das erste mit naturwissenschaftlichen Mitteln (es ist dann identisch mit der Umwelt, wie sie von bestimmten Naturwissenschaften beschrieben wird), das zweite vor allem mit psychologisch-sozialpsychologischen Mitteln.

Beim Psychomilieu handelt es sich um das schon angeführte „innere Modell der Außenwelt", die Summe der „mental maps", das „symbolische Universum"[82].

Es liegt auf der Hand, daß der Begriff „Psychomilieu" bedenkenlos nur auf Individuen und Gruppen angewendet werden kann (und auf Gruppen nur dann, wenn wir für die Individuen dieser Gruppen eine hinreichende „Gruppenähnlichkeit" in der Umweltwahrnehmung annehmen dürfen). Bei abstrakten Einheiten wie Institutionen, Organisationen, Staaten, Gesellschafts- und Wirtschaftssystemen wird dieses Konzept fragwürdig — wie überhaupt fast alle (sozial)ökologischen Begriffe (etwa „Umwelt", „Entscheidungseinheit", „Entscheidung", „Handlung", „Interaktion"). Die Anwendbarkeit und Angemessenheit dieser Begriffe muß hier in jedem Fall besonders nachgewiesen werden.

Realmilieu und Psychomilieu kann man (mit gebräuchlicher Metapher) auch als „real territory" und „mental map" einander gegenüberstellen; für die Beziehungen zwischen „territory" und „map" ruft man sich vorteilhafterweise die Formulierungen *Korzybskis* in Erinnerung (die bei ihm übrigens das Verhältnis von *Sprache* und Wirklichkeit beschreiben sollten):

1. The map is not the territory;
2. the map does not represent all the territory;
3. the map is self-reflexive (there exists a map of the map, and so on).

Der dritte Punkt ist nicht weniger beherzigenswert als die beiden ersten: Unser Bild der Umwelt und Welt ist viel mehr von Bildern als durch direkte Erfahrungen bestimmt: Mehr durch Karten als durch das Gelände selbst. Nicht nur unser Bild der USA, auch das unserer nächsten Umgebung ist ein Bild aus Bildern; wenn wir eine mental map irgendeines Teils der Wirklichkeit entwerfen, leben wir in diesem Sinne fast alle fast immer von zweiter und dritter Hand in den Mund.

Aus den bisherigen Erörterungen folgt, daß es, forschungslogisch gesehen, zwei sehr verschiedene ökologische Themen gibt (wenngleich sie sich natürlich sehr häufig am Problem begegnen): Man kann *einerseits* fragen, wie ein Individuum (usf.) in bezug auf ein bestimmtes Milieu zu einer bestimmten Entscheidung und Handlung kam *(ökologisches Thema I)*, und man kann *andererseits* fragen, was ein Individuum in bezug auf ein bestimmtes Milieu erreicht hat und hätte erreichen können, was effektiv dabei herauskam bzw. hätte herauskommen können *(ökologisches Thema II)*. „Milieu" hat im ersten und zweiten Fall offensichtlich eine ganz andere Bedeutung: Im ersten Fall handelt es sich um das Psychomilieu, im zweiten Fall um das Realmilieu.

Im ersten ökologischen Thema interessiert, wie eine Entscheidung bzw. Handlung zustandekam, also die Beziehung zwischen Entscheidung und (Psycho-)Milieu; im zweiten ökologischen Thema interessieren die Resultate, der Ausgang, das Endergebnis des Unternehmens bzw. der Handlungskette, die durch die Entscheidung angestoßen wurde — wobei das Handeln und die Entscheidung als bereits geschehen betrachtet bzw. als bereits gegeben vorausgesetzt werden. Die kulturlandschaftliche Geographie hatte sich im wesentlichen auf das zweitgenannte Thema begrenzt[83].

Nur das erstgenannte ökologische Thema hat etwas mit dem Ansatz „Umweltwahrnehmung" zu tun; das zweitgenannte ökologische Thema ist, wenn es sich um ein physisch-biotisches Realmilieu handelt, im wesentlichen ein *natur*wissenschaftliches Thema und fiele in der physischen Geographie in wesentlichen Stücken mit der Landschaftsökologie zusammen. Der traditionelle kulturökologische Ansatz schließlich umfaßte *beide* Themen.

Die Schwierigkeiten des Ansatzes „Umweltwahrnehmung" liegen auf der Hand und sollten (bei allem intellektuellen Reiz, den dieser Ansatz besitzt) nicht unterschätzt werden. (Vgl. dazu vor allem *Downs* 1970.)

Erstens ist das Verhältnis von „Einstellung", „Bewertung" „mental map" usf. einerseits, wirklichem Verhalten andererseits indirekt und komplex; Schlüsse vom einen aufs andere sind oft sehr schwierig (ein Problem, das natürlich alle Verhaltenswissenschaften vom Menschen betrifft). Die mental maps, Einstellungen usf. werden aus verbalem oder anderem symbolischem Verhalten erschlossen, welches häufig keine Übereinstimmung mit realem Verhalten in Ernstsituationen zeigt — eine Inkonsistenz, die unter anderem daraus resultiert, daß die Versuchspersonen die Test- und Meßsituationen (etwa im Interview) in bestimmter Weise und anders definieren als die „Ernstsituation".

Zweitens wird dem Geographen hier unter anderem eine Rezeption von psychometrischen Techniken abverlangt, die ganz außerhalb der Fachtradition liegen. Ohne eine solche Rezeption bliebe der ganze Ansatz ein letztlich steriles Aperçu. Auf diesem „subjektiven" Gegenstandsfeld ist aber das traditionelle innergeographische Mißtrauen gegen Quantifizierungen wohl noch ausgeprägter als gegenüber „realen Gegenständen". Es ist keineswegs sicher, ob folgende einfache Überlegung rasch genug geographisches Allgemeingut werden könnte: daß nämlich die Meßbarkeit eines Phänomens nicht so sehr von diesem Gegenstand selbst abhängt, sondern viel mehr von der Art, wie wir ihn begrifflich fassen — und von unserem Einfallsreichtum, unserer „Meßmethoden-findenden Phantasie". Je einfallsloser der Forscher in dieser Hinsicht ist, um so mehr wird er (ceteris paribus, d. h. bei vergleichbarer Thematik) im Qualitativen hängen bleiben. Die (grundsätzliche) Feststellung, etwas sei „nur qualitativ faßbar", ist im allgemeinen nicht mehr als die ontologische Aufblähung einer Unfähigkeit, welche teils dem Individuum, teils der Disziplin, teils dem disziplinhistorischen Augenblick zugeschrieben werden muß. Wer einen Begriff für „qualitativ" hält, ist oft nur nicht in der Lage, ihn angemessen zu explizieren und z. B. zu erkennen, daß er mehrere Dimensionen besitzt und deshalb eine *multi*dimensionale Messung erfordert.

## *18. Exkurs zu den Doktrinen der Mensch-Umwelt-Beziehung*

Die Termini „Determinismus" und „Possibilismus" wurden des öfteren benutzt; zu ihrer Verdeutlichung folgen einige Nachträge.

Für den „geographischen", „Umwelt-" oder „Geodeterminismus" (der in der geographischen Literatur meist kurz „Determinismus" genannt wird) ist das menschliche Verhalten nach dem Ursache-Wirkungsmodell bestimmt durch die ererbten Eigenschaften und die Merkmale des *Realmilieus*. Da die ererbten Eigenschaften bei entsprechendem Maßstab als ähnlich und konstant betrachtet werden können, bleibt das Realmilieu (z. B. das Klima) als die wesentliche Wirkungsgröße übrig.

*Sprout* und *Sprout* (1971) haben betont, daß strikter Determinismus äußerst selten war und ist. Was in der geographischen Literatur wie in der Belletristik aller Art vor allem lebte und weiterlebt, ist ein ziemlich unverbindlicher, „milder", impressionistischer, quasipoetischer Determinismus, der vage und poetisch in Metaphern redet und ad hoc-Hypothesen benutzt: Bis — im Extrem — hin zu Redensarten und Stilblüten folgender Art: „Die See lockte die Griechen aufs Meer und an die kleinasiatischen Gestade"; „nur die hüllenlose mediterrane Landschaft konnte eine Kunst von solcher plastischen Klarheit erzeugen", „die Bauernhäuser Südtirols sind ein treues Spiegelbild der Natur dieses Landes"; „das Leben dieser Menschen ist mit tausend Fäden mit der Landschaft verknüpft, ja aufs tiefste von ihr geprägt"; „an dieser von der Natur begnadeten Stelle, im Herzen der Ile de France, mußte das städtische Herz Frankreichs entstehen" — usf. usf. Die Erdhülle ist von dubiosen „Einwirkungen" und „Einflüssen" durchzogen; damit verbunden werden, um die Undurchsichtigkeit voll zu machen, ebenso vage Redensarten von der freien Wahlfähigkeit des Menschen (eine Variante des Determinismus, die man mit dem widersprüchlichen Wort „free-will environmentalism" belegt hat). Man spricht von „vocation" statt „détermination" — oder nach *Herder* davon, daß das Klima oder Milieu „nicht zwinget, sondern neiget". Als ein solcher unklarer literarischer Jargon lebte der Geodeterminismus auch in der landschafts- und länderkundlichen Geographie sowie in den geographischen Schulbüchern weiter.

Es sei darauf hingewiesen, daß für schmale Ausschnitte menschlichen Verhaltens und in bestimmten Ereignisketten das deterministische Betrachtungsmodell durchaus teilberechtigt sein kann — wenn es sich etwa um ungewollte Reaktionen auf oft nicht einmal wahrgenommene Umweltfaktoren und Umweltereignisse handelt: „die ungewollten Reaktionen des Menschen auf Veränderungen in der Atmosphäre, (auf) Quantität und Qualität der Nahrung, auf Parasiten, Bakterien und Viren, auf nicht wahrgenommenes Verhalten von anderen Personen oder niederen Organismen wie auch auf Energieentladungen der Natur usw." (*Sprout* und *Sprout* 1971, S. 58.) Hier hat der Handelnde tatsächlich keine Wahl (so wie der in ein Straßenloch stürzende Mann keine Wahl hatte); aber es handelt sich hier auch nicht um Entscheidungsprozesse oder Handlungen.

Es gibt also eine gleitende Reihe vom strikten Determinismus über einen Determinismus, der nur „im allgemeinen" und „in der Regel" Geltung beansprucht, bis zu den zahlreichen, durch Vagheit und Poesie gemilderten Quasi-Determinismen und schließlich zum „free-will environmentalism" und Possibilismus[84]. Die Reihe der Determinismen endet also beim Possibilismus: Der Possibilismus behält ja das Thema und die relevanten Variablenklassen der Determinismen (nämlich die Variablenklassen Mensch und Umwelt, Mensch und Erde) durchaus bei. Vom „free-will environmentalism" ist er nur dadurch unterschieden, daß er die Perspektive umkehrt: Was nun im Vordergrund steht, sind nicht mehr die Verhaltensweisen und Handlungen des Menschen (und deren Erklärung durch Umwelteinflüsse), sondern die *Ergebnisse* des menschlichen Handelns auf der Erde (z. B. „die Kulturlandschaft"). Das Handeln wird vorausgesetzt und zusätzlich durch das Postulat der Wahlfreiheit der Analyse entzogen; die geographische Umwelt erscheint folglich im wesentlichen als ein Feld offener Möglichkeiten bei weitgespannten Grenzen[85]. Geo-Determinismus und Geo-Possibilismus waren aber eher Doktrin als Forschungspraxis. „Unter der Hand" wandten beide eine Art „common sense — Probabilismus" (*Sprout* und *Sprout* 1971) an: Man beurteilte das Handeln stillschweigend von einem „typischen Verhalten", von einem „normalerweise erwartbaren Verhalten" her; man erwartete, daß die Individuen, von denen die Rede war, sich einer hypothetischen Norm entsprechend verhielten. Der Geograph (wie übrigens der normale Historiker) „erklärte" und „verstand" menschliches Handeln nach diesem Modell (welches implizit und deshalb fraglos bleiben konnte): Die Akteure handeln wahrscheinlich so, wie sich ein „normales Individuum" nach Meinung des Geographen in einem solchen Milieu und in einer solchen Situation verhalten würde oder verhalten hätte, und selbstverständlich sind dann manche Verhaltensweisen sehr viel wahrscheinlicher als andere.

Das probabilistische Modell des „normaler- und/oder vernünftigerweise zu erwartenden Verhaltens", so unentbehrlich es heuristisch ist (vielfach schon mangels hinreichender anderweitiger Information), hat natürlich große Nachteile — vor allem, wenn es unbemerkt und ganz selbstverständlich benutzt wird. Es macht sehr viele Annahmen: Es setzt „normale" Bedürfnisse und Präferenzen voraus; es setzt im allgemeinen (unter anderem) auch voraus, daß das Individuum „angemessen informiert" war und diese Informationen zielbewußt einsetzte: Voraussetzungen, durch welche das Gewicht bestimmter, als normal angenommener Motive (etwa „Macht" oder „Geld"), aber auch die Informiertheit des Handelnden und der Einfluß dieser Information auf sein Verhalten, überhaupt die „Zweckrationalität" normalen Handelns im allgemeinen stark überschätzt wird — ganz abgesehen davon, daß es bei Handeln unter Unsicherheit — ein häufiger Typ! — gar keine *eindeutigen* Kriterien für „vernünftiges" oder „rationales" Handeln gibt[86]. In Termini unseres Ansatzes: Für alle Akteure wird *ein* Psychomilieu angenommen: das Psychomilieu einer „vernünftigen Normalperson", für welches im wesentlichen das Psychomilieu des Analytikers das Modell liefert und das der Analytiker im allgemeinen mit dem Realmilieu identifiziert.

Nicht selten wurden freilich intuitive Korrekturen angebracht, und der Erfolg kulturökologischer Arbeiten beruht vielfach darauf, daß — was bei einem relativ groben Maßstab der Betrachtung leichter fiel — der kulturökologisch arbeitende Geograph mit intuitiver Sicherheit das Milieu der betreffenden Menschengruppe in etwa so auffaßte, wie es auch von dieser Gruppe wahrgenommen und bewertet wurde.

Die geschilderten Nachteile werden im Ansatz „Umweltwahrnehmung" umgangen. Man muß sich aber andererseits auch der Grenzen dieses „kognitiven Verhaltensmodells" bewußt bleiben: (1.) Es ist nur auf natürliche Personen und homogene Gruppen anwendbar, kaum mehr auf Institutionen, Organisationen und dergl.; (2.) es taugt seiner Natur nach nur zur Analyse, Erklärung und Prognose von Entscheidungen, Entscheidungsprozessen und Handlungen, nicht aber zur Analyse, Erklärung und Prognose von Ereignissen, realen Vorgängen, Resultaten und Konsequenzen von Handlungen; (3.) man darf zwar annehmen, daß bei ähnlichem sozialen Hintergrund ähnliche Psychomilieus erwartet werden können; aber individuelle Varianten in Umweltwahrnehmung und Umweltinterpretation sind immer vorhanden, auch in relativ homogenen Gruppen: deshalb ist auch die Verläßlichkeit dieses Ansatzes begrenzt. Endlich sind (4.) oft zu wenig Informationen zur Hand, um bei der Beurteilung menschlichen Verhaltens dieses Psychomilieu im einzelnen oder auch nur in großen Zügen zu rekonstruieren: wir werden uns in praxi also vielfach auf mancherlei Hypothesen verlassen und nicht zuletzt mit dem „probabilistischen" Modell des gesunden Menschenverstandes arbeiten müssen[87].

## *19. Einige Forschungsthemen im Umkreis des Ansatzes „Umweltwahrnehmung"*

Wenn umschrieben werden müßte, welches letztlich die Rolle des Ansatzes „Umweltwahrnehmung" in der Geographie des Menschen sein könnte, so ließe sich antworten: Ein unerläßlicher Beitrag zu einer deskriptiven Entscheidungstheorie.

Wenn wir die Entscheidung (und damit die Handlungen) des Individuums erklären wollen, müssen wir idealerweise zunächst fragen, welche Handlungsmöglichkeiten ihm überhaupt bekannt waren und in den Sinn kommen konnten und welche dieser Strategien ihm als realisierbar erschienen. Ferner müssen wir fragen, welche dieser ihm bekannten *und* realisierbar erscheinenden Strategien mit seinem Normensystem verträglich waren — und schließlich, welche Strategien es von seinen „Gegenspielern" (z. B. der Natur) mit welcher Wahrscheinlichkeit auf jede seiner Strategien hin erwartete — und mit welchen vermutlichen Konsequenzen. Darüber hinaus müßten wir dann noch wissen, was ihm die Konsequenzen (Ergebnisse) in jedem Falle wert waren. Damit hätten wir expliziert, was man gewöhnlich den Informations-, Spekulations- und Erwartungshorizont des Individuums nennt.

Der Ansatz läuft also hinaus auf das Auffinden der *subjektiv* verfügbaren Strategien und die Untersuchung der Auswahl zwischen diesen Handlungsmöglichkeiten: bei *subjektiv* vermuteten und *subjektiv* gewerteten Konsequenzen.

Es ist jetzt unschwer zu erkennen, daß der Ansatz „Umweltwahrnehmung", wenn er eine sinnvolle Funktion in der Geographie des Menschen erfüllen soll, auf eine deskriptive Entscheidungstheorie hinausläuft. An dieser Stelle wird auch die Rolle der mathematischen Entscheidungs- und Spieltheorie offensichtlich[88].

Bei dieser mathematischen Entscheidungs- und Spieltheorie handelt es sich ja um eine *präskriptive* (normative) Entscheidungstheorie, die festlegt, wie das Individuum unter diesen gegebenen subjektiven Voraussetzungen gehandelt hätte, wenn es seine Strategien „rational“ gewählt hätte, und mit diesen „rationalen“ Regeln der Strategienwahl können wir dann die tatsächlich angewendeten vergleichen. Dies war etwa der Ansatz von *Gould*, der bestimmte Entscheidungen über Anbaufrüchte usf. — Entscheidungen unter Risiko und Ungewißheit gegenüber Naturereignissen wie Trockenheit und Regen — mit den spieltheoretisch „optimalen“ verglich (vgl. *Gould* 1970 sowie die Zusammenfassungen in *Abler, Adams* und *Gould* 1971, S. 455 ff.).

Dieser Ansatz müßte aber auch den traditionellen Kulturgeographen ansprechen, für den „die Landschaft“ das Explanandum ist: Kann er doch nun in methodisch bewußter Weise „die Landschaft“ auffassen und interpretieren als Ausdruck einer Myriade von mehr oder weniger weit zurückliegenden menschlichen Entscheidungen.

Heute, da Erholungsmöglichkeiten, Vorhandensein von Bildungsinstitutionen und anderen kulturellen Einrichtungen, „wirtliches“, „attraktives“ soziales Milieu, angenehmes Klima, geringe Umweltbelastung usf. als „Standortfaktoren“ bedeutsamer werden und in die Standortentscheidungen vieler horizontal mobiler Gruppen (Gruppen mit großer Bewegungsfreiheit) eingehen, liegt es nahe, diese Wünschbarkeiten und „Images“ von Regionen und Orten zu messen und mit dem tatsächlichen Wanderungsverhalten sowie den tatsächlichen Vorzügen dieser Erdstellen zu konfrontieren. Hat man einen bestimmten „Attraktivitätsindex“ definiert und für zahlreiche Orte oder Subregionen ermittelt, kann man Isolinien-Karten der Präferenz bzw. der Attraktivität zeichnen. Diese „Iso-Präferenzlinien-Karten“ kann man als Oberflächen betrachten („residential desirability surfaces“, „perception surfaces“), so wie es *Gould* u. a. für die USA, England, Ghana und Nigeria getan haben. Befragt man verschiedene Gruppen (z. B. an verschiedenen Orten), kann man mittels standardisierter Rechenverfahren (wie Hauptkomponenten- und Faktorenanalyse) eine *allgemein* gültige „Oberfläche der Wünschbarkeit“ von Sonderbewertungen trennen, die etwa aus den verschiedenen lokalen Perspektiven „verzerrend“ hinzutreten.

In Entwicklungsländern liegt es nahe, solche Wahrnehmungs- und Wünschbarkeitsoberflächen für autochthone „Elitegruppen" zu erstellen, deren Mitglieder für bestimmte Entwicklungsaufgaben im Lande vorgesehen sind. Denn die Präferenzen und Abneigungen dieser Gruppen gegenüber bestimmten Regionen und Orten (etwa die Tendenz, die großen Städte vorzuziehen) können entwicklungspolitisch entscheidend werden. Jedenfalls muß man mit den „mental maps" dieser Personengruppen rechnen. Man kann sie zu regulieren versuchen, indem man z. B. die Höhe der Löhne reziprok zur Attraktivität des Arbeitsgebietes festsetzt, um regionale Benachteiligungen auszugleichen: Wer in den Städten zu arbeiten gedenkt, muß diejenigen mitfinanzieren, die gewillt sind, unter unwirtlicheren Bedingungen auf dem Lande zu arbeiten — was sehr wohltägig für die Entwicklung des gesamten Landes sein könnte. Ähnliche Maßnahmen (etwa über die Lohnsteuer) werden auch in Industrieländern erwogen, um etwa der Attraktivität und den kaum mehr lösbaren Problemen der Ballungsräume zu begegnen.

Als ein Mittel, wirkliche Entscheidungen mit „optimalen" zu vergleichen, also die Realität an einem „Standard" von Rationalität zu messen, wurde bereits die Spieltheorie erwähnt. Eine weitere Möglichkeit bieten die bekannten Techniken der linearen Optimierung. (Für eine gute Zusammenfassung und Illustration geographischer Arbeiten vgl. *Abler, Adams* and *Gould* 1971, S. 455 ff.).

Man kann z. B. eine „normative income surface" erstellen, indem man für die (regional differierenden) landwirtschaftlichen Betriebstypen das Einkommen bei optimaler Führung einträgt und daraus eine Isolinien-Karte zeichnet (vgl. *Wolpert* 1964): Eine solche Karte verzeichnet z. B. die potentielle Produktivität (etwa einer Arbeitsstunde) unter den strengen Voraussetzungen der Optimierung. Diese Karte wird nun mit der empirisch erhobenen Karte verglichen, auf welcher die (tiefer liegende) „actual income surface" (also die Höhe der wirklichen Einkommen) verzeichnet ist. Eine Karte der Differenzen beider Oberflächen ist planerisch besonders bedeutsam, vor allem in ihren Hochs und Tiefs — wobei die Hochgebiete (die Gebiete großer Differenz zwischen wirklichem und potentiellem Einkommen) die Problemräume darstellen. Diese Hoch- oder Problemgebiete, in denen Optimum und Wirklichkeit besonders weit auseinanderklaffen, deuten ihrerseits auf Informationslücken und Diffusionsbarrieren hin: Dort sind offenbar bestimmte Informationen und „Neuerungen" noch nicht bekannt oder akzeptiert worden. Die Karte zeigt also an, wo bestimmte Informationen verbreitet, bestimmte Innovationen propagiert, wo die Anspruchsniveaus der Entscheidungsträger angehoben, kurz: Umwelt- und Selbstbilder modifiziert werden müssen, wenn man etwa die Kluft zwischen der „Oberfläche" der potentiellen Einkommen und der „Oberfläche" der wirklichen Einkommen wenigstens dort verringern will, wo dieser Abstand besonders hoch ist.

Dieser überall bestehende Abstand zwischen Optimum und Wirklichkeit weist natürlich darauf hin, daß Entscheidungen nicht auf optimale, sondern auf „zufriedenstellende Konsequenzen" hin entworfen werden (die sich u. a. nach dem individuellen oder gruppenspezifischen Anspruchsniveau regulieren); daß Entscheidungsträger nicht „optimicer", sondern „satisficer" sind, d. h. nicht durchweg als homines oeconomici „rational" und unter der Voraussetzung vollständiger Information reagieren.

Dem angedeuteten Beispiel für ein Maximierungsproblem entsprechen Probleme der Minimierung (etwa bei der Frage nach dem „Existenzminimum" oder nach den minimalen Kosten für eine wie immer zu definierende ausreichende Ernährung bei gegebener Palette von marktgängigen Nahrungsmitteln). Auch diese Probleme haben ihre räumlichen Varianten. Bekannter ist das Transportkostenproblem: Innerhalb eines Systems von Ausgangs- und Zielorten sollen die Transporte so eingerichtet werden, daß die Gesamttransportkosten minimiert werden (wobei die jeweiligen Überschüsse und Defizite der einzelnen Orte, die durch Transport ausgeglichen werden sollen, gegeben sind). Die Konstruktionen von „optimalen" Einzugsbereichen (optimal hinsichtlich der Transportkosten) ist nur ein Sonderfall (vgl. *Yeates* 1968, S. 107 ff. für Einzugsbereiche von Schulen). Auch hier können wieder „Optimum" und „Realität" auf fruchtbare Weise konfrontiert werden. Die „Realität" ist immer auch ein

Index für ein bestimmtes, suboptimales Umweltbild der Entscheidungsträger.

Ohne Zweifel könnte der Ansatz „Umweltwahrnehmung" auch in der Schulgeographie eine bedeutende Rolle spielen. Einige mögliche Themen seien angedeutet: Das Bild und das „Image" der Stadt und ihrer Teile in den Augen der Einheimischen, der Zugezogenen und der Touristen; die Rolle dieser Umweltbilder und Umweltbewertungen für die innerstädtische Mobilität und die Wahl der Wohnstandorte; das Bild einer Stadt oder Region in der Fremdenverkehrswerbung, in der Heimatliteratur, in der Reiseliteratur und im Schulbuch — und der Vergleich dieser Bilder mit der Realität, die den Schülern bekannt ist (was ist akzentuiert, weggelassen, verzerrt?); Reisewerbung für ein Entwicklungsland und die damit verbundenen Auslassungen und Verzerrungen (welche Realitäts- und Lebensbereiche werden „systematisch" abgeblendet?); landschaftliche Schönheit, landschaftliche Attraktivität und Landschaftsideale bestimmter Bevölkerungsgruppen — und der Einfluß solcher Wertsetzungen und Vorlieben für die Wahl des Wohnplatzes, für den Fremdenverkehr und für die Auswahl von bestimmten Gebieten als Naturpark, Natur- und Landschaftsschutzgebiet. Gerade diese Themen sind wohlgeeignet für eine „reflektive Didaktik", d. h. eine Didaktik, deren Ziel es ist, an bisher unbefragten Selbstverständlichkeiten das Fragen in Gang zu bringen.

Von hier aus (z. B. ausgehend von den „Wunschlandschaften" der Freizeit und der Urlauber) können dann weite Gebiete der „Sozialkunde", der Freizeit- und Konsumerziehung thematisiert und exemplifiziert werden: die individuellen Freizeit- und Urlaubsrollen können als gesellschaftlich vermittelte Wunschrollen einsichtig werden; die Zusammenhänge von individuellen Urlaubs- und Freizeitwünschen mit der kommerziellen Werbung und mit der kontrastierenden „Arbeitswelt", der industriellen Produktionsweise deuten sich auf bestimmte Weise an.

## *20. Der „länderkundliche Ansatz"*

Die Länderkunde zielt nach ihren eigenen Worten auf „Wesen" und „eigentümlichen Charakter", „Ganzheit" und „Totalzusammenhang“ eines Erdraumes. Wir treffen in der methodologischen Literatur der Landeskunde überhaupt auf eine Sammlung prototypischer Leerformeln — vor allem auf die essentialistische („Wesen“), die universalistische („Totalität“) und die relationale Leerformel („Ganzheit“, „Geosystem“, „Raumstruktur“, „spezifischer Gesamtzusammenhang“[89]).

Obwohl die Länder- und Landeskundler viel vom Ganzen redeten, enthielt die Länderkunde natürlich immer nur *selektive* und mehr oder weniger gut sortierte Informationen über „Land und Leute“, über irgendwie *interessante* Phänomene einer Region. Die verwendeten Selektionskriterien, die gemeinhin unter den angedeuteten methodologischen Leerformeln versteckt bleiben, spiegeln unter anderm die Interessen bestimmter dominierender Adressaten- und Abnehmergruppen für die Länderkunden. Vielfach ist eine Länderkunde eine Art enzyklopädische Summierung aller oder einiger der Forschungsansätze (Forschungsperspektiven), die in der Geographie gerade im Schwange sind: wobei der Autor auf Grund seiner persönlichen Interessen noch eine gewisse Selektion trifft und diese Perspektiven (oft mehr stilistisch als logisch und sachlich) auf lockere Weise miteinander verbindet.

Die Selektionskriterien und Beobachtungsschemata, nach denen die Länderkundler arbeiteten, haben in der Disziplingeschichte stark geschwankt. Eine Geschichte der Länderkunde (die wohl zu unterscheiden ist von einer Geschichte der *Meinungen* darüber, was Länderkunde sei und wie man sie zu betreiben habe!) ist ein dringendes Desiderat der geographischen Literatur, und sie wäre um so lohnender, als die Länderkunden zu vielen Zeiten ein enzyklopädisches *und* konzentriertes Spiegelbild davon abgeben, was in der gleichzeitigen Geographie an Themen und Perspektiven vorhanden war.

An einige „Stile“, Länderkunde zu betreiben, sei erinnert: Länderkunde als naiv-aktualistische Beschreibung von Land und Leuten (zuweilen auch unter Einschluß der Historie); die „statistische“ Länderkunde des 17.—19. Jahrhunderts[90]; eine Länderkunde, welche den Erdraum als Determinante der „Völkerschicksale“ und als Erziehungshaus seiner Bewohner auffaßte; eine Länderkunde nach dem länderkundlichen Schema (bzw.

nach verschiedenen Schemata dieser Art) und eine „dynamische Länderkunde" nach „dominanten Kräften" oder „dominanten Faktoren" (d. h. nach solchen „Faktoren", die nach Meinung des Autors den eigentümlichen Charakter, die Individualität dieses Erdraums recht eigentlich bestimmten); eine landschaftskundliche Länderkunde mit „Landschaft" als Selektionskriterium und Organisationsprinzip[91]; eine an „Problemen" orientierte „Problemländerkunde", die in ihren besten Stücken dadurch zustandekam, daß der Autor seine Darstellung auf einen bestimmten zeitgenössischen Forschungsansatz bzw. auf einige wenige solcher fundamentaler geographischer Fragestellungen konzentrierte.

Die sinnvollste *metatheoretische* Kritik an diesem „Ansatz" ist sicherlich die Feststellung, daß es sich gar nicht um eine einheitliche Forschungsperspektive handelt. Die übliche *pragmatische* Kritik besteht in dem Hinweis darauf, daß die herkömmlichen und bis heute vorherrschenden Inhalte der Länderkunde kaum mehr der richtige (d. h. adressatengerechte) Stil sind, heute weltkundliche und umweltkundliche Information zu liefern, und daß andere Informationsquellen (Fernsehen, Rundfunk, Zeitung, Magazin, Bildband, Reise- und Sachbuch und überhaupt journalistisches „science writing") heute selbst unter regionalen und „physiognomischen" Aspekten bereits adäquater sind — adäquater in dem Sinne, daß sie *eher* dasjenige Übersichtswissen vermitteln, das z. B. für einen durchschnittlichen „kritischen Teilnehmer an politischen Entscheidungsprozessen" oder auch für einen intelligenten Touristen vonnöten ist — ganz zu schweigen von der relevanten Information, die politische und ökonomische Entscheidungsträger suchen. Hier scheinen neue Literaturgattungen von „aktueller" und „praktischer Länderkunde" zu entstehen, die u. a. von Volkswirtschaftlern und vom journalistischen „science writer" getragen werden[92] — indes die geographischen Länderkundler je länger je mehr nur noch für Geographen und Schulgeographen schreiben und sich vor der schwierigen Aufgabe des „Aktualisierens" vielfach auf das „Bleibende" oder sich nur langsam Verändernde eines Landes zurückziehen — etwa auf Morphologie, perennierende Züge der Kulturlandschaft und andere traditionelle Inhalte des Faches.

Die Einwände gegen die Länderkunde als Hauptinhalt der Schulerdkunde sind bekannt. Sie seien in Kürze resümiert. (Zum Folgenden vgl. etwa *H. Hendinger* 1970 und *A. Schultze* 1971.)

*Erstens* tragen die länderkundlichen Durchgänge (und die entsprechenden, immer schöneren und bunteren Schulbücher) dazu bei, der Schulgeographie ein nicht sehr förderliches Image zu geben: Sie erscheint in den Augen des unvoreingenommenen Beobachters nicht selten bloß eine altersgemäß aufgemachte, farbige Anschauung der Erdoberfläche aus Alltags- und Touristenperspektive zu sein.

*Zweitens* liefert die Länderkunde kein Rangordnungsprinzip für den stufenmäßigen Aufbau von Lehrplänen und Kursen: Es sei denn, man wende das fragwürdige Prinzip „vom Nahen zum Fernen" an oder ordne den „Stoff" nach dem Prinzip der konzentrischen Kreise „dreimal um die Erde" (unter je anderem Aspekt).

*Drittens* werden die eigentlich geographischen Fragestellungen und Probleme bei diesem regionalen Prinzip der „Stoffanordnung" eher verdeckt; übertragbare Grundeinsichten sind wegen der Heterogenität des Stoffes fast jeder Unterrichtseinheit (vom Klima bis zur Industrie!) schwierig zu vermitteln; sie treten, wenn überhaupt, bei regionaler Stoffabfolge in willkürlicher Reihe und zufällig auf, fallen mehr nebenbei ab und kehren, wenn überhaupt, ohne System wieder. Eine sinnvolle Propädeutik für die wissenschaftliche Geographie, eine propädeutische Einführung in Fragestellungen und Methoden der wissenschaftlichen Geographie ist auf diesem länderkundlichen Wege infolgedessen ebenfalls nicht zu erreichen.

*Viertens:* Die Länderkunde stellt von sich aus auch kein Auswahlprinzip für „exemplarischen Unterricht" bereit. Der exemplarische Unterricht will ja den „Stoff" eines Faches mittels einzelner „charakteristischer" Probleme aufschließen, indem er (bis zu einem gewissen Grade) im repräsentativen Einzelnen „das Ganze" sichtbar macht, am Einzelbeispiel die elementaren, fundamentalen, transferierbaren Strukturen heraushebt und durch das jeweilig ausgewählte Beispiel (Paradigma) zugleich die Techniken und Einsichten für die „nächsthöhere" „Plattform" bereitstellt (und so das nächste Paradigma latent vorbereitet).

Es ist aber schlechthin nicht zu sehen, worin diese übertragbaren „fundamentalen *länderkundlichen* Einsichten und Strukturen" überhaupt bestehen könnten. Die wissenschaftliche Länderkunde selbst hat gerade die unübertragbare Einzigartigkeit des jeweiligen Erdraumes als die *wesentliche* Erkenntnis des Länderkundlers herausgestellt.

Eine „Länderkunde", welche übertragbare strukturelle Züge herausarbeiten will, wird aber von selbst zu einer themen- und problemorientierten Geographie, die von Fragestellungen ausgeht und diese an regionalem Beispiels- und Vergleichsmaterial erörtert.

Das „exemplarische Prinzip" ist unter diesen Umständen schließlich oft nur noch ein bequemes Alibi des Schulgeographen, um unter dem Stichwort des „Mutes zur Lücke" den länderkundlichen Durchgängen das zu nehmen, was sie noch am sinnvollsten machte: die Vermittlung einer klaren räumlich-topographischen Gesamtübersicht.

*Fünftens:* Versuche zu einer „Länderkunde nach dominanten Faktoren", „Problemländerkunde" oder „Behandlung nach Typen" machen die Fragwürdigkeit der länderkundlichen Schulgeographie nur noch deutlicher. Das Land selbst bzw. die Länderkunde liefert von sich aus weder Dominanten, noch spezifische Probleme, noch Typen. Wir sind vielmehr zurückverwiesen auf die Frage, was die eigentlichen und vordringlichen geographischen Aspekte und Probleme an der Erdoberfläche sind. Die Rede vom „Typisieren" übersieht, daß die Typen und Kriterien der Typisierung nicht in der Sache selbst liegen: Typenbildungen sind vielmehr aspektgebunden, zielgerichtet, theoriegesteuert. Wir stehen auch hier wieder vor dem Problem der Selektion durch Aspekt- und Problembildung.

So scheint der Vorschlag von *A. Schultze* sehr bedenkenswert zu sein: Die Geographie solle in ihrem wesentlichen Teil thematisch und problemorientiert unterrichtet werden; sie wird sich in diesem Teil an einigen der Grundperspektiven, Grundthemen und Problemkreisen orientieren, die wir skizziert haben. Die „Länder“ sind hier nur Beobachtungsbasis und Demonstrationsmaterial im Rahmen von regional übergreifenden Themen. Zu einem kleineren Teil sollte die Schulgeographie in vernünftig reduzierter und veränderter Weise das Erbe der Schul-Länderkunde übernehmen: diese scharf von der „eigentlichen“ Geographie getrennte „Kartenkunde“ sollte (1.) die „Kulturtechnik“ des Umgangs mit Karten lehren, (2.) in locker „sportmäßigen Formen“ eine topographische Übersicht, ein Sich-zurechtfinden-können auf der Karte und ein Vorstellungsvermögen von Lagen und Distanzen an der Erdoberfläche vermitteln und dies eventuell verbinden mit (3.) weltkundlicher Information, d. h. aktueller politischer und wirtschaftlicher (vielleicht auch geowissenschaftlicher und „geo-ökologischer“) Information anhand der Karte. Während für den auf Themen konzentrierten, problematisierenden und exemplarisch arbeitenden Teil der Schulgeographie inzwischen schon zahlreiche Lernziele angegeben und einige wenigstens als Entwürfe ausgearbeitet wurden, muß für den „kartenkundlich“-orientierenden Teil diese Arbeit noch geleistet werden.

Natürlich wird es immer Interesse an Landschafts-, Landes- und Länderkunde geben — sofern man darunter schlicht Interesse an mehr oder weniger umfassender und zugleich im Bedarfsfalle detaillierter Information über einzelne Regionen der Erde versteht. Mit aller Kritik an der Länderkunde ist also „nichts gegen die Landschafts- und Länderkunde als solche gesagt, sondern nur gegen deren Überweisung an *eine* Wissenschaftsdisziplin, die sich dann gleichsam als ‚Mutter nahezu aller Wissenschaften’ verstehen könnte“. (*G. Bahrenberg* 1972, S. 22.) Die Sammlung, Sortierung und Verteilung von regionaler Information ist heute tendentiell fachübergreifend und an eigene Institutionen gebunden, und die von den heutigen und künftigen Adressaten nahegelegten Relevanz- und Selektionskriterien sind nicht mehr die der bisherigen *geographischen* Landes- und Länderkunde. Als Adressaten einer künftigen „deutschen Landeskunde“ werden wohl mit Recht etwa die planende Verwaltung und die am Planungsprozeß interessierte, engagierte und beteiligte Öffentlichkeit genannt (vgl. *G. Stiens*

1972); Inhalte und Organisationsformen dieser „Landeskunde", die teils im planungs- und „verwaltungstechnologischen Verwertungszusammenhang" nützlich sein könnten, teils der Aufklärung einer kritisch beteiligten Öffentlichkeit dienen sollten, werden jedenfalls keine innergeographische Angelegenheit mehr sein.

### *21. Regionalismus und Historismus*

Die vorangegangenen Bemerkungen zur Länderkunde enthielten aus Gründen der Deutlichkeit einige Akzente, die der *historischen* Bedeutung dieses „Ansatzes" und seiner Literatur nicht ganz gerecht wurden. Als Korrektur seien einige Hinweise angefügt.

Die Hintergrundphilosophie der Länderkunde des späten 19. und des 20. Jahrhunderts ist ein ideengeschichtliches Pendant des Historismus und Historizismus; der Historismus-Historizismus der Geisteswissenschaften und der Regionalismus der Geographie sind in diesem Sinne geistesgeschichtliche Parallelen. Diese Parallele ist schon des öfteren vermerkt worden (vgl. z. B. *P. Claval* 1964, *D. Bartels* 1968).

Unter *„Historismus"* soll hier eine Betrachtungsweise verstanden werden, die alle historischen Phänomene in allen Kulturbereichen auf ihre historischen Bedingungen, Funktionen und Folgen relativiert. Jedes Phänomen des Lebens kann in dieser Weltperspektive nur erfaßt werden als Glied einer konkreten und individuellen historischen Situation und als Glied einer konkreten und individuellen historischen Entwicklung oder Entfaltung. Nur diese historisch-genetische Erkenntnis- und Beurteilungsweise wird als sinnvoll erachtet. Als *„Historizismus"* bezeichnen wir die oft mit diesem „Historismus" verbundene Annahme, diese historisch relativierten Phänomene ließen sich zu einem sinnvollen Gesamtprozeß und Gesamtzusammenhang anordnen, so daß die Menschheitsgeschichte „letztlich" aus einer einzigen oder einigen wenigen fundamentalen und zusammenhängenden Bewegungsfiguren bestünde, die den „Sinn der Geschichte" wie des einzelnen Lebens ausmachen und dem Wissenden eine weltgeschichtliche Prognose erlaubt[93]. — Im folgenden werden beide Auffassungen unter dem Terminus „Historismus" zusammengefaßt.

Der im *engeren* Sinne historistisch denkende Historiker konnte stellenweise durchaus auch in betontem Gegensatz zum „Historizismus“ stehen — insofern er gegenüber der Einordnung aller historischen Phänomene in globale Geschichtskonstruktionen (also gegenüber dem Historizismus) „Würde“ und Eigenwert, „Einmaligkeit“, „Individualität“ und „Unmittelbarkeit zu Gott“ bestimmter historischer Zeiten und Phänomene betonte — sowie auf der Notwendigkeit bestand, diese historischen Phänomene an ihren *eigenen* Kontexten, Maßstäben und Zielen zu messen. („Einmaligkeit“, „Individualität“ usf. waren dabei wie in der entsprechenden Geographie *wertende Ausdrücke*). In unserem Zusammenhang ist indes nur die häufige, oft unklare Verbindung zwischen gemilderten Varianten der beiden -ismen von Bedeutung; in dieser Form war der Historismus i. w. S. um 1900 so etwas wie eine quasinatürliche Gebildetenweltanschauung geworden.

Der historistisch-historizistisch orientierte Historiker, Geschichtssoziologe, Geschichts- und Sozialphilosoph glaubt, die Totalität, die Gesamtstruktur, den individuellen „konkreten Gesamtzusammenhang“ einer Gesellschaft oder einer Epoche — meist als eine Art „Gestalt“ — begreifen zu können: einschließlich der historisch-gesellschaftlichen Bewegungsgesetze dieser Totalitäten. Das einzelne wie das von der konkreten geschichtlichen Situation und Entwicklung abgelöste Allgemeine gelten als gleichermaßen abstrakt und leer: erst vom *konkreten* historischen Ganzen her erhalten sie Sinn und werden recht eigentlich erst verständlich.

In genauer Parallele will der Länderkundler die „Komplexität“, die totale Integration, die Gesamtkorrelation, den individuellen Gesamtzusammenhang eines Erdraumes nach Sein, Werden und Vergehen erfassen, und zwar, indem er die für eben diesen Erdraum, für diese Erdstelle spezifische (vertikale und horizontale) Verknüpfung der Elemente begreift — und damit gewissermaßen das konkrete „Gesetz des Ganzen“ und möglicherweise auch das Gesetz seiner Bewegung (Entwicklung). Das einzelne wird studiert (und nur studiert) als Teil des regionalen „Ganzen“, und weil es nur so eigentlich verstanden werden kann, erhebt sich die synthetische Leistung der

Geographie über die der vereinzelnden („systematischen") Einzel- oder Spezialwissenschaften. (Der Hochmut dieser Argumentation entspricht dem Hochmut des marxistischen und neomarxistischen Sozialphilosophen gegenüber dem bürgerlichen „empirischen Sozialwissenschaftler", der nie über abstrakte Teile und isolierte Gesetzmäßigkeiten hinausgelange.) Die jeweilige regionale Individualität und Ganzheit wiederum wird als „Glied des Erdganzen" begriffen.

Auch in der klassischen französischen Geographie ist Ähnliches immer wieder formuliert worden. Die Phänomene der Geographie des Menschen sind durch gegenseitige Anpassung mit der Erde zu einem symbiotischen Gleichgewicht, zu einem einheitlichen Ganzen verbunden und *nur in diesem Ganzen verständlich und erklärbar*; jedes Faktum der Geographie des Menschen muß deshalb in jenes komplexe Ensemble von Tatsachen gesetzt werden, in dem es entstanden ist, sich entwickelt hat und weiterbildet[94].

Der analytische Philosoph und Wissenschaftstheoretiker freilich hat wenig Sinn für diese Ansicht der Geschichtswissenschaft und Länderkunde; er billigt ihren Forschungsprogrammen nur einen heuristischen Wert zu (als Anregung zu einer bestimmten „verbindenden" und „verkettenden" Betrachtung der Phänomene). Nach seiner Ansicht sind für das Sinnverständnis und die Erklärung historische Phänomene keineswegs besondere „*historische* Gesetzmäßigkeiten" oder „*historische* Strukturen" und „*historische* Struktureinsichten" notwendig; um dies einzusehen, müsse man nur den Aberglauben an rational gar nicht konstruierbare „Totalitäten", ihre „Strukturen" und „Gesetze" aufgeben. „Nehmen wir z. B. an, der Historiker interessiert sich für die Marktpreise, die zu einer bestimmten Zeit im alten Rom bestimmend waren. Natürlich muß er zunächst herausfinden, wie hoch sie waren. Dann aber wird er den Wunsch verspüren (...), das Wechselspiel von Angebot und Nachfrage und andere relevante soziale Faktoren, die die Preise bestimmen, zu ergründen. Die Zusammenhänge, auf die er für eine solche „Erklärung" zurückgreift, beruhen auf *keinen* speziellen Geschichtsgesetzen, sondern ganz offenbar auf Gesetzmäßigkeiten der ökonomischen Theorie" (*F. K. Schaefer* 1970, S. 56). Und selbst wenn er diese ökonomischen Verhältnisse mit ihrer sozialen Basis und ihrem ideologischen Überbau verknüpfen oder wenn er sozioökonomische Veränderungen erklären will, könne er nichts anderes tun, als sozialwissenschaftliche Hypothesen anzuwenden oder neu zu bilden — er benötige keineswegs irgendwelche dubiosen, spezifisch historischen Struktur- und Bewegungsgesetze.

Die Geschichtswissenschaft ist in dieser antihistoristischen Perspektive eine Sozialwissenschaft, bezogen auf die Verhältnisse einer speziellen historischen Situation. Die regionale Geographie gilt dann — soweit sie anthropogeographisch orientiert ist — in genau entsprechender Weise als eine Sozialwissenschaft, die auf die Verhältnisse spezieller regionaler Situationen bezogen ist; und sofern es sich um eine regionale *physische* Geographie handelt, ist die Länderkunde Anwendung der relevanten Geodisziplinen auf die speziellen Verhältnisse bestimmter Regionen. Man dürfe nicht annehmen, „daß die bloße Anordnung vergangener Geschehnisse in ihrer zeitlichen Reihenfolge irgendeine Art von „bedeutungsvollem" Schema — zyklisch, progressiv oder sonstwie — zum Vorschein kommen läßt" (*F. K. Schaefer* 1970, S. 57) — und ebenso verhält es sich mit dem „Zusammenbestehenden im Raume" bzw. der „dinglichen Erfüllung der Räume". Die Betrachtung der Phasen eines „historischen Prozesses" bringt erst dann ein „Verständnis", wenn sozialwissenschaftliche Hypothesen (etwa über sozialen Wandel) herangetragen werden: und genau so werden in der „dinglichen Erfüllung eines Raumes" erst dann sinnvolle Strukturen erkennbar, wenn sozial- oder erdwissenschaftliche Hypothesen und Gesetzmäßigkeiten an diese zufällige regionale Koinzidenz von Phänomenen herangetragen werden.

Die „possibilistische Revolution", welche die „regionale Ganzheitforschung" einleitete, war also in gewissem Sinne eine historistische und regionalistische, und sie hat sicherlich eine bedeutende Erweiterung des Horizonts gebracht: Sie hat die Neigung zum „causalism", zum unilinear-kausalen Determinismus abgelöst, für die auch in der Geographie des Menschen alles in Paare von Ursache und Wirkung aufgelöst werden konnte. Dieser etwas rohe Stil der Analyse wurde nun ersetzt durch ein Gespür für „größere Zusammenhänge" und vielseitige Relationen, durch eine Emphase auf komplexen Strukturen und eine Vorliebe für weitläufige „Kontextualisierung" von Einzelphänomenen.

Tatsächlich gibt es viele Phänomene, die besser erst einmal (und sei es sehr vage) mit Bezug auf solche „größere Ganze", auf solche „ganzheitlichen Rahmen" beschrieben werden, als daß man sie kurzerhand durch eine „Ursache" erklärt. So war auch das vage Ganzheitskonzept eine Möglichkeit, dem rigiden Determinismus zu entkommen, ohne doch in einem Meer völlig isolierter Phänomene zu ertrinken: dies ist es, was man als den disziplingeschichtlichen, forschungspsychologischen und heuristischen Wert der Ganzheitsbegriffe bezeichnen kann. Die Gefahr bestand in dem Reiz, der von solch intuitivem Aufspüren von möglichst vielfältigen und weitläufigen Relationen ausging und der — disziplinhistorisch gesehen — bewirkte, daß man allzu lange bei solchen bloßen Hinweisen auf vage formulierte „komplexe Zusammenhänge" verharrte.

# SCHLUSS

## Resümee und Ausblick

### *1. Die Geographie und ihre Forschungsansätze*

Der vorangegangene Katalog der Forschungsperspektiven (d. h. vorgängiger Entscheidungen über das „universe of discourse" und den „Stil" der Hypothesenbildung) ist in vielem ganz hypothetisch und reichlich ungeklärt. Tatsächlich gibt es im deutschen Sprachbereich noch keine angemessene Monographie irgendeiner „Forschungsrichtung" in diesem Sinne. Jede entwickelte Forschungsrichtung ist „ein durch Einübung begründetes praktisches Erkenntnisapriori"; es handelt sich, wie wir sehen, um Komplexe aus Sprachgebrauch, Verhalten, Arbeitstechnik, Welt- und Selbstverständnis, d. h. Objekt- und Metatheorie, die zugleich als „Sprachspiele" und als „Paradigmen" betrachtet werden können und im „klassischen" Falle in der gesamten Lebens- und Forschungspraxis des Wissenschaftlers verankert sind (vgl. *K. O. Apel* 1971).

Eine Monographie müßte natürlich auch methodisch weit über die hier gegebenen Andeutungen hinausgehen und alle Stufen der Interpretation durchlaufen: Sie müßte verständnisvoll ansetzen beim Selbstverständnis und Situationsbewußtsein des Kritisierten, dieses Selbstverständnis dann aber (weil eben die Ideen und Verhältnisse selten das sind, wofür sie sich halten) aufbrechen und überholen, indem (1.) die Lebensituation, der historische Rahmen, der sozioökonomische Umkreis thematisiert, (2.) der Inhalt der betreffenden Denkfiguren und Aussagengeflechte in einer rationalen Meta- oder wenigstens Inter-Lingua rekonstruiert[95] und (3.) kritisiert wird: Kritisiert von forschungslogischen Normen her wie in bezug auf die grundierenden Wissenschaftsideale und Gruppeninteressen (und deren Funktionen).

Man sollte also jedem dieser Forschungsansätze *vor* einer *Kritik*, also bevor wir sie etwa als „wissenschaftstheoretisch unhaltbar" und/oder als „ideologisch verseucht" disqualifizieren, (1.) eine (von ihren Vertretern) als adäquat empfundene Selbstdarstellung einräumen; sie (2.) interpretativ in diejenigen ideengeschichtlichen Deszendenzen, Gedankenzusammenhänge und sozioökonomischen Lebenssituationen versetzen, in denen sie ihre originale Sinnprägnanz erhielten, und (3.) sollten dann mittels einer Metasprache ihre forschungslogischen Strukturen herausgearbeitet werden. Ohne dieses umsichtige Vorgehen riskiert man, dem Kritisierten viel zu früh ins Wort zu fallen: Bevor nämlich dessen Theorien bis zum vollen Sinnverständnis (welches ja weit über das Selbstverständnis des Kritisierten hinausgehen kann) nachgedacht sind. Nur auf diese Weise kann aus abstrakter Kritik, aus jener monologischen Selbstgewißheit, „die Kritik sich bloß anmaßt", eine Kritik werden, die man als „penetrierendes", „durchdringendes Verstehen" bezeichnen kann: die einerseits „an Verblendungen nicht abprallt", aber andererseits dem Kritisierten wenigstens partielle oder virtuelle Vernünftigkeit zubilligt, d. h. an der „regulativen Idee" der „universalen Verständigung im Rahmen einer unbegrenzten Interpretationsgemeinschaft" festhält (vgl. etwa *J. Habermas* 1971, S. 155 ff., *K. O. Apel* 1971, S. 27 ff.).

Die Geographie als disziplinäre Realität erschien uns als eine Gruppe von locker assoziierten Forschungsansätzen. Nachdem die wichtigsten dieser Forschungsansätze wenigstens in roher und hypothetischer Weise expliziert sind, ist es möglicherweise verständlicher als zuvor, daß die Disziplin (ganz oder teilweise) bald unter den Naturwissenschaften, bald in der philosophischen („geisteswissenschaftlichen", „kulturwissenschaftlichen") Fakultät, bald unter den Sozial- und Wirtschaftswissenschaften erschien und sich neuerdings in einander so fernliegenden Fachgruppen und Fachbereichen wie Geschichte, Geowissenschaften, Wirtschaftswissenschaften, Soziologie/Politiologie, „empirische Humanwissenschaften" (etwa Völkerkunde, Volkskunde, Pädagogik) oder in noch anderen Assoziationen wiederfindet — so daß „der Geograph" bald neben einen Mediaevisten, einen Mineralogen, einen Unterrichtsforscher, einen Ökonometriker, einen Verfassungskundler zu sitzen kommt. Zweifellos hat jede Wissenschaft letztlich mit jeder „irgend etwas" zu tun, zweifellos kann jede Wissenschaft mit jeder „irgendwo" sinnvoll kooperieren — aber hier gibt es ohne Zweifel Graduierungen der Zweckmäßigkeit, die sorgfältig auf wissenschaftstheoretischer und wissenschaftspragmatischer Ebene gelöst werden sollten (was bisher selten geschah).

Neben „geowissenschaftlichen" Ansätzen einerseits und „kulturgeographisch-sozialwissenschaftlichen" andererseits beobachten wir auch einige „integrative Ansätze", deren Existenz und Tradition es *historisch* verständlich machen, daß z. B. im deutschen Sprachbereich physische Geographie und Geographie des Menschen fast immer institutionell verbunden waren und daß sich beide „Geographie" nennen.

Es ist aber immerhin bezeichnend, daß diese „integrativen" Ansätze heute (zumindest übernational gesehen) teils an die Peripherie des Faches gedrängt werden und jedenfalls kaum mehr irgendwo die inner- und überdisziplinären Forschungsfronten berühren (Landschafts- und Länderkunde), teils mehr pragmatisch als forschungslogisch begründbare Einheiten darstellen (der kulturökologische Ansatz), teils eine zu schwache Klammer abgeben (sog. theoretische Geographie). Hieraus wiederum wird verständlich, warum sich auch im deutschen Sprachbereich die Auflösung in eine sozial- und wirtschaftswissenschaftliche Geographie einerseits, eine naturwissenschaftliche (geowissenschaftliche) Geographie andererseits auch organisatorisch zu vollziehen beginnt — mit gehörigem time-lag gegenüber der in der Forschungspraxis längst bestehenden Zweiteilung.

Sucht man nach *Veranschaulichungshilfen* für den Zusammenhang oder Nichtzusammenhang der geographischen Forschungsrichtungen, so findet man in der Literatur zwei Typen.

Beim ersten Darstellungstyp wird mit der Metapher vom „Aufbau" oder „Gebäude" der geographischen Wissenschaft ernst gemacht. Die Geographie erscheint als *ein* System (womöglich noch mit logisch begründbarer „Stellung" im „System" oder „Kosmos" der Wissenschaften). Diese Darstellungsart ist fast immer verbunden mit schichtig-stufenförmigen, jedenfalls „hierarchischen" Vorstellungen über den Zusammenhang der Forschungsansätze: „komplexe" und „synthetischere" Ansätze „überwölben" oder „überlagern" solche von niedrigerer „Integrationsstufe". Grundgedanke ist meist die Stufung: *Elementargeographie* (welche „Elementarkomplexe" bearbeitet), *Landschaftskunde, Länderkunde* (welche „hoch-" bzw. „höchstrangige Komplexe" bearbeiten sollen); der hierarchische Aufbau der geographischen Wissenschaft ist bei diesen Autoren ein getreues Spiegelbild ihrer Vorstellung vom stufenförmigen Aufbau der „geographischen Realität" und des „irdischen Seins".

Auch wenn man im graphischen Schema von „Schichten" zu „Kreisen" übergeht (vgl. *Schmithüsen* 1970, S. 434), gerät das Modell im Ganzen doch als eine *hierarchische* Ordnung. Eine eindrucksvolle Anthologie von methodologischen Veröffentlichungen, die mit diesem Modell arbeiten, findet man bei *Storkebaum* (1967); zuletzt ist es von *H. Uhlig* (1970, S. 19 ff., vgl. besonders S. 28) expliziert worden (vgl. dazu auch Geografiker 6, S. 20 ff.).

Wir brauchen diesem Stufenmodell an dieser Stelle keine forschungslogische und „ideologiekritische" Interpretation mehr zu widmen; es soll demgegenüber nur an die Vorzüge einer „unhierarchischen" Darstellung erinnert werden (vgl. *P. Haggett* 1965, S. 13 ff.; *D. Bartels* 1968, S. 7 f., S. 180 ff.): sie sind erstens realistischer (in bezug auf die disziplinäre Realität) und zweitens philosophisch und forschungslogisch weniger voraussetzungsvoll.

Man kann z. B. die Forschungsansätze (in der Art von Venn-Diagrammen) als Klassen von Wissenschaftlern auffassen. Institutionalisierte Disziplinen sind dann Vereinigungen, Durchschnitte, Differenzen, Komplemente usf. solcher Klassen. In dieser Art kann man auch die „Selbstdefinition" von Disziplinen gut darstellen.

Um einfache, aber wohl nicht ganz unrealistische Beispiele zu wählen: Als Geographen („richtige Geographen") gelten zu einer bestimmten Zeit etwa jene Wissenschaftler, die entweder Geomorphologie ($\alpha$) oder Landschaftskunde ($\beta$) oder beides betreiben ($\alpha \cup \beta$; „$\alpha$ zu $\beta$"; Vereinigung) — anders formuliert: die Geomorphologien ($\alpha$) oder Landschaftskundler ($\beta$) oder beides sind ($\alpha \cup \beta$). Möglicherweise gelten auch *nur* jene als „richtige Geographen", die *beides* betreiben bzw. sind ($\alpha \cap \beta$, „$\alpha$ mit $\beta$"; Durchschnitt). Oder es gelten nur jene als „richtige" Anthropo-

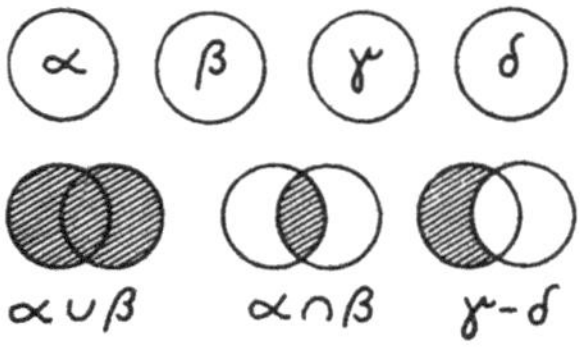


Abb. 4. Disziplinen bzw. Forschungsrichtungen als Mengen von Wissenschaftlern. $\alpha$ Klasse der Geomorphologen, $\beta$ Klasse der Landschaftskundler, $\gamma$ Klasse der Wirtschafts- und Sozialgeographen, $\delta$ Klasse der ökonomischen „Raumwirtschaftstheoretiker"

geographen, die Sozial- und Wirtschaftsgeographie ($\gamma$), aber nicht zugleich „ökonomische Raumwirtschaftstheorie" ($\delta$) betreiben (weil sie sich z. B. dadurch als Geographen suspekt machen ($\gamma$-$\delta$, „$\gamma$ ohne $\delta$", Differenz) — usw. (Vgl. Abb. 4.)

In Abb. 5—7 sind die einzelnen Forschungsrichtungen nicht so sehr als Mengen von Personen, sondern als Arbeitsgebiete bzw. Themenbereiche aufgefaßt. Nach Abb. 5 wäre „Geogra-

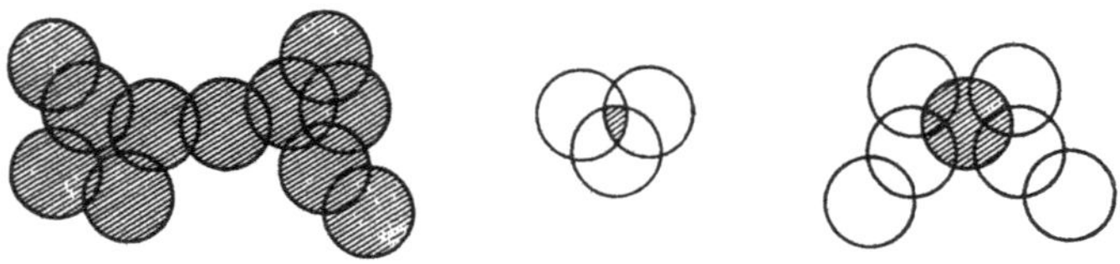

Abb. 5—7. Möglichkeiten der Definition von Disziplinen. Die Kreise symbolisieren eng zusammengehörige Arbeitsgebiete bzw. Themenbereiche

phie" das, was die (sich z. T. überschneidenden, z. T. aber mehr oder weniger zusammenhanglosen) Forschungsansätze *zusammen* sind (an vielen Zeitpunkten der Disziplingeschichte wohl eine realistische Vorstellung); nach Abb. 6 wäre Geographie das, was allen diesen Ansätzen *gemeinsam* ist (oft wahrscheinlich eine leere Klasse); nach Abb. 7 das, was *ein* bestimmter dieser Ansätze umfaßt (zuzüglich seiner Überschneidungsbereiche mit einigen anderen Ansätzen) — ein Zustand, der disziplinhistorisch zwar niemals erreicht war, aber z. B. in der deutschen Zwischenkriegs-Geographie durch den „landschaftsgeographischen" Ansatz wenigstens als Zielidee herrschte und indirekt auch die Forschungspraxis beeinflußt hat.

Abb. 5 und 7 legen eine bestimmte disziplinpolitische Strategie nahe: In beiden „Geographien" Konzentration auf *einen* Ansatz oder höchstens einige wenige, von der Tradition nahegelegte Ansätze, die aber ihrerseits keineswegs durch die Geographie monopolisiert zu werden brauchten. In der Geographie des Menschen könnte man an die Wirtschafts- und Sozialgeographie (im Sinne des „standorttheoretischen" oder „raumwissenschaftlichen" Ansatzes) denken. Eine solche „Aspektspezialisierung" wäre sowohl aus disziplininternen wie disziplinexternen Gründen höchst wünschenswert. Dabei könnte es ein Auswahlkriterium sein, ob ein bestimmter Ansatz seinerseits die meisten der übrigen Ansätze berührt und diese übrigen Ansätze leicht durch Neuinterpretation und Schwerpunktverschiebung dem zentralen Ansatz zugeordnet werden können[96]. Eine ähnliche konzentrative Sanierung könnte in der physischen Geographie möglicherweise vom ökologischen Ansatz ausgehen.

Man kann (mit *P. Haggett* 1965) aber auch eine andere Darstellungsform wählen. Man faßt dann die Wissenschaftsgruppen als Mengen oder Klassen von Forschungsansätzen auf, die nach Orientierungs- und Metatheorie, nach Forschungslogik und (objektsprachlicher) Theorie näher zusammengehören; dann kann man die spezifisch geographischen Forschungsansätze als Punkte oder kleine Areale in Venn-Diagrammen lokalisieren. Es sind natürlich verschiedene Darstellungs- und Interpretationsweisen möglich. Die in Abb. 8 skizzierte hat vielleicht einige Vorzüge. Wir sehen dabei um der Einfachheit des Bildes willen ab von den Struktur- oder Formalwissenschaften (Logik und Mathematik mit Geometrie), von den normativen Wissenschaften (Rechtswissenschaft, Rechtsphilosophie, Ethik ...) und von den mit diesen normativen Wissenschaften verknüpften, gelegentlich sogenannten „kritisch engagierten Humanwissenschaften"[97].

$\alpha$ meint die Naturwissenschaften oder auch bloß die (naturwissenschaftlichen) Geodisziplinen, $\beta$ die Wirtschafts- und Sozialwissenschaften, $\gamma$ die historischen (bzw. historisch-philologischen) Wissenschaften[98]; der Überschneidungsbereich

$$\{I\} = \alpha \cap \beta \cap \gamma$$

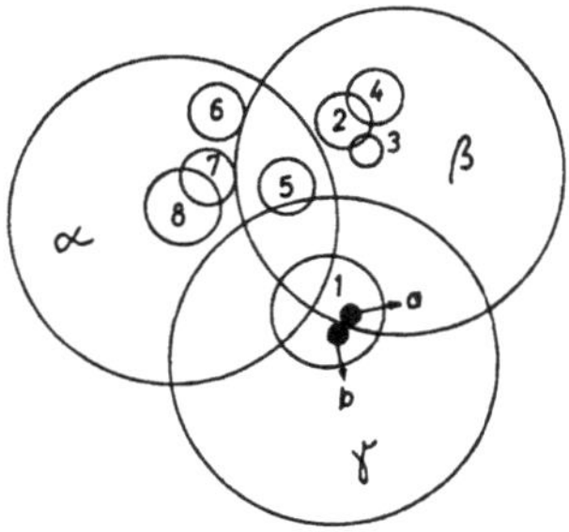


Abb. 8. Einige geographische Forschungsansätze in den Überschneidungsbereichen der Naturwissenschaften (α), der Wirtschafts- und Sozialwissenschaften (β) sowie der historisch-philologischen Wissenschaften (γ). 1 (Kultur)Landschaftsgeographie; a Morphogenese der Kulturlandschaft, b historische Kulturlandschaftsgeographie; 2 Wirtschafts- und Sozialgeographie; 3 Ansatz „Umweltwahrnehmung"; 4 Standorttheorie bzw. Raumwirtschaftstheorie; 5 Kulturökologie; 6 Landschaftsökologie; 7 und 8 Geomorphologie: 7 historisch-genetische G.; 8 systemtheoretisch-dynamische Geomorphologie

enthält u. a. einen Teil des landschaftsgeographischen Ansatzes (im weiteren Sinne), an dessen Rande die Ansätze „Morphogenese der Kulturlandschaft" (a) und „historische (Kulturlandschafts)Geographie" (b) liegen.

## 2. *Zur Betrachtung der Disziplingeschichte*

Sobald wir auf die Vielfalt der Forschungsansätze aufmerksam werden, die im Rahmen der Disziplin oder auch unter dem Sammelnamen „Geographie" lebendig waren oder noch sind, beeinflußt dies auch unser Bild von der Geschichte der Geographie. Man sieht nun klarer, wie riskant es ist, stillschweigend vorauszusetzen, es gebe *die* Geschichte *der* (einen) Geographie.

Von dieser Voraussetzung einer „Einheitsgeschichte" aus entsteht dann leicht ein Geschichtsbild, in welchem die eigene Gegenwart, so wie man sie selbst versteht, der Gipfelpunkt einer langen, mehr oder weniger konsequenten Entwicklung ansteigender Art ist; die gesamte Disziplingeschichte erscheint als allmähliche Entfaltung der eigenen, schon sehr früh keimhaft angelegten Konzeptionen. Zwar gibt es dunkle Zeiten, in denen „das Eigentliche" oder „die Wahrheit" der Geographie fast verschüttet wurde (so bei *J. Schmithüsen* 1964, 1970 u. öfter); mehr oder weniger falsche, mehr oder weniger gefährliche Heterodoxien spalteten sich ab und bedrohten die seit Kant, Humboldt, Ritter grundlegend gesicherte Wahrheit und Kontinuität (so bei *R. Hartshorne* 1939, 1958, 1959): aber insgesamt vollzog sich die Entwicklung doch unilinear — kumulativ, ja entelechetisch. Solche Geschichtsschreibung ist vielfach apologetisch, auf Selbstverteidigung gerichtet, auf Selbstlegitimation durch eine große Vergangenheit aus großen Gründerfiguren und fruchtbaren Zeiten bedacht: Ein Zug, der in der Geschichtsschreibung der deutschen Landschaftsgeographie (z. B. bei *J. Schmithüsen*) besonders deutlich hervortritt.

Mit diesem Stil der Geschichtsschreibung kontrastiert ein anderer, der nicht auf Legitimation durch Tradition und Geschichte, sondern auf Legitimation durch Modernität bedacht ist. Hier schnurrt die Disziplingeschichte (oder wenigstens das, was an ihr noch wesentlich zu sein scheint) auf eine einzige Mutation, auf *eine* große Diskontinuität zusammen: auf den Traditionsbruch zwischen der „alten" idiographischen und der „modernen" nomologischen (quantitativen, analytischen und theoretischen) Geographie, der etwa zwischen 1950 und 1960 liege. Ein solches spontanes Geschichtsbild (oder besser: eine solche antihistorische Attitüde) ist unter der jüngeren Geographengeneration vor allem im angelsächsischen Bereich weit verbreitet; als literarisches Beispiel mag *W. Bunge* (1962) gelten.

Geschichtsbilder dieser Art maximieren eine Bestimmung, die für jedes historische Bewußtsein gilt: Ganz selbstverständlich beeinflussen Selbstbewußtsein, Zukunftsvisionen und Normen einer gegenwärtigen Menschengruppe auch deren Geschichtsbild; die Geschichte muß in diesem Sinne immer eine gewisse „Gegenwärtigkeit" besitzen, um als sinnvoll, bedeutsam und lebendig empfunden zu werden. In den zitierten Bildern der Disziplingeschichte ist die Geschichte aber weitgehend *nur* mehr eine Funktion der gegenwärtigen Lebensbedürfnisse[99].

Ob nun die Betonung auf die Kontinuität und das entelechetische Wachstum — oder aber auf die Diskontinuitäten und „wissenschaftlichen Revolutionen" gelegt wird: Diese Geschichtsbilder neigen zur Einsträngigkeit. Es scheint uns nun angemessener zu sein, auch in historischen Studien die durchgehende Heterogenität der Disziplin, ihrer Forschungsansätze und Erkenntnisinteressen, also die Vielsträngigkeit der Tradition, den Beziehungsreichtum und die Vieldeutigkeit der Disziplin ins Auge zu fassen. So beschreiben etwa Autoren wie *P. Haggett* (1965, S. 10 ff.) und *D. Harvey* (1969, S. 114 ff.) denn auch die gegenwärtige Geographie wie ihre Geschichte lieber als ein Reservoir von heterogenen und distinkten „Themen" und „Traditionen", die zwar nicht beziehungslos sind, aber doch verschiedenen Ursprung haben und nicht aufeinander reduziert werden können.

*P. Haggett* unterscheidet (noch im Banne *Hartshornes*) zwischen der orthodoxen Tradition („Areal differentiation — the traditional view") und den verschiedenen Heterodoxien („deviations"): „the landscape school", „the ecological school" (im Sinne des „kulturökologischen" Ansatzes), „the locational school"; *D. Harvey* indessen spricht nur noch von den „five major themes" oder „focal points of interest": „the areal differentiation theme", „the landscape theme", „the man-environment theme", „the spatial distribution theme" (wozu er die „locational school" zählt) und „the geometric theme"[100].

Eine solche „pluralistische" Sicht ist zweifellos geeigneter, zwei andere Funktionen der Historie zu erfüllen (und mit diesen Funktionen geht die Geschichtsschreibung über die bloße Selbstbestätigung der Gegenwart und die bloßen ideologischen Hilfsdienste für die gegenwärtigen Interessen hinaus). *Erstens* besteht bei solcher Sicht eine bessere Chance, ein *hermeneutisches* Interesse zu befriedigen. Dieses besteht darin, daß man die Biographien, Werke, Ideen, Erkenntnisse im jeweiligen historischen Kontext verständlich macht und dabei unter anderem auch den Sinn expliziert, den bestimmte Handlungen und Ausschnitte der Wirklichkeit für die *damaligen* Akteure besaßen. *Zweitens* ist es auf diese Weise auch eher möglich, die Wissenschaftsgeschichte als empirische Basis zentraler wissenschaftstheoretischer Probleme aufzuschließen, z. B. für das Problem des Erkenntnisfortschritts, für das Problem der Entstehung, Entfaltung und Revision umfassender wissenschaftlicher Anschauungen, für das Thema der zeitlichen Ablösung und des zeitlichen Nebeneinanders von wissenschaftlichen Grundüberzeugungen und höchst heterogenen Erkenntnisinteressen. Disziplingeschichte in apologetischer Absicht und mit legitimierender Funktion würde so ersetzt durch eine hermeneutische-kritische Explikation tatsächlicher Forschungspraxis und historischer Selbstdeutungen.

Gegenüber den Theorien einer säkularen organischen Entwicklung und Reifung der Geographie ist das wachsende Bewußtsein von Diskontinuitäten („Revolutionen") zweifellos ein Fortschritt — wobei unter „Revolutionen" oder „Krisen" jene Zeitabschnitte verstanden werden sollen, in denen Grundüberzeugungen und umfassende Orientierungstheorien durch neue verdrängt wurden. Es gibt aber zweifellos nicht nur den einen Traditionsbruch zwischen „idiographischer" und „moderner" (quantitativer, analytischer und theoretischer) Geographie, also die vielzitierte „quantitative Revolution" (um 1950/60), die in der angelsächsischen Geographie des Menschen zur „chorologischen Systemforschung" (*D. Bartels*) führte und in den physischen Geographien gewisse Ansätze zu einer Geographie der Ökosysteme (des Naturhaushaltes an der Erdoberfläche) mit sich brachte. Vorher liegen in der Geographie des Menschen mindestens zwei ebenso markante historische „Verwerfungen": Zunächst die (vor allem von den französischen Autoren betonte) „possibilistische Revolution" (um 1900); es ist dies die Gründungszeit der klassischen, „regionalistischen" französischen Geographie, der in Deutschland eine parallele „idiographische Phase" der Länder-, Landes- und morphogenetischen Kulturlandschaftskunde entspricht. Wiederum ein halbes Jahrhundert zuvor liegt (um es in ein Schlagwort zu fassen) die „kausaldeterministische Revolution"[101].

Für sich allein ist aber auch eine solche historische Perspektive allzu schematisch, vermittelt den völlig falschen Eindruck relativer Einheitlichkeit der „Epochen" zwischen diesen Einschnitten, unterbetont nicht nur die Überschneidungen und die Gleichzeitigkeit des Ungleichzeitigen in jedem Augenblick der Disziplingeschichte, sondern eben auch das stete Nebeneinander relativ selbständiger Forschungsrichtungen und Literaturgattungen im institutionellen und informellen Rahmen der Disziplin.

### 3. *Der „geographische Maßstab“*

Es war davon die Rede, daß eine „philosophy of geography“ erstens die Perspektive anzugeben habe, unter der ein Phänomenbereich zu betrachten sei, daß sie andererseits aber auch diesen Phänomenbereich selbst identifizieren muß. Da es *die* Geographie nicht gibt und wohl auch nie gab, müßte dies für jeden einzelnen ihrer Forschungsansätze geschehen.

Die spezifischen *Perspektiven* erkennen wir am ehesten, indem wir die zugehörigen Orientierungshypothesen und vor allem die zugehörigen objektsprachlichen Theorien herausarbeiten und analysieren; der spezifischen *Gegenstandsbereiche* werden wir wohl am ehesten ansichtig, indem wir analysieren, worauf die Theorien angewendet werden, d. h. wir erkennen sie über den „Text“ der Theorie (vgl. *D. Harvey* 1969, S. 89 ff.). Dieser „Text“ ist der Inbegriff der Regeln, nach denen die Theorie auf Empirie angewendet wird; er verknüpft theoretische Begriffe mit bestimmten Phänomenklassen der beobachtbaren („realen“) Welt und identifiziert somit das „real territory“ und die beobachtbaren Individuen, auf die sich die betreffende Theorie (als eine „mental map“ dieses „territory“) bezieht.

Was die Perspektiven und somit die Theorien angeht, so ist „die Geographie“, wie wir sahen, de facto heterogen; was indessen die empirischen Anwendungsbereiche, die „Domäne“ angeht, so stößt man auf eine durchgehende und offensichtliche fundamentale Ähnlichkeit, die quer durch zahlreiche „Forschungsansätze“ (theoretischer Perspektiven) hindurchgeht. Das „Gemeinsame“ scheint nicht zuletzt im *Maßstab der Betrachtung* zu liegen.

Die an sich dunkle und mißverständliche, vielzitierte Formel, die Geographie kläre und untersuche nicht „die Welt an sich“, sondern „unsere Umwelt für uns“, ist zwar nicht selten unsinnigerweise *inhaltlich* und so interpretiert worden, als solle die Geographie auf Alltagssprache und Alltagsansicht der Welt und damit auf eine zwar emotional ansprechende, aber letztlich triviale und dilettantische „Wirklichkeitsnähe“ fixiert werden. Es scheint aber, daß diese Formel oft auch in sehr viel sinnvollerer Weise nicht inhaltlich, sondern *maßstäblich* gemeint gewesen sei. Sie bezog sich dann auf einen „mittleren“, anthropomorphen *Maßstab* als geographisches Kriterium der Bedeutsamkeit. Mit dem vielzitierten „anthropozentrischen Charakter“ der Geographie und ihrer Begriffe scheint es ähnlich zu sein.

Auch *Hartshorne* hat ein ähnliches Relevanzkriterium angegeben, welches dazu dienen sollte, die geographisch bedeutsamen Phänomene aus der Unendlichkeit der an einer Erdstelle, in einem Erdraum koinzidenten Phänomene auszuwählen. Es lautet „significance to man“ — ein Kriterium welches (wenn man es wörtlich nimmt) auf *alles* Wissen angewendet werden kann und deshalb, inhaltlich gesehen, leer ist. Aber auch hier zeigt der Kontext, daß eher ein Maßstab gemeint ist (*R. Hartshorne* 1960).

Am klarsten haben *Haggett* 1965, *Haggett* und *Chorley* 1970 sowie *Haggett, Chorley* und *Stoddart* 1965 diesen Maßstab formuliert.

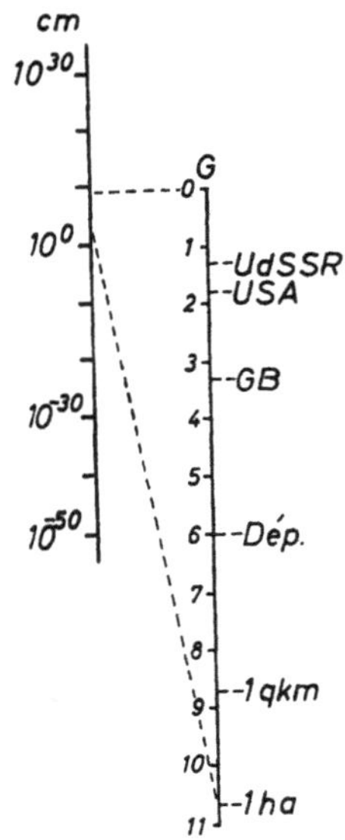


Abb. 9. Die G-Skala. GB Großbritannien und Nordirland; Dép. mittlere Größe eines französischen Départments (nach *P. Haggett*)

Auf einer logarithmischen Skala, welche die größten und kleinsten bisher gemessenen Distanzen einschließt (ungefähr $10^{27}$ und $10^{-13}$), kann man den traditionellen Interessenbereich des „geographischen Auges" etwa als *Median* lokalisieren — etwa zwischen $4.01 \times 10^{9}$ cm (Erdumfang) und $10^{3}$ cm (Abb. 9).

Anstelle dieser konventionellen Maße und Skalen haben die genannten Autoren eine spezifische *geographische* Skala vorgeschlagen: die G-Skala (mit G-Werten). Sie ist ebenfalls logarithmisch und basiert auf der Erdoberfläche und deren sukzessiven Aufteilungen. Die Erdoberfläche als Bezugsgröße hat den G-Wert 0; der G-Wert 1 bezeichnet ein Zehntel der Erdoberfläche, der G-Wert 2 bezeichnet ein Hundertstel der Erdoberfläche usf. (Areale, die um den Faktor 10 verschieden sind, unterscheiden sich auf der G-Skala infolgedessen um eine Einheit) — also:

| G-Wert | |
|---|---|
| 0 | Ga |
| 1 | Ga $(10)^{-1}$ |
| 2 | Ga $(10)^{-2}$ |
| 3 | Ga $(10)^{-3}$ |
| n | Ga $(10)^{-n}$ |

wobei Ga die Erdoberfläche bedeutet (G von griechisch „gä", Erde, a von englisch „area"). Abb. 9 bezeichnet die Lage einiger Areale auf dieser Skala[102].

Diese Skala besitzt mehrere Vorzüge. Erstens wird hier eine „natürliche", d. h. systemimmanente Bezugsgröße eingeführt. Zweitens wird durch den logarithmischen Maßstab (ähnlich übrigens der Wentworth-Skala der Mineralogen, Geologen und Bodenkundler) ein arithmetisch kaum darstellbarer, über viele Zehnerpotenzen variierender weiter Spielraum auf eine sehr übersichtliche und einfache Skala gebracht. Drittens werden die verschiedenen nationalen Flächenmaße (Quadratmeile, acre, qkm, ha usf.) vereinheitlicht. In unserem Zusammenhang freilich sollte diese Skala vor allem den „spezifisch geographischen Betrachtungsmaßstab" illustrieren.

In diesem Zusammenhang bieten sich interessante Themen an. *Erstens* fällt auf, daß die räumliche Reichweite des geographischen Auges (die Größe der betrachteten Region) sich während der jüngeren Disziplingeschichte offensichtlich mehrfach verschoben hat: von *C. Ritters* Erdkunde über die klassische französische Geographie bis zur Kulturlandschaftsmorphologie gelangt man zu immer größeren Maßstäben, was den regionalen Rahmen der Untersuchungen angeht, und die deutsche Sozialgeographie (und teilweise auch die sog. Landschaftsökologie der fünfziger und sechziger Jahre) konzentrierte sich teilweise auf noch größere Maßstäbe, d. h. auf noch kleinere Flächenausschnitte. Eine genauere Untersuchung wäre vonnöten.

*Zweitens* könnte man durch Inhaltsanalysen geographischer Arbeiten aus verschiedenen Zeitabschnitten und verschiedenen Forschungsrichtungen sehr wohl mit beliebiger Genauigkeit ermitteln, wo für das Gefühl der jeweiligen Geographen die Geographie bzw. das geographisch Relevante begann bzw. endete. Es wäre nur nötig, die in den Arbeiten behandelten und erwähnten Objekte und Flächen nach ihrer Größe zu klassifizieren und die Häufigkeitsverteilung dieser Größenklassen zu erstellen. Dabei wäre allerdings zu trennen zwischen Objekten, die erklärt werden sollen, und Phänomenen, die nur im Kontext der Erklärung dieser „eigentlichen" (erklärungswürdigen) Objekte eine Rolle spielen.

Die Form, Spannweite, Median- und Modalwerte dieser Verteilungen bzw. Histogramme würden uns einen interessanten Einblick gewähren in die vorbewußten Regeln geographischer Forschungspraxis zu verschiedenen disziplinhistorischen Zeitpunkten und unter verschiedenen Forschungsperspektiven. Interessant wären auch die Verschiebungen in der *gleichen* Arbeit: Denn ein Länderkundler oder Landschaftsgeograph behalten den Maßstab kaum über alle Sachkapitel hinweg bei, noch weniger über alle Zeiträume der Landschaftsgenese hinweg. Anstelle der Inhaltsanalyse vorliegender Literatur könnte man auch eine Befragung mittels einfacher Tests versuchen und auf diese Weise möglicherweise nicht nur relativ scharf geschnittene „Grenzen geographischer Bedeutsamkeit", sondern auch Differenzen zwischen Geographen verschiedener Arbeitsgebiete und verschiedener Generationen ermitteln.

Solche vor- und unbewußten Maßstäbe für das „geographisch Bedeutsame" setzen sich, wie es scheint, zumindest zeitweilig in sehr verschiedenen Forschungsrichtungen durch. Die „klassische Geomorphologie“ hatte eine ausgeprägte Vorliebe für die Betrachtung des „Mesoreliefs“, d. h. der Landformen „mittlerer“, landschaftlicher Größenordnung; man trifft unter Geomorphologen bis zur Stunde auf eine deutliche Reserve, das sog. Mikrorelief „um seiner selbst willen“ zu studieren: Das eventuelle Studium der Kleinformen wird vielmehr meist damit begründet, daß es die Kenntnis der Prozesse fördert, von denen das Mesorelief geschaffen wird, Aufschlüsse über geländeklimatische Verhältnisse gibt usf. Der Vegetationsgeograph neigt traditionsgemäß eher dazu, vom Mosaik der (landschaftlich-physiognomisch definierten) Vegetationsformationen auszugehen, als unmittelbar das Mosaik der floristisch definierten Pflanzengesellschaften zu erfassen (welches ihn sofort in einen ziemlich ungewohnten Maßstab führt). In so verschiedenen und verschieden alten Ansätzen wie Kulturlandschaftskunde, Geomorphologie, Vegetationsgeographie, (geographische) Klimatologie („Klimageographie“) und „Umweltwahrnehmung“ setzt sich innergeographisch spontan eine Art „mittlerer“, „regionaler“ Maßstab durch: Wodurch sich der geographische Anteil an solchen Forschungsansätzen, die auch außerhalb der Geographie betrieben werden, zuweilen sehr markant heraushebt. Die Studien zum Ansatz „environmental perception“ etwa erstrecken sich über Psychologie, Sozialpsychologie, Umweltpsychologie, Kulturanthropologie, Soziologie, Architektur, Raum-, Landschafts-, Grünplanung bis hin zur Geographie — aber die z. T. sehr bemerkenswerten geographischen Arbeiten auf diesem Gebiet haben sich eben weder im Maßstab des „personal space“, der „room-geography“ und des „architectural space“ festgesetzt, auch nicht im globalen Maßstab (z. B. beim Studium der Selbst- und Fremdbilder von Nationen), sondern eher in einem *regionalen* Maßstab. Was schließlich die Wirtschaftsgeographie angeht, so scheint sie ihren Schwerpunkt immer in einem Bereich zwischen (betriebswirtschaftlicher) Mikroökonomik und (volks- und weltwirtschaftlicher) Makroökonomik besessen zu haben — eben auf dem regionalen Niveau, und für die Sozialgeographie scheint ähnliches zu gelten. Im deutschen Sprachbereich hat das Landschaftskonzept dazu beigetragen, diesen

Maßstab bzw. dieses „Maßstabsbewußtsein" zu kanonisieren.

Die „Domäne" des Geographen bekommt man, wie es scheint, am besten nicht dadurch in den Blick, indem man fragt, worüber er inhaltlich-semantisch spricht, sondern dadurch, daß man fragt, in welchen Maßstäben er arbeitet.

Mit der „Entscheidung" für einen bestimmten Maßstab wird im Rahmen der einzelnen Forschungsansätze dann unter anderem mitentschieden, was als geographisches „Element", „Individuum" („Objekt") und als eine geographische Individuenmenge (Objektmenge, Population) gilt[103].

Die fast instinktive Fixierung an einen bestimmten Maßstab kann sicherlich mit Nachteilen verbunden sein; *P. Claval* hat dies mit Blick auf die klassische französische Geographie wie folgt beschrieben: „Räumliche Einheiten nur mittelgroßer Ausdehnung zu analysieren heißt, das Blickfeld möglicher Erklärungen einschränken. Auf bloßer Provinzebene ist es schwierig, die Dynamik der wichtigsten Sozialgruppen festzustellen, unmöglich, die Probleme der modernen Welt zu begreifen. Zugrunde gelegt wird aber meist noch die Größenordnung von Gesellschaften der vorindustriellen Epoche, was die allgemeine Fruchtbarkeit der Forschung begrenzt" (1970, S. 428). In der physischen Geographie lag der Schaden eher umgekehrt in der quasi instinktiven Vernachlässigung des *großen* Maßstabes und der „topologischen" Forschung (nach dem Terminus von *E. Neef*), eines Maßstabes, in dem die ökologischen, aber auch vielfach die morphologischen Prozesse und Systeme erst wirklich zugänglich werden und quantitativ bearbeitet werden können.

Abschließend sei erwähnt, daß *D. Harvey* auch auf der Ebene der *Theorie* ein durchgehendes „Motiv" angibt, ein Motiv also, welches auch auf theoretischer Ebene *die* Geographie charakterisieren könnte — wenn auch vielleicht nicht als *einziges* theoretisches Motiv. Die von *Harvey* vorgeschlagene Lösung ist wohl nur partiell gültig, ist ziemlich abstrakt und eher normativ und prospektiv als deskriptiv gehalten, aber dennoch von Interesse. „I speculated a little regarding the nature of geographic theory and suggested that we possess indigenous theory regarding spatial form and derivative [„fachexterne"] theory concerned with temporal process and that general theory in geography amounts to a theory examining the interactions between temporal process and spatial form. This suggestion is undoubtedly controversial and will be disputed by many. But I am prepared to put it forward as one basic tenet of geographical thought." (*D. Harvey* 1969, S. 483.)

Der Sinn allgemeiner Theorie wäre also wie folgt: sie sucht die Bindeglieder zwischen indigenen (fachinternen) Theorien und Theorieelementen *betreffend räumliche Verteilungen und Strukturen* mit derivativen (fachexternen) Theorien und Theorieelementen *betreffend zeitliche Prozesse*. Die Verbindung kann in doppelter Richtung geschehen: Die übliche Richtung (z. B. in der Standorttheorie) besteht darin, daß aus bestimmten Postulaten über zeitliche Prozesse räumliche Muster als Resultate deduziert werden — hier werden die räumlichen Anordnungen als Ergebnisse von Prozessen angesehen. In anderer Richtung kann aber die Theorie auch zu fassen versuchen, wie fixe, vorgegebene räumliche Strukturen den Ablauf von Prozessen bestimmen — z. B. die geometrische Form einer Stadt die Kommunikationsprozesse in ihr. (In praxi werden wir oft einen feedback wahrnehmen: der Prozeß hat als Resultat ein Verbreitungsmuster, und dieses steuert nun umgekehrt den Prozeß.)[104]

Eine klassische „Synthese" dieser Art wären die Diffusionsstudien *Hägerstrands*. Hier wurde die „horizontale" (räumliche, distanzielle) Dimension eines Ausbreitungsprozesses expliziert — ein zeitlicher Prozeß, der zu räumlichen Patterns führte; die Distanzvariable wurde auf originelle Weise mit der Zeitvariablen verknüpft.

Es liegt auf der Hand, daß diese „Bestimmung von der Theorie her", wenn man sie als eine *Beschreibung* betrachtet, eher für den angelsächsischen Sprachraum zutrifft als etwa für den deutschen, und eher für die Geographie des Menschen als für die physische Geographie. Aber hier wie dort läuft sie dem Stand der Dinge präskriptiv voraus und liefe hinaus auf eine Ausrichtung der differierenden Forschungsrichtungen auf den standorttheoretischen Ansatz (analog zu der konzentrierenden Wirkung des landschaftskundlichen Ansatzes in der deutschen Geographie zwischen etwa 1920 und 1960).

Über Vor- und Nachteil solcher Vereinheitlichungen war die Rede. „A unifying vision is a comforting thing, but one may perhaps question whether it is as vital a thing as sometimes supposed. Without it there is always the danger of the drifting apart of the congeries of interests which together make up the subject. With it, on the other hand, there is also danger from rigidity and from the creation of orthodoxy" (*Wrigley* 1965, S. 17). Das Bleigewicht einer solchen Orthodoxie haben wir im deutschen Sprachbereich im Falle der Landschaftsgeographie kennengelernt. In der augenblicklichen disziplinpolitischen Situation freilich scheint aber eine konzentrative Sanierung unumgänglich zu sein — wenigstens in Form eines „Pluralismus mit verminderter Zulassungsbereitschaft" (*H. D. Schultz*). Davon soll zum Abschluß kurz die Rede sein.

### 4. *Disziplinpolitische Strategien*

Die wissenschaftspolitische Situation und den disziplinpolitischen Entscheidungszwang der Hochschulgeographie hat *D. Bartels* mehrfach beschrieben. Er erinnert an die Spannung, die in jeder Hochschuldisziplin besteht: *einerseits* erstrebt sie (mit gutem Grund) eine relative Neutralität und Abschirmung gegenüber den drängenden Tagesproblemen und gegenüber dem Interessendruck gesellschaftlicher Gruppen; *andererseits* hegt sie (wiederum mit gutem Grund) den Wunsch, für ihre Produkte interessierte Adressaten auch außerhalb der Disziplin und der Wissenschaft zu finden und ein entsprechendes *allgemeines* „Relevanzempfinden" gegenüber der Geographie entweder zu erhalten oder neu zu schaffen. Im *ersten* Falle besteht der gute Grund unter anderem darin, daß es für einen stetigen und gesicherten Erkenntnisfortschritt ohne Zweifel nützlich ist, vor allem diejenigen (internen) Probleme in Angriff zu nehmen, die man nach dem augenblicklichen Forschungsstand lösen *kann* (die also „reif" sind) — und nicht pausenlos mit externen Problemen konfrontiert zu werden, die man unabhängig vom internen Erkenntnisstand lösen *muß* oder *soll*. Im *zweiten* Falle liegt der gute Grund darin, daß die Existenz als Schulfach, ja als Universitätsfach auf die Dauer nur gesichert ist, wenn auch ein paralleles außerdisziplinäres und außerwissenschaftliches

„Relevanzempfinden“ existiert und wenn auch außerhalb des Faches interessierte Adressaten vorhanden sind: vor allem in den prestigestarken Nachbarwissenschaften und in den führenden und tonangebenden Gruppen der Gesellschaft.

Welche Strategien der Hochschulgeographie sind zur Zeit denkbar? Die beiden ersten denkbaren Strategien scheinen von der Mentalität der Hochschulgeographen wie von der bildungspolitischen Situation her gleichermaßen ausgeschlossen zu sein; nämlich (1.) „der große Rückzug“ und (2.) „der große Vorstoß“. Im *ersten* Falle konstatiert und akzeptiert die Geographie den Dissens mit den Interessen der Gesellschaft und den Lehrzielen der neuen Curricula und zieht sich in die universitäre Lehr- und Forschungsfreiheit zurück: Um sich vielleicht am Ende der Krise als ein Randfach zu stabilisieren — vergleichbar der Altphilologie, Archäologie und Byzantinistik. Im *zweiten* Falle müßte sie „die Öffentlichkeit“ und die Curriculummacher von der Relevanz ihrer traditionellen und modernen Forschungsinteressen noch einmal überzeugen.

In der Schule dringen neue „Zentrierungsfächer“ vor, neue „Umweltkunden“, welche die alte Schulerdkunde (*das* Zentrierungsfach einer älteren Zeit) ersetzen werden. Die neuen „Umweltkunden“ sind teils sozial-, wirtschafts- und politikwissenschaftlich, teils (zumindest auf längere Sicht) biologisch-ökologisch und geowissenschaftlich ausgerichtet. In dieser Situation wäre die Strategie denkbar, daß die Hochschulgeographie eben diese Aufgabe der „Zentrierung“ übernimmt und es, „unter Hintansetzung ihrer Forschungsinteressen“, und ihre Aufgaben betrachtet, eine Ausbildungsstätte von Lehrern des neuen Fachs bzw. eines der neuen Fächer zu werden, sich also als „ein fächerneutrales Mittlerorgan zwischen Forschungsfront und schulischer Aufgabe“ zu entwickeln. Da es sich als unmöglich erweisen wird, eine sozial- und wirtschaftswissenschaftliche „Umweltkunde“ (etwa eine „Gesellschaftslehre“) zu monopolisieren, könnte man an ein von den Geographen beanspruchtes raum- und planungswissenschaftliches „Zentrierungsfach“ denken (etwa mit den Bezugsfächern Städtebau, Raumordnung, Regionalpolitik, Verkehrswissenschaft, regionale Soziologie, Wirtschafts- und Sozialgeographie, Naturschutz und Landschaftspflege usf.).

Die physische Geographie könnte darüber hinaus versuchen, die Lehrerausbildung für eine geowissenschaftlich-biologische („geoökologische") „Umweltkunde" zu monopolisieren bzw. mit der Biologie zu teilen.

Diese Lösung, die sich vor allem an den (ehemaligen) Pädagogischen Hochschulen anböte, ist vor allem an den (ehemaligen) Universitätsinstituten schwer vorstellbar. Erstens ist die bestehende Hochschulgeographie auf diese Aufgabe denkbar schlecht vorbereitet, wenn man ihre traditionellen und heutigen Lehrinhalte, die Ausbildung und die Interessen der jetzt Lehrenden und die bestehende Forschungspraxis in Betracht zieht. Zweitens ist unklar, wie der dabei notwendige, wenigstens zeitweise sehr weitgehende Verzicht auf originäre Fachforschung durchgesetzt werden könnte. Die notwendigen raschen disziplinpolitischen Entscheidungen würden einschneidende Veränderungen in allen Instituten fordern: Dies zu erwarten wäre aber im schlechten Sinne utopisch — vor allem angesichts der noch immer bestehenden quasi-anarchischen Autonomie der Hochschulinstitute und Hochschullehrer.

So bleibt wohl nur die Lösung, auf lange Sicht jede der beiden Hochschulgeographien (die physische Geographie und die Geographie des Menschen) als je ein Bezugsfach einiger neuer Zentrierungsfächer oder „Lehrbereiche" der Schule zu bestimmen.

Die neuen Schulfächer und die auf den Unterricht in diesen Fächern vorbereitenden Hochschulcurricula werden auf bestimmte Bezugsfächer der Forschungsfront bezogen sein. Eine sanierte physische Geographie und eine gesund geschrumpfte Geographie des Menschen könnten zwei wichtige Bezugsfächer dieser Art sein. Als solche Bezugsfächer könnten sie in den neuen Hochschulcurricula sogar eine bedeutende Rolle spielen: die Geographie des Menschen neben den Sozial- und Wirtschaftswissenschaften als Beiträger zur „Gesellschaftslehre" (oder wie immer ein neues Zentrierungsfach heißen wird), die physischen Geographien neben den übrigen Geowissenschaften und der Biologie als Beiträger zu einer naturwissenschaftlichen Umweltkunde (wie immer die Zentrierungsfächer auf diesem Gebiete heißen werden).

Die neuen Hochschulcurricula werden von den Geographen zahlreiche Abstimmungen mit den Sozial- und Wirtschaftswissenschaften einerseits, den übrigen Geowissenschaften (und der Biologie) andererseits fordern.

Wenn die Hochschulgeographie in dieser Situation wissenschafts- und schulpolitisch überlebt, dann nur als eine Disziplin, die klarzumachen versteht, daß sie (1.) *kooperationsfähig* ist und (2.) in diese Kooperation auch *eigene* Beiträge, *spezifische* Perspektiven, Probleme, Ansätze einzubringen vermag.

Auch dies ist der Sinn des Versuches, sog. Basistheorien oder Grundperspektiven herauszuarbeiten. Sie sollten auch in der Selbstdarstellung des Faches eine zentrale Rolle spielen.

Dem Geographie*studenten* müßte also gezeigt werden, was er unter anderem in Schule und Schulpolitik selber zu zeigen hat: Erstens die Verbindung und Kooperationsfähigkeit der bestehenden Geographien mit anderen Disziplinen (auf seiten der Geographie des Menschen mit den Sozial-, Wirtschafts- und Planungswissenschaften, auf seiten der physischen Geographie mit den übrigen Geowissenschaften und ökologischen Disziplinen). Zweitens müßten ihm in diesem Konzert die *spezifischen* Fragestellungen, Ansätze und Leistungen der Geographien verdeutlicht werden.

Die Studenten sollten also nicht mit den Stoffmassen der Geographie (oder mit den als „Gegenständen" oder „Stoffen" aufgefaßten „Teilgebieten" der Geographie) konfrontiert werden, noch weniger natürlich mit den „Erdräumen", „Ländern" oder „Landschaften".

Sie sollten vielmehr an ausgewähltem regionalem Beobachtungs- und Vergleichsmaterial (1.) bestimmte Fragestellungen kennen lernen — am besten von Anfang an im Rahmen von Projekten; (2.) vor diesem Hintergrund Arbeitstechniken und didaktisch-methodische Fertigkeiten erlernen und einüben — und dabei (3.) hinsichtlich Problemhorizont, Theoriebildung und Methoden zu dauernder Grenzüberschreitung stimuliert werden.

## 5. *Schlußbemerkungen*

„Methodologische Diskussion ist in der Tat wesensmäßig dialektisch in dem Sinne, daß viel Klarheit aus der wechselseitigen Kritik gegensätzlicher Standpunkte gewonnen werden kann. [Deshalb] ist ein solches Vorgehen nicht so unfruchtbar und nur polemisch, wie es auf den ersten Blick erscheinen mag" (vgl. *F. K. Schaefer* 1970, S. 59). Trotzdem bin ich mit manchen anderen der Meinung, es sei an der Zeit, zwar nicht die methodologische Diskussion insgesamt, aber doch die (im deutschsprachigen Raum von *D. Bartels* mit einer neuen Wendung versehene) geographische *Altdiskussion* um Landschafts- und Länderkunde und um alles, was so damit zusammenhängt, endlich auslaufen zu lassen. *Erstens,* weil es mir (wie schon einmal formuliert) kein sehr edles intellektuelles Weidwerk zu sein scheint, tote Hunde totzuschlagen, und weil die „revolutionären Ideen" inzwischen auch in der deutschen Geographie zumindest in einer bestimmten Generation „Bestandteil konventioneller Weisheit" zu werden beginnen (um mit *J. Burton* zu reden). Zweitens, weil man inzwischen durchaus damit anfangen kann, auf dem erpolemisierten Spielraum die „neuen" Ideen zum organisierenden Kern der Forschungspraxis und der Lehre werden zu lassen. Denn ohne Zweifel besteht die „tiefste" Vision und das „letzte" Ziel des Wissenschaftlers darin, eine (wenigstens „dialektische") Einheit von methodologischer Norm und Selbstinterpretation einerseits, Forschungspraxis und täglicher Unterrichtsroutine andererseits zu erreichen — eine Einheit, die in einigen „klassischen" Augenblicken auch unserer Disziplin erreicht war, ebenso unzweifelhaft aber inzwischen verloren gegangen ist — zumindest in der *deutschen* Geographie.

Schließlich sollte noch einmal betont werden, daß es weder in der methodologischen Diskussion noch in den disziplinpolitischen Entscheidungen jemals darum gehen kann, „die Geographie" zu „erhalten" oder zu „retten" (was auch immer dies heißen mag). Natürlich hat man als Mitglied einer bestimmten Gruppe (auch als Mitglied einer bestimmten Gruppe von Wissenschaftlern) ein quasi naturbürtiges Interesse am institutionellen Überleben des betreffenden Faches — womöglich noch am Weiterleben in den traditionellen, „gewachsenen" Formen. Einer der intellektuellen Auswüchse dieses Gruppeninteresses besteht dann etwa darin, das Überleben des Faches zu einer Sache des Gemeinwohls, der „Bildung", der „Kultur" oder gar zu einem

Dienst an „ewigen Werten" hochzustilisieren. Diesen naturbürtigen Gruppenegoismus und seine Rationalisierungen sollte man aber scharf kontrollieren. Glücklicherweise ist die heutige bildungs- und wissenschaftspolitische Situation für solche Traditionalismen nicht sehr günstig. Wer überdies bisher an Hochschule und Schule im institutionellen Rahmen der *Geographie* sinnvoll und erfolgreich gearbeitet hat (und das heißt vor allem: in Kooperation mit benachbarten Disziplinen und unter Anerkennung durch diese), der wird seine Tätigkeit auch unter anderem Firmennamen und in veränderten Institutionen erfolgreich fortsetzen können.

In den methodologischen Diskussionen geht es vielmehr letztlich um folgendes: (1.) Um eine Selektion derjenigen Traditionen und Ansätze, die wert sind, weitergeführt zu werden, und (2). um die Frage, in welchem institutionellen Rahmen, an welcher Stelle des arbeitsteilig organisierten Wissenschafts-, Hochschul- und Schulbetriebs diese Weiterführung geschehen soll.

Die diesbezüglichen Entscheidungen und ihre Durchsetzbarkeit werden, um es noch einmal grob zu formulieren, im wesentlichen von drei Dingen abhängen: Erstens davon, ob ein respektabler interner Erkenntnisfortschritt sichergestellt werden kann, und das heißt: ob die Disziplinpolitik in *Bälde* zu einer Konzentration auf einige wenige (sagen wir, ein bis drei) gut umrissene Forschungsperspektiven und Problemkreise führt und die Geographie in diesem Rahmen zielbewußt auch objektsprachliche *Theorie* zu entwickeln vermag (und zwar in engem Kontakt mit Disziplinen verwandter Theoriebildung). Zweitens davon, ob die betreffenden geographischen Forschungsansätze und ihre Ergebnisse auch bei den angesehensten Nachbardisziplinen auf Interesse und Relevanzempfinden stoßen werden. Drittens (wie *Abler, Adams* und *Gould* 1971, S. 4 noch einmal betonen) davon, ob die gesellschaftlich führenden und tonangebenden Gruppen Grund zu der Annahme haben werden, daß diese Arbeitsrichtungen irgend etwas dazu beitragen werden, den „brennenden Problemen" der gegenwärtigen Welt zu begegnen: der Umweltzerstörung; der Bevölkerungsexplosion und Überbevölkerung in manchen Teilen der Erde; den existierenden sozio-ökonomischen Ungleichheiten und Ungleichgewichten zwischen Nationen, Gruppen und Individuen — und schließlich den bestehenden politischen Spannungen und Krisenherden, die die Menschheit mit einem Weltkrieg bedrohen.

Das relative Gewicht dieser Bedingungen ist schwer abzuschätzen; die beiden ersten sollten jedenfalls keineswegs unterschätzt werden.

# ANMERKUNGEN

[1] Eine solche Wendung in der Erwartungshaltung, eine solche Umstrukturierung des Fragehorizontes kann freilich nicht erzwungen werden: man kann nur das Blickfeld des Fragestellers erweitern, ihm neue Aspekte der Frage zeigen und hoffen, daß das Ziel seiner Frage sich verschiebt und schließlich durch ein anderes ersetzt wird. All dies kann nur mit seiner Zustimmung geschehen. Normalerweise ist dieses Verfahren (wenigstens zunächst) mit starken subjektiven Enttäuschungen verbunden: „It is remarkable that the right answer should at first not be recognized as an answer (...) and when it was enunciated for the first time it was frequently felt not to be an answer at all (but rather a way of evading the problem)" (*F. Waismann* 1965, S. 412). Das kann auch im Falle unserer Frage nicht verwundern: war sie doch (unbewußt) multidimensional und multifunktional angelegt — die Antwortformel sollte nicht nur forschungslogisch klären, empirisch feststellen und verbindlich normieren, was Geographie sei, sie sollte darüber hinaus auch der Motivation, der Gesinnungsbildung, der Integration und der emotionalen Steuerung innerhalb des disziplinären Feldes dienen. Gegenüber solcher Multifunktionalität von Frage und Antwort muß natürlich jede eingeführte Distinktion enttäuschen, ja verunsichernd wirken und emotionale Widerstände hervorrufen.

[2] Diese „seinsmäßige" Begründung der *einen* Geographie durch die unveränderliche Struktur der Wirklichkeit kreist tautologisch: Das in der Realität vorgegebene „eigene Stoffsystem der Geographie" *„verlangt"*, daß die Geographie „von ihrem (eigenen) Gegenstand (...) bestimmt werden muß" (*H. Uhlig* 1970, S. 23). Dieser Gegenstand hinwiederum ist, wie schon gesagt, „semper idem": Schon Strabo hat gesagt, was Geographie ist — und „diese Umschreibung, vor zwei Jahrtausenden verfaßt, zielt auf die gleiche Wirklichkeit hin, die wir heutigen Geographen der Geographie als Forschungsgegenstand zuweisen. Aus dem Interesse an ebendemselben Forschungsobjekt (...) wendet sich der einzelne auch heute der Geographie zu" (*H. Carol* 1963, S. 24.f.; wieder abgedruckt 1967, S. 389 f.); sollte dies einmal nicht der Fall sein, wenn also dieser Gegenstand die intellektuelle Neugier nicht zu wecken vermag, „so liegt offenbar ein Fall von verfehlter Berufswahl vor" (*F. Dörrenhaus* 1971, S. 109).

„Folgerichtig ist diese Welt [des Geographen], auch wo sie geschichtlich erfaßt wird, eine Welt der Wiederholung oder des großen Immer-Wieder“ (*E. Bloch* 1969, S. 4, zit. nach *H.-D. Schultz* 1971, S. 22): die disziplinhistorischen Arbeiten von *J. Schmithüsen* (z. B. 1970) sind eine gute Illustration. — Eine häufige Variante besteht darin, die „Einheit der Geographie“, d. h. die Untrennbarkeit von physischer Geographie und Kulturgeographie, aus dem „seinsmäßigen“ Aufbau des geographischen Forschungsgegenstandes herzuleiten; vgl. zuletzt *L. Finke* 1971, S. 177.

3 Die angedeutete Haltung kann, was etwa „die Landschaft“ betrifft, auch in einem weiteren Kontext gelesen werden: Der Rekurs auf die ewig gleiche Forschungsfrage, auf den unabdingbaren, bleibenden Forschungsgegenstand hat auch die Funktion, den Blick der Forschergemeinde von den realen historischen und sozio-ökonomischen Verhältnissen abzulenken hin auf beständigere, ja „ewige“ Dinge; *F. Dörrenhaus* Studien zu „Landschaft“ und „Volkheit“ Südtirols (1933, 1959) sind ein treffliches Beispiel: „Außenpolitische Konstellationen wechseln! Unser und der Südtiroler Recht auf dieses Land dagegen ist ewig“ (1933, S. 173); „warum hier meist älteres statistisches Material verwendet wird. Es werden allerdings fast nur Zahlen verwandt, die aus dem Zeitraum von etwa 1880—1939 stammten. (Begründung:) Es handelt sich bei dieser Arbeit um die Erfassung der Wesenszüge der Landschaft, wie sie sich aus ihrer Gestaltung durch die jeweilige Nation natürlich (!) ergibt. Da sind selbstverständlich Zahlen aus einer (jüngeren) Zeit, in der gewaltsame Eingriffe aus politischen Gründen zur Veränderung der völkischen Substanz vorgenommen wurden, unbrauchbar“ (1959, S. 83).

4 *D. Bartels* deutet diese Zusammenhänge wie folgt an: „Als charakteristisches Element jeder (...) institutionalisierten Forschungstätigkeit kann nun (...) deren Bemühen gelten, sich weniger als eine gesellschaftlich organisierte Gruppe, als wissenschaftliche Disziplin zu verstehen als vielmehr und in erster Linie (...) als ein aus dem Tätigkeitsinhalt zu definierender geistiger Zusammenhang, als Verkörperung der mit ihrem Forschungsgegenstand als Idee gegebenen Einzelwissenschaft, und sich auf dieser ideellen Ebene gegenüber allen anderen Einzelwissenschaften abzugrenzen. Dieses Phänomen ist durchaus verwandt mit Parsons „Integrationsfunktion des Wissens“ (...). Das Bedürfnis nach solcher einigenden und abgrenzenden Selbstinterpretation besteht dabei in der Regel um so angelegentlicher, je häufiger sich die tatsächlich bearbeiteten Probleme als — womöglich fächerübergreifende — Pluralität erweisen“ (1968, S. 1 f.).

[5] „Lehrbücher beginnen (...) damit, den Sinn des Wissenschaftlers für die Geschichte seiner Disziplin abzustumpfen, und gehen dann daran, für das von ihnen Ausgeschaltete einen Ersatz zu liefern. Charakteristischerweise enthalten wissenschaftliche Lehrbücher nur wenig Geschichtliches, und zwar entweder in einem einführenden Kapitel oder häufiger in gelegentlichen Hinweisen auf die großen Helden eines früheren Zeitalters. Durch solche Hinweise erhalten Studierende und Fachleute das Gefühl, sie nähmen Teil an einer beständigen historischen Tradition. Und doch hat die vom Lehrbuch bezogene Tradition, an der die Wissenschaftler teilzunehmen glauben, tatsächlich niemals existiert. Aus Gründen, die sowohl offensichtlich wie auch höchst praktisch sind, beziehen sich wissenschaftliche Lehrbücher (und viel zu viele der älteren wissenschaftsgeschichtlichen Darstellungen) nur auf den Teil der Arbeit früherer Wissenschaftler, der leicht als Beitrag zur Aufstellung und Lösung der Paradigmaprobleme des Lehrbuchs angesehen werden kann. Teils durch Auslese und teils durch Verzerrung werden die Wissenschaftler früherer Zeiten ausdrücklich so dargestellt, als hätten sie nach der gleichen Reihe fixierter Probleme und in Übereinstimmung mit der gleichen Reihe fixierter Kanons gearbeitet, welchen die letzte Revolution in der wissenschaftlichen Theorie und Methode den Stempel der Wissenschaftlichkeit aufgeprägt hat. Es ist also nicht verwunderlich, daß Lehrbücher und die von ihnen implizierte geschichtliche Tradition nach jeder Revolution neu geschrieben werden müssen. Und es ist auch kein Wunder, daß, da sie tatsächlich [neu] geschrieben werden, die Wissenschaft [dann] wiederum weitgehend kumulativ erscheint.

Die Wissenschaftler sind natürlich nicht die einzige Gruppe, die dazu neigt, die Vergangenheit ihrer Disziplin sich geradlinig auf den gegenwärtigen Stand entwickeln zu sehen. Die Versuchung, die Geschichte rückwärts zu schreiben, ist allgegenwärtig und dauerhaft (...). Die Abwertung historischer Tatsachen ist [aber] tief und wahrscheinlich funktionell in der Ideologie des wissenschaftlichen Berufs verwurzelt, jenes Standes also, der den sachlichen Einzelheiten bei anderen Dingen den höchsten Wert beimißt. (...). Das Ergebnis ist eine beständige Neigung, die Geschichte der Wissenschaft linear und kumulativ erscheinen zu lassen, eine Neigung, welche die Wissenschaftler sogar dann erfaßt, wenn sie auf ihre eigene Forschungsarbeit zurückblicken (...). Durch das Verschleiern solcher Wechsel [in der Fragestellung und folglich den Forschungsgegenständen] muß die Tendenz der Lehrbücher, die wissenschaftliche Entwicklung linear zu machen, einen Prozeß verbergen, der im Kern der signifikantesten Episoden wissenschaftlicher Entwicklung verborgen liegt (...). Diese falschen Auslegungen machen die Revolution unsichtbar" (*Th. S. Kuhn* 1967, S. 183 ff.; Kapitel: „Die Unsichtbarkeit der [wissenschaftlichen] Revolutionen").

[6] Um zur Illustration einige Gesichtspunkte zu nennen, welche eine solche „forschungswissenschaftliche" Fragestellung zu berücksichtigen hätte: Geographische Institutionen (und deren Zusammenhang) sowie die Repräsentation der Geographie in den übrigen Institutionen der Gesellschaft; akademische und andere Prestigehierarchien, „Herrschaftsstrukturen" und Informationsnetze; typische und häufige Fragestellungen und Themen in Lehre und Forschung. Es wäre zu ermitteln, was jeweils als eine gute, passable, überragende wissenschaftliche (didaktische) Leistung gilt und was die unausgesprochenen und/oder ausgesprochenen Kriterien dieser Bewertung sind (was z. B. über Inhaltsanalyse von Rezensionen und Gutachten sowie über — an distinkte Gruppen von Fachvertretern und Nicht-Geographen gerichtete — Interviews und Fragebögen zu ermitteln wäre); Lernzielkataloge und Curriculumelemente in Lehrplänen, Studienplänen und Prüfungsordnungen (sowie deren Bezug zur tatsächlichen Ausbildung und zur Prüfungspraxis); Verhältnis von Ausbildung und Berufsausübung; Konkurrenzsituation in Forschung und außerakademischen Berufen; Phasenverschiebungen und Anpassungsverzögerungen zwischen institutioneller Organisation einerseits, tatsächlichem Forschungsbetrieb und informeller Zusammenarbeit andererseits in den verschiedenen Teilbereichen der Geographie — usw.

[7] In diesem Zusammenhang bietet sich eine Reihe interessanter disziplinhistorischer Themen an: Die historischen wechselnden Beziehungen der geographischen Methodologien zu den außergeographischen Wissenschaftstheorien; die Idealbilder des Faches und vor allem die Selbststilisierungen und Selbstidealisierungen der Geographie im Laufe der Geschichte (sowie deren Vergleich mit dem Bilde, den man sich jeweils *außerhalb* der Geographie von der Geographie machte); die „Eigendynamik" und partielle Selbstbestätigung dieser an sich falschen Situationsdiagnosen (also ihre Rückkoppelungen mit der disziplinären Realität); die Funktionen solcher Stilisierungen — sie hatten im Rahmen der Geographie (unter anderem) sicher sehr häufig auch die Funktion, die tatsächliche Heterogenität der Disziplin, ihren tatsächlichen Pluralismus und „konglomerativen Charakter" durch philosophische Überbauten wenigstens *gedanklich-symbolisch* aus der Welt zu schaffen und/oder den Zusammenhang der gerade geltenden Forschungspraxis mit der „Tradition" des Faches (oder was man dafür hielt) als besonders eng erscheinen zu lassen.

[8] Wie sehr es sich hier um (oft traditionsgeleitete) ontologische Voraussetzungen handelt (die forschungslogisch und i. a. auch für die Forschungspraxis bedeutungslos sind), erkennt man an der Leichtigkeit, mit der man hier in praxi synonyme Umformulierungen vornehmen kann: „Die Geographie ist Beschreibung und Erklärung der Verteilung menschlicher Aktivitäten an der Erdoberfläche" kann man sowohl auf den „Wirklichkeitsbereich" „menschliche Aktivitäten" beziehen (*insofern* sie Muster an der Erdoberfläche bilden — oder ähnlich) wie auf den „Wirklichkeitsbereich" „Erdoberfläche" (Aspekt: *insofern* sie Verteilungsmuster menschlicher Aktivitäten aufweist, *insofern* räumlich-distanzielle Variable eine bedeutsame Rolle spielen — usf.). Der mehr mit der disziplinären Tradition verbundene Geograph wird (sowohl spontan wie bewußt) eher die zweite Interpretation, der an Wirtschafts- und Sozialwissenschaften orientierte Geograph eher die erste Interpretation bevorzugen.

[9] Es ist klar, daß von einem gewissen Alter ab (sagen wir kühn, etwa vom vierzigsten Lebensjahr ab) eine Änderung zentraler wissenschaftstheoretischer Anschauungen (sei es hinsichtlich der „Methode", sei es hinsichtlich des „Gegenstandes") bei einem engagierten und erfolgreichen Wissenschaftler normalerweise (d. h. im herkömmlichen sozialen und organisatorischen Rahmen normaler Wissenschaft) nicht mehr zu erwarten und wohl auch nicht mehr zumutbar ist. Die ideale Strategie wäre dann aber wohl etwa die von Goethe in den „Maximen und Reflexionen" angedeutete: „Wenn man älter wird, muß man *mit Bewußtsein auf einer gewissen Stufe stehen bleiben.* Es ziemt sich dem Bejahrten weder in der Denkweise noch in der Art sich zu kleiden der Mode nachzugehen. *Aber man muß wissen, wo man steht und wohin die andern wollen*" (kursiv von mir).

[10] Diese Kommunikationsbarrieren zur allgemeinen Wissenschaftstheorie waren (zumindest bis in den Beginn der sechziger Jahre) kein Spezifikum der deutschen Geographie, hier aber doch wohl etwa 1930—1970 besonders ausgeprägt und langlebig. *D. Harvey* beschreibt (1970, S. 63 ff.) diese Situation prinzipiell mit Recht als eine übernationale: „Philosophers of science have frequently been involved in direct debate with the practitioners of some discipline (...). Some disciplines have tended to avoid such direct debate and a gap has thus developed between the methodologists of that discipline and the philosophers of science. If prizes were to be awarded for the discipline where this gap was most marked then geography would come close to taking the first prize (...). We may find, in pursuing our understanding of geography in isolation, that we are in the unedifying position of expounding without reasonable founda-

tion views which have generally been discredited in all other disciplines as well as in the philosophy of science. The philosophical underpinnings of Hartshorne's methodology thus appear to relate to the philosophy of history in the latter half of the nineteenth century rather than to the philosophy of science in the mid-twentieth. It is possible, of course, that the uniqueness thesis and the idiographic method can be given a modern defence, but such a defence needs to parry the challenge posed to the uniqueness thesis in modern philosophy of science. Certainly geographic methodologists can not realistically proceed in isolation, although many have appeared to attempt the feat."

[11] — natürlich nicht nur in der Geographie. Die Einleitung zu einem populationsbiologischen Lehrbuch (*R. H. MacArthur* u. *J. H. Connell* 1970, S. 7 f.) illustriert schön das unterschiedliche Fragenverständnis bei einem ökologisch gerichteten Populationsbiologen und einem physiologisch-biochemisch gerichteten Zellbiologen: Dieser Unterschied läßt sich am leichtesten verdeutlichen, wenn wir uns die verschiedenen Antworten ansehen, die wir auf die gleiche Frage erhalten. „Eine Frage könnte z. B. lauten: Warum sind die Flügel des Viceroy-Schmetterlings orangefarben? Der Zellbiologe würde vielleicht antworten: Weil er oranges Pigment besitzt"; er würde z. B. erläutern, welche physiologischen und biochemischen Vorgänge zur Bildung des Pigments geführt haben und „würde in seiner Antwort hervorheben, wie sich im Laufe der Entwicklung die Zellen mit orangem Pigment auf dem Schmetterlingsflügel so weit ausbreiteten. Der Populationsbiologe hingegen würde erklären, daß der orange Viceroy von den Vögeln oft für einen anderen Schmetterling, den orangen „Monarch" gehalten wird, der für sie ungenießbar ist und deshalb von ihnen nicht gefressen wird. Andersfarbige Viceroy-Falter würden eher von den Räubern gefangen und könnten somit keine Nachkommen hinterlassen. — Keine der Antworten ist korrekter oder sagt mehr aus als die andere. Die zwei ersten Antworten jedoch liegen im mikroskopischen Bereich, d. h. sie behandeln Ursprung und Anordnung sehr kleiner Einheiten, letzten Endes von Molekülen, die mit der Orangefärbung zusammenhängen. Die Antwort des Populationsbiologen dagegen hat mit einer Beschreibung der Mikrovorgänge nichts zu tun, sondern betrifft die Lebenstaktik der Organismen"; er denkt eher makroskopisch in „Umwelten" und „Selektionsmechanismen", nicht in molekularen Vorgängen; die Orangefärbung wird betrachtet als eine „gute Taktik" im Hinblick auf die Arterhaltung. „Für den Viceroy ist es eine gute Taktik, orange Flügel zu haben, so daß er die Räuber täuscht; er

überlebt, kann sich vermehren und weitere orange Viceroy hervorbringen. Für den Viceroy-Falter (des Populationsbiologen!) ist es gleichgültig — und dies ist der springende Punkt —, durch welche biochemischen oder entwicklungsphysiologischen Vorgänge die Ähnlichkeit mit dem ungenießbaren Monarch entstand. Es gibt verschiedene Wege, um eine ähnliche Pigmentfärbung wie die des Monarch zu erreichen, jeder von ihnen könnte in der Tat eingeschlagen worden sein. Voraussagen können wir nur, daß der Viceroy — will er ein guter Nachahmer sein — orange Flügel haben muß (...). Den Populationsbiologen interessiert es sogar nicht einmal so sehr, welche der möglichen biochemischen Vorgänge sich abspielen, es sei denn, die verschiedenen Prozesse hätten verschiedene, wichtige Nebenwirkungen."

[12] Die unleugbare Tatsache, daß die Wahrheiten der Physik in gewissem Sinne für alle Gegenstände gelten, mit denen sich Wissenschaftler überhaupt befassen, verführt uns zudem zu der falschen Annahme, „daß die Physiker also doch über alles, d. h. über ‚die Welt' sprächen" und deswegen alle übrigen Beschreibungen im Grunde Fehlbeschreibungen seien. Aber auch der Rechnungsprüfer einer Bibliothek interessiert sich für alle Bücher, die der Bibliothekar angeschafft hat: aber nur hinsichtlich ihrer Preise; die Ziffern im Rechnungsbuch decken tatsächlich jedes einzelne gekaufte Buch, „aber nichts an diesen Zahlen würde sich geändert haben, wenn die Bücher von anderen Themen handelten, in einer anderen Sprache oder in anderem Stil geschrieben wären und einen anderen Einband hätten, wenn nur der Preis dabei derselbe geblieben wäre" (S. 97 f.). Es ist nicht sinnvoll zu streiten, ob nun das Buch, das der Rechungsprüfer kontrolliert, oder ob das Buch, das der Rezensent lobt, das „eigentliche" Buch sei (und welches etwa das „Scheinbuch") — so wenig wie sich der Tischler und der Mikrophysiker widersprechen oder auch nur miteinander konkurrieren, wenn sie meinen Schreibtisch beschreiben. „In Wirklichkeit spricht der Physiker gar nicht über Möbel: er spricht, wenn man einmal so sagen darf, über Abrechnungen, die unter anderem auch Möbelstücke betreffen" (*G. Ryle* 1970, S. 102).

[13] Vgl. etwa: „Wir verstehen unter „Gegenstand" *alles* „dasjenige", dem ein Prädikator zugesprochen werden kann (alles, worauf sich eine Prädikation zu beziehen vermag) oder worauf man durch Eigennamen oder deiktische Handlungen (Kennzeichnungen) hinzeigen kann in einer für den Gesprächspartner verständlichen Weise. „Dieses hier" kann also z. B. sein „diese Symphonie" oder „dieses Haus", „dieses Eiweißmolekül" oder „diese Theorie", „diese

Religion" oder „dieses Wort", [„dieser griechische Gott" oder „dieser Einfall"]. Wir haben keinerlei Anlaß, uns auf Beschränkungen einzulassen, die zusätzlich fordern, jedem Gegenstand müsse, damit er überhaupt ein Gegenstand ist, von vornherein, in einer Ontologie „a priori", der Prädikator „sinnlich greifbar" oder sonst irgend ein Prädikator zugesprochen werden" (*W. Kamlah* und *P. Lorenzen* 1967, S. 42).

[14] Die Marxsche „Entdeckung", daß die herrschenden Gedanken weitgehend die Gedanken der Herrschenden sind, daß materielle Macht und siegreiche Ideen korreliert sind, darf ja heute als Gemeinplatz gelten: Welche „Grundperspektive" oder „Wirklichkeitsbestimmung" sich durchsetzt, „hängt von der Macht, nicht vom theoretischen Genie ihrer Legitimatoren ab. (...) In der Geschichte haben bessere Waffen, nicht bessere Argumente den Aufstieg oder Fall von Göttern entschieden. Dasselbe gilt natürlich von innergesellschaftlichen Konflikten. Wer den derberen Stock hat, hat die bessere Chance, seine Wirklichkeitsbestimmung durchzusetzen, eine Faustregel, die für jede größere Gemeinschaft gilt, was freilich nicht ausschließt, daß [im Rahmen und gewissermaßen in den relativ windstillen Winkeln dieser letztlich entscheidenden Machtkonstellationen] politisch uninteressierte Theoretiker einander überzeugen, ohne zu massiveren Bekehrungsmitteln zu greifen." (*P. Berger* und *Th. Luckmann* 1969, S. 117 — der sinngemäße Zusatz in Klammern von mir).

[15] „It is only when such concepts are interrelated in the form of a scheme that a theory begins to emerge. Concepts, then, constitute the definitions (or prescriptions) of what is to be observed; they are the variables between which empirical relationships are to be sought. When propositions are logically interrelated, a theory has been instituted" (*R. K. Merton* 1964, S. 124). Vgl. hierzu *H. Albert* 1964, S. 43 ff., aber schon (mit radikal konventionalistischer Wendung) *K. Ajdukiewicz* in: Erkenntnis 4, 1934; 5, 1935.

[16] Natürlich auch insofern, als (1.) jeder wissenschaftlichen Tätigkeit bestimmte wissenschaftstheoretische Normen und Ideale zugrundeliegen und (2.) auch *nach* Wahl einer „Sprache" oder „Perspektive" wiederum Werturteile die *konkrete* Themen- oder Problemwahl *im einzelnen* bestimmen.

[17] *W. Stegmüller* hat (1965, S. XLI f.) diese Koexistenzweisen für den Fall der heutigen Philosophie als folgende Stufen zunehmender Verständnis- und Kommunikationslosigkeit klassifiziert: 1. Wissenschaftliche Meinungsverschiedenheit (bei erhaltenem Sprach-, Problem- und Diskussionszusammenhang); 2. die Diskussion am Einzel-

problem bricht ab, weil „Argumente und Gegenargumente ins Leere zu stoßen scheinen"; ein „Mitteilungszusammenhang" jedoch bleibt insofern gewahrt, als man sich noch prinzipiell über den Inhalt und Sinn der beiderseitigen Aussagen verständigen kann; 3. der Sprach- und Sinnzusammenhang zerfällt, aber die Grundintention des anderen bleibt wahrnehmbar und anerkannt (z. B. die Intention wissenschaftlicher Erkenntnis); 4. totale Kommunikationslosigkeit; „die Art der Beschäftigung des andern wird ihm als Beschäftigung zum Rätsel". Unter deutschen Kulturgeographen scheinen heute wenigstens zuweilen schon die Stufen 3 und 4 erreicht zu sein; für das Verhältnis einiger Gruppen von Geomorphologen zueinander scheint 2. eine angemessene Beschreibung zu sein.

[18] Von der Funktion dieser Orientierungshypothesen her (Stimulation objektsprachlicher Hypothesenbildung und Beobachtung) lassen sich auch Kriterien zu ihrer Beurteilung angeben (vgl. *K. D. Opp* 1970, S. 208). Sie sollen (1.) fruchtbar sein, d. h. auf fruchtbare Fährten bringen, interessante Probleme und Hypothesen erzeugen, neue Beobachtungsbereiche aufschließen — wir beurteilen also hier die Orientierungsformel nach ihrer Problemlösungs- und Stimulationskraft. Völlig leere (unspezifische) Orientierungen („Die Länderkunde erfaßt das Wesen, den Charakter, die individuelle Totalität eines Erdraumes") sind niemals fruchtbar. Sie müssen also (2.) spezifisch sein („Wie genau werden die Variablentypen für Explanandum und Explanans bestimmt?"). Das methodologische Schrifttum der Geographie ist leider sehr reich an sehr unspezifischen bis leeren Orientierungsformeln.

Andererseits brauchen fruchtbare Orientierungshypothesen nicht immer sehr spezifisch zu sein: vor allem dann, wenn sie disziplinhistorische Innovationen begleiten und die Aufmerksamkeit erst einmal auf weite Felder bisher kaum berücksichtigter Beobachtungen und theoretischer Variablen ausrichten sollen. Auch solche Orientierungshypothesen können zeitweise von Nutzen sein, die sehr große Klassen von Explananda und Variablen anzeigen: es sei an die oft enorme Fruchtbarkeit von physischen Geographen erinnert, die ihre Beobachtungs- und Hypothesenbildung an einem sehr umfassenden Begriff von „Landschaft" orientiert haben. Umgekehrt war die Orientierungshypothese, die im Landschaftskonzept der Kulturlandschaftsmorphologen steckte, wohl sehr spezifisch, aber bald nicht mehr fruchtbar: die Explananda, die sie vorschlug („Physiognomie der Kulturlandschaft"), wie auch die Variablen, die sie für die „genetische Deutung" vorschlug („historische", „soziale" und andere „Kräfte") engten die Hypothesenbildung bald bis zur Provinzialität und (teilweise sorgfältig gepflegten) „Naivität" dieser Forschungsrichtung ein: „provinziell" und „naiv" relativ zur Hypothesenbildung anderer Kultur- und Sozialwissenschaften.

[19] Wenn es sich um eine *bestimmte* Rumpffläche handelt („die 500 m-Fläche der Eifel"), kann man weiter diesen Ausdruck als Kennzeichnung auffassen, dann die zugehörige „Normalbedingung" formulieren und erhält einen weiteren Existenzsatz. Die Kennzeichnung lautet dann etwa: $\iota x\ F(x, m) \wedge G(x) \wedge H(x, e)$ („genau dasjenige x, für das gilt: x liegt bei etwa 500 m über dem Meer und x ist eine Fläche und x liegt in der Eifel"); dies impliziert die Existenz genau eines Gegenstandes dieser Art: $V!x\ F(x, m) \wedge G(x) \wedge H(x, e)$ — d. h., daß der in der Kennzeichnung durch seine Eigenschaften beschriebene Gegenstand existiert und daß es nur genau einen Gegenstand dieser Art gibt (dies eben ist die „Normalbedingung" der Kennzeichnung). — Die wohlbekannten Probleme, die sich aus einer derartigen „Theorie der Kennzeichnung" ergeben, können hier beiseite bleiben. (Man vgl. etwa *Bochenski* und *Menne* 1965.)

[20] Man könnte auch an einen Vorschlag von *F. Sommers* (1963) denken, über die Ermittlung von „absoluten Prädikaten" ontologische Kategorien von Gegenständen zu ermitteln (vgl. aber auch *J. O. Nelson* 1964); vgl. dazu auch *E. v. Savigny* 1969, S. 247 ff.

[21] Nicht ein *Satz* spricht ja über etwas und macht ontologische Voraussetzungen, sondern ein *Sprecher*, und es muß wohl doch irgendwie zusätzlich nachgeprüft werden, ob der Sprecher wirklich die ihm in der quantorenlogischen „Übersetzung" unterstellten Voraussetzungen macht — etwa, indem man prüft, ob er Fragen wie: „Was nennen Sie ...", „Geben Sie ein Beispiel für ...", „Was sagten Sie von ...", „Was ist ..." als sinnvoll und als auf den betreffenden „Gegenstand (seiner Rede)" gerichtet empfindet; — und selbst bei denjenigen „Gegenstandsklassen", für die dieser Test positiv ausfällt, darf noch nicht unterstellt werden, der Sprecher sei der Meinung, daß alle „Gegenstände seiner Rede" in der *gleichen* eindeutigen Weise „existieren".

[22] Eben diese Unmittelbarkeit und in gewissem Sinne Bewußtlosigkeit der „Theorie", ihr „Evidenzcharakter" war dann gerade das, was den jüngeren Kritikern mit anderem „Weltbild" diese landschaftskundlichen Forschungsrichtungen so suspekt machte; die Merkmale der Reife sind mindestens zuweilen also auch die Zeichen der Wehrlosigkeit und des Endes einer Forschungsrichtung — Wehrlosigkeit deshalb, weil die Forscher in diesem Reifestadium ihrer Forschungsrichtung ihre (zugleich theoretischen und empirischen) funda-

mentalen Gewißheiten nicht mehr mit der Beobachtungswirklichkeit einer (meist jüngeren) Forschergruppe vermitteln können.

[23] Man vergesse aber andererseits nicht, daß in gewisser Hinsicht sogar das ideale Ziel der wissenschaftlichen Erkenntnis eine Welt bzw. Weltansicht ist, „in der der methodologisch wichtige Dualismus von Beobachtung und theoretischen Begriffsgerüsten überwunden wäre und die Welt der Theorie und die Welt der Beobachtung eine wären" (*W. Sellars* 1970, S. 251).

[24] Um den verzerrenden Einfluß der Betrachtereinstellung zu reduzieren, sollen vor der Kodierung die Namen aller Zielobjekte durch neutrale Symbole ersetzt werden. — Für die operationalen Anweisungen der originalen Arbeiten vgl. im übrigen *Osgood* 1959, S. 33 ff., *North, Holsti, Zaninovich* und *Zinnes* 1963, S. 91 ff.; *Bessler* 1972, S. 89 ff.

[25] Das möglicherweise als sehr grob erscheinende Verfahren der Punktbewertung ist beliebig präzisierbar, indem man die zu bewertenden Ausdrücke einem Test durch ein semantisches Differential unterzieht, welches die Paare gut — schlecht, positiv — negativ (oder ähnliche) enthält.

[26] Wörter, Begriffe, möglicherweise besser Motive — im literarischen Sinn! — Argumente, Denkfiguren und „semantische Höfe", die sich um einen der Schlüsselbegriffe anordnen.

[27] „Holismus" wird hier ein Denkzusammenhang genannt, nach dem „die Wirklichkeit", aber auch jeder empirisch zu untersuchende Phänomenbereich als eine Stufenfolge einander umfassender bzw. „überwölbender" (organischer) Ganzheiten aufgebaut ist; zur Erfassung dieser Ganzheiten und Totalitäten, ihres Zusammenwirkens und ihres „Wirkungszusammenhangs" (Synergismus) sollen teilweise besondere „synthetische" Wissenschaften sowie besondere Erkenntnisweisen und Methoden notwendig sein, die den „analytischen" Wissenschaften ganz oder teilweise abgehen.

[28] Die Werte auf der G-Skala liegen i. a. zwischen 0 und 3 (0: Erdoberfläche, Kontinente: 1,06—1,83; Großbritannien: 3,31). — Zur G-Skala vgl. den Schluß dieser Arbeit, Kap. 3.

[29] Selten unter Einbezug der *Zeit* als weiterer „Lagedimension". — *D. Bartels* betont, daß die „vertikale" Dimension in der geographischen Forschungspraxis im allgemeinen eine *Eigenschafts*dimension darstellt; vgl. 1968, S. 88 f.

[30] Z. B. C. *Troll* 1959 sowie die Arbeiten in dem Sammelband von 1966; *U. Schweinfurth* 1957, 1962, 1966; *W. Lauer* 1952; *H. Ern* 1966.

[31] Daß diese Haltung, wenn sie überhand nimmt (und sie nimmt in einer spezialistenorientierten Universität wie der unsrigen überhand), große Gefahren selbst für die Entwicklungsfähigkeit der Forschungsfronten hat, betont auch ein so ausgeprägter Naturwissenschaftler, Praktiker und Pragmatiker wie *A. M. Weinberg* (1970): Der anwachsende „Abstand zwischen dem älteren, konsolidierten Teil wissenschaftlichen Wissens und denjenigen Bereichen der Wissenschaft, die den aktiv Forschenden interessieren", führt unter anderem zu einer Erschwerung der Lehrtätigkeit und der Ausbildung einerseits, zu einer Beschleunigung im Wechsel wissenschaftlicher Moden an der Forschungsfront andererseits, dies wieder zu einem Unsolidewerden der Ausbildung (wenn sie z. B. pausenlos von diesen Moden infiziert wird) — und schließlich insgesamt zu einem Traditionsverlust in weiten Teilen der Wissenschaft, ein Traditionsverlust, der seinerseits (zumindest auf längere Sicht) mühsame Wiederentdeckungen „alter Wahrheiten" notwendig macht (vgl. S. 117 ff. u. ö.). Wir werden hier einer der vielen immanenten Grenzen des sogenannten wissenschaftlichen Fortschritts gewahr.

[32] Bei kleinräumiger vegetationskundlicher Arbeit kommt z. B. gelegentlich folgendes vor. Man kartiert an der Oberfläche deutliche und scharfgezogene Vegetationsgrenzen, die nur edaphisch bedingt sein können; vergleicht man aber dann die Grenzen der Vegetationstypen mit denen der Bodentypen (üblicher Definition) oder vergleicht man eine nach solchen Bodentypen aufgenommene Bodenkarte, so stellt man nicht selten sehr schlechte bis fehlende Übereinstimmung fest. Das bedeutet dann oft keinesfalls, daß „der Boden" für die Vegetation irrelevant wäre: es bedeutet nur, daß die Merkmalsdimensionen, die die Bodenkundler beim typologischen Ansprechen und Kartieren des Bodens benutzt haben, nicht identisch mit denjenigen Merkmalsdimensionen sind, die an dieser Stelle für die räumliche Differenzierung der Vegetation bedeutsam sind. Die Böden werden ja auch bei der Klassifikation nach Bodentypen nicht nach *allen* Merkmalen klassifiziert, und in besonderen Fällen fallen für die Vegetation gerade die ins Gewicht, die ausgelassen wurden.

[33] Um es an einem ebenso makabren wie drastischen Beispiel zu illustrieren: Wenn ein Toter da liegt, kann man dieses „Ereignis" oder diese „Situation" unter anderem (1.) nach seinem physiologischen Aspekt, als physiologisches Ereignis erklären (etwa dadurch,

daß die Person Zyankali geschluckt hat); man kann den Tod aber auch (2.) nach dem „internationalen Aspekt", durch menschliches Handeln erklären (etwa dadurch, daß dieser Mensch Selbstmord begangen hat). Im ersten Falle folgere ich z. B. aus den Prämissen, daß eine bestimmte Menge Zyankali aufgrund bestimmter physiologischer Vorgänge tödlich wirkt (Allgemeinaussage) und daß der Betreffende diese Mindestmenge eingenommen hat (Randbedingung, individuelle Gegebenheit, „Ursache"), daß er tot ist (was zu erklären war); im zweiten Falle wird man indessen ganz andere „Kategorien" und Allgemeinaussagen benutzen, nämlich unter anderem Motive und bestimmte Hypothesen darüber, in welchen Situationen und unter welchen Bedingungen ein Mensch zum Selbstmord neigt. Auch in der Geographie sind natürlich solche kategorial verschiedenen Erklärungen bzw. Interpretationen „des gleichen Ereignisses" möglich — als Beispiel wurde schon die sehr verschiedene Art und Weise erörtert, wie „theoretische Geographie" einerseits, Kulturlandschaftsmorphogenetiker andererseits die Existenz einer Stadt an einer bestimmten Erdstelle interpretieren bzw. „erklären". Es ist also ziemlich sinnlos, den „Wert" dieser oder jener Erklärung und Erklärungspraxis ohne genauen Bezug auf die jeweiligen Fragestellungen, Ziele, Erkenntnisinteressen und Erkenntnisansprüche zu diskutieren: Gleichgültig, ob die betreffenden Fragestellungen usf. von den betreffenden Wissenschaftlern klar formuliert sind oder erst durch eine Interpretation ans Licht gebracht werden müssen.

[34] Wenn man die logische Form der Erklärung einer individuellen Gegebenheit in grober Weise auf ihr Minimalgerüst reduziert, ergibt sich nach der üblichen Deutung etwa folgendes Bild:

$$\begin{array}{lll} \text{Explanans} & \left\{ \begin{array}{l} Q \\ R \end{array} \right. & \begin{array}{r} (x)\ \text{Wenn } F(x),\ \text{dann } G(x) \\ F(a) \end{array} \\ \text{(Ratio, Prämissen)} & & \\ \hline \text{Explanandum} & E & \qquad\qquad\qquad G(a) \end{array}$$

wobei alle Übergänge zwischen „Gesetzmäßigkeiten" (oder Quasi-Gesetzen Q) und „Randbedingungen" oder „individuellen Bedingungen" (R) denkbar sind. Dabei sind F und G Prädikate. Zu erklären ist z. B. die Aussage E, daß der Gegenstand a eine Burg ist und sich auf einem bestimmten Berg bestimmter Beschaffenheit und relativen Lage befindet — usf.; zu erklären ist also G (a), sprich: „G von a". Das Prädikat F beschreibt die Bedingung(en), unter denen „G von a" zu beobachten ist.

x ist eine durch den Allquantor (x), sprich „von allen x gilt", gebundene Variable, die über einem bestimmten Gegenstandsbereich interpretiert werden muß; hier bedeutet sie „irgendeinen Gegenstand".

Die Randbedingung R exemplifiziert nun die wenn-Komponente, das Explanandum E die dann-Komponente des hier quasi-gesetzmäßigen Wenn-dann-Satzes Q. Daraus, daß a zur Klasse derjenigen Burgen gehört, von denen F gilt, folgt, daß von a auch G gilt. Allgemeiner: Unter *dieser* Bedingung R (bzw. unter diesen Bedingungen $R_{1, 2, 3, \ldots n}$) ist E verständlich, d. h. „mußte" E geschehen oder war doch wenigstens vernünftigerweise zu erwarten, weil dies der „Regel" Q (bzw. den „Regeln" $Q_{1, 2, 3, \ldots n}$) entspricht:

$$\frac{\begin{array}{l} Q_{1, 2, 3, \ldots n} \\ R_{1, 2, 3, \ldots n} \end{array}}{\textit{deshalb } E.}$$

[35] Diesen wichtigen Punkt findet man im allgemeinen nur implizit; *H. Louis* allerdings hat ihn in aller Deutlichkeit formuliert: Eigentlicher Gegenstand der (geographischen) Geomorphologie sind nicht so sehr die „Größtformen der Erdoberfläche", sondern „die feinere Gestaltung der Erdoberflächenformen": „Bei der Beschreibung, Untersuchung und Deutung der allergrößten Formen der Erdoberfläche wirken Geodäsie, Geophysik, Geologie und Geographie zusammen. Der feineren Ausgestaltung der Formen nachzugehen, ist dagegen in erster Linie ein Bedürfnis der Geographie (...). Geomorphologie in diesem engeren Sinne ist daher die Wissenschaft von der feineren Ausgestaltung der Formen der festen Erdoberfläche" (*H. Louis* 1961, S. 30). Nicht das „Makrorelief" und auch nur sehr nebenbei das „Mikrorelief" liegen in der traditionellen Perspektive des geographischen Geomorphologen; sein Thema ist vor allem das „Mesorelief".

[36] Noch bei *W. Panzer* (1970, S. 7) stellt zumindest „die regionale Geomorphologie einen unveräußerlichen Grundbestandteil der Geographie dar", und zwar mit typisch landschaftskundlicher Begründung: „da die Oberflächenformen ein wesentlicher Teil der Landschaft sind" (vgl. auch S. 5). Zwar war diese landschaftskundliche Färbung nirgends so stark wie in Deutschland, fehlte aber auch in der angelsächsischen und französischen Geomorphologie nicht ganz; vgl. z. B. die Bemerkung bei *R. J. Chorley*: „There are many overtones of the „landschaft" concept of geography implicit in Davis' reasoning" (1970, S. 30).

[37] Es hat auch z. B. dazu geführt, daß gerade bestimmte räumlich-distanzielle Aspekte im Studium der Vegetation, die doch

gerade den Geographen faszinieren müßten (etwa quantitative Verteilungsanalysen und Gradientstudien), sowohl dem physisch-geographischen Vorlesungsbetrieb, den geographischen Lehr- und Handbüchern wie den (heute sehr selten gewordenen) geographischen Monographien und Detailstudien fast fehlen — während sie in der geobotanischen Ökologie so großes Interesse fanden, daß einige der hier entwickelten quantitativen Methoden sogar von der analytisch-theoretischen *Anthropo*geographie des angelsächsischen Sprachbereichs aufgegriffen wurden und nun auch — auf diesem Umweg — in die deutschsprachige Wirtschafts- und Sozialgeographie einsickern.

[38] Ohne diesen intimen Kontakt mit der Geobotanik allerdings treten die erwähnten Vorteile eher als Nachteile in Erscheinung — als ein Hang zu oberflächlicher Nonchalance, zur Lehrbuch-Synthese, zum problemabstinenten „Forschungsbericht" unter Vernachlässigung gerade der Forschungs*fronten* jener Nachbardisziplinen, die man ansonsten ausschreibt.

[39] *Jedes* vorwissenschaftliche und wissenschaftliche Sprechen — man kann diese Trivialität, scheint es, gar nicht oft genug wiederholen — ist abstraktiv und selektiv, d. h. aspektgebunden — das Sprechen des Geobotanikers nicht weniger als das des Vegetationsgeographen (und es wäre, wie wir betont haben, eine Sache empirischer Untersuchungen, herauszufinden, ob, inwiefern und wie sehr die selegierenden Perspektiven des Geobotanikers „normalerweise" von denen des Vegetationsgeographen abweichen). Wenn *J. Schmithüsen* formuliert, die Geobotanik untersuche „Pflanzensippen und Pflanzengesellschaften nach ihrer Verbreitung und der Abhängigkeit von den Lebensbedingungen" (1968, S. 7), dann sind ja zwei „Aspekte" der Geobotanik ausgesprochen: Auch die Geobotanik untersucht die Pflanzensippen und Pflanzengesellschaften keineswegs „als solche". Man hat niemals die Wahl, Zusammenhänge zu betrachten oder nicht; man hat bestenfalls die Wahl, *welche* man betrachten will.

Die eigentümliche Gegenüberstellung von Wissenschaften, die angeblich die Dinge als solche studieren, und Wissenschaften, die diese Dinge „verknüpfen", ist wohl der Nachhall eines älteren Zustandes der „Naturgeschichte" (sagen wir, des 17. bis frühen 19. Jahrhunderts), in welchem die „naturhistorischen" Disziplinen wie Botanik, Zoologie, Mineralogie usf. noch im wesentlichen mit klassifizierenden Bestandsaufnahmen beschäftigt waren und eben *dadurch* den *Eindruck* vermitteln konnten, als würden sie sich „mit den Dingen als solchen" abgeben. Aber selbst dieser Eindruck täuscht: Denn selbstverständlich beschäftigt sich auch derjenige, der klassifiziert und typisiert (oder regionalisiert) mit *Relationen* (bestimmter Gegenstände oder bestimmter Klassen von Gegenständen zu bestimmten andern): „Eine gedankliche Klassifikation (oder Typenbildung) nimmt eine Art von Gesetzmäßigkeit entweder vorweg oder basiert auf ihr. Legt daher das Material selbst bei bloßer Betrachtung eine Art von Klassifikation nahe, so darf man hoffen, einer Gesetzmäßigkeit auf die Spur gekommen zu sein" (*F. K. Schaefer* 1970, S. 61) — sonst wäre die Klassifikation gänzlich unfruchtbar und willkürlich. Eine sinnvolle Klassifikation ist immer *wenigstens* eine mehr oder weniger unklare Vermutung über bestehende Relationen und Gesetzmäßigkeiten.

[40] Wenn man daraufhin nach einer Begrenzung des Phänomenbereichs „Erdraum" fragt, erhält man wiederum die Antwort, zu einem Erdraum gehöre alles, was sein Wesen ausmache oder seinen Charakter bestimme (und zu seinem Wesen gehöre alles, was nicht weggedacht werden könne, ohne seinen Charakter wesentlich zu ändern).

[41] Das landschaftsphysiognomische Prinzip muß hier wohl so gedeutet werden, daß der Vegetationsgeograph sich nur um diejenigen Pflanzen und Pflanzenbestände kümmern solle, die Teil eines Landschaftsbildes sind, d. h. in einer bestimmten landschaftlichen Größenordnung liegen — wobei man sich diese Größenordnung vom vorwissenschaftlichen Alltagsgebrauch der Wörter „Landschaft" und „landschaftlich" vorgeben läßt. Eine solche Eingrenzung des Beobachtungsfeldes wäre nur gerechtfertigt, wenn gezeigt würde, daß es eine sinnvoll zusammenhängende Klasse von vegetationskundlichen Problemstellungen und Hypothesen gibt, die genau im Rahmen dieses Beobachtungsfeldes untersucht und getestet werden können, und daß es sich hierbei gerade um die spezifisch vegetationsgeographischen handelt. Mir ist nicht bekannt, daß ein solcher Versuch, das „physiognomische Prinzip" in der Vegetationsgeographie zu legitimieren, bisher durchgeführt wurde. So haftet diesem Prinzip etwas eher Absurdes an: als wolle man eine bestimmte Sorte von Pflanzenkunde dadurch von der Botanik abgrenzen, daß sie die Pflanze nur zwischen 5- und 10facher Vergrößerung betrachtet; als wolle man eine Tierkunde schaffen, welche die Tiere nur insofern betrachtet, soweit und wie sie sich bei 50- bis 100facher Vergrößerung zeigen; als wolle man festlegen, die Astronomie dürfe die Himmelskörper nur als Bestandteil des Sternenhimmels betrachten, wie er sich für das unbewaffnete menschliche Auge vor der nächtlichen Landschaft zeigt; als wolle man die Geologen darauf festlegen, ihre Probleme nur mit

dem Hammer zu lösen. Es ist wohl ausgeschlossen, daß eine Disziplin oder auch nur eine Forschungsrichtung sich *auf die Dauer* durch ein so enges (und noch dazu vorwissenschaftliches) Beobachtungsgebiet charakterisieren ließe; fruchtbare Forschungsrichtungen sind eher dadurch gekennzeichnet, daß sie sich immer neue Beobachtungstechniken immer neue Beobachtungsfelder erschließen, um ihre spezifischen Probleme immer angemessener formulieren und lösen zu können. Wie die Geographie im allgemeinen, so hatte auch die Vegetationsgeographie immer *mehrere* Techniken und Felder der Datenerhebung und Beobachtung; sie hat *in praxi* das landschaftsphysiognomische Prinzip, das bei den geographischen Methodologen eine so große Rolle spielte, nie sehr ernst genommen und sich so gut wie nie auf das beschränkt, was das unbewaffnete Auge im Gelände aus einiger Entfernung (d. h. im Landschaftsbild) wahrnimmt.

Das landschaftsphysiognomische Prinzip kennzeichnet man also am besten als einen rigorosen Methoden- bzw. Beobachtungsmonismus außerwissenschaftlicher Herkunft und als ein Erinnerungssymbol an das vorwissenschaftliche Ursprungsfeld unserer Wissenschaft: die Perspektive des Reisenden auf die Phänomene der von ihm durchreisten Welt.

[42] Es handelt sich um *mehrere* Themen, von denen die beiden vielleicht wichtigsten angedeutet seien: *Erstens* die (im weitesten Sinne) verhaltenswissenschaftliche Frage, welche Rolle die Vegetation eines Gebietes im Verhalten und vor allem im Handeln und in den Entscheidungsprozessen menschlicher Gruppen und Individuen spielt (handle es sich um heutige oder historische Entscheidungen und Handlungen), *zweitens* um die *technologische* Frage, wie man bei bestimmten Bedingungen der (physisch-) biotischen Umwelt wirtschaften oder sonstwie handeln solle — bestimmte sozioökonomische und technologische Ausgangslagen und bestimmte Handlungsziele vorausgesetzt. Fragen der ersten Art zu lösen, ist sicherlich nicht vorzugsweise die Vegetationsgeographie berufen; Fragen der zweiten Art werden unter anderem in bestimmten Ingenieurwissenschaften (z. B. in der Kultur- und Landbautechnik zu lösen versucht.

[43] Für diesen Ansatz „Umweltwahrnehmung" vgl. Kapitel 16, 17, 18 und 19 sowie den Schluß des Kapitels 13.

[44] Indem Landschaftsökologie und Geomorphologie sich auf menschlich beeinflußte Systemzusammenhänge konzentrieren und der Distanzvariablen eine besondere Aufmerksamkeit widmen, würde zwar eine gewisse lose Verbindung zur Geographie des Menschen (wieder)hergestellt: Aber diese lose Verbindung wäre keine „Neube-

gründung der Einheit der Geographie". Das eigentlich forschungslogische und auch das effektivste organisatorische Prinzip für die Zuordnung von Disziplinen ist vielmehr die Verwandtschaft und der Zusammenhang in der Begriffs- und inhaltlichen Theoriebildung. Der Ökologe, der menschliche Eingriffe in ein „Ökosystem", d. h. *die ökologischen Folgen* menschlicher Aktivitäten studiert, schöpft aber zur Zeit aus einem völlig anderen Pool von Begriffen, Theorien und Methoden als der Wissenschaftler, der das menschliche Handeln (bzw. die sozioökonomischen Verhältnisse) selbst beschreibt und erklärt.

Es soll hier kein grundsätzlicher und ewiger Unterschied zwischen Natur- und Sozialwissenschaften behauptet werden (das wäre schlechte Ontologie); es soll vielmehr schlicht auf die empirisch vorfindbare, sehr weitgehende Verschiedenheit hingewiesen werden, die heute (und zumindest auf lange Zeit) zwischen Theorie und Empirie der Naturwissenschaften einerseits, Theorie und Empirie der Sozialwissenschaften andererseits besteht.

Eine „Begegnung am Problem" oder am „Gegenstand" (z. B. in der Anwendung von Wissenschaft) ist damit natürlich in keiner Weise ausgeschlossen. Aber „der Gegenstand [z. B. die Kulturlandschaft] als Versammlungsprinzip" — ein Versammlungsprinzip, auf das die geographischen Methodologen ihre Argumente immer wieder begründet haben(vgl. zuletzt *L. Finke* 1971, S. 77) — ist immer relativ kurzlebig und für den theoretischen Fortschritt der Wissenschaft wenig effektiv. Hingegen ist „die Verbindung einer theoretischen Disziplin mit derjenigen, der sie Begriffe [und Theorien] liefert, dauerhaft und gar nicht durch künftige Entwicklung überholbar" (*J. v. Kempski* 1964, S. 23).

[45] Der Terminus „Kulturlandschaft" wurde (auch vom gleichen Autor) sehr verschieden weit gefaßt: (1.) „Kulturlandschaft" meint nur das, was die entsprechenden Kartensignaturen als „Kultur" und menschengemacht ausweisen; (2.) „Kulturlandschaft" meint alle physiognomisch bedeutsamen Züge der Landschaft, die nicht schon in der Naturlandschaft sichtbar enthalten waren; (3.) „Kulturlandschaft" meint „die gesamte Landschaft" *einschließlich* ihrer von Menschen geschaffenen und modifizierten Züge. — Diese Begriffe wurden bald mehr auf die Physiognomie begrenzt, bald umfassender gebraucht, indem neben den landschaftlich sichtbaren Phänomenen auch die nichtsichtbaren Phänomene eines Landschaftsraumes einbezogen wurden. Der „Landschaftsraum" ist dabei das mehr oder weniger homogene und kontingente (zusammenhängende) Areal eines Landschaftstyps.

[46] Z. B. die „Urlandschaft" als die Naturlandschaft zum Zeitpunkt unmittelbar vor den ersten nennenswerten menschlichen Eingriffen; die vor- und frühgeschichtlichen „Altlandschaften", die hochmittelalterlichen Kulturlandschaften vor und nach der „Wüstungsperiode", die Landschaft nach dem frühneuzeitlichen Ausbau („um 1600"), die vorindustrielle Kulturlandschaft („um 1800") — usf.

Die historische Blickrichtung lag natürlich schon deshalb nahe, weil das Landschaftsbild in der Tat viele Einzelzüge enthält, in denen die traditionsbestimmte (von *historischen* Funktionen geprägte) Physiognomie der *heutigen* Funktion widerspricht — um diese in der geographischen Literatur geläufige Dichotomie von „Physiognomie" und „Funktion" zu benutzen (der ehemalige Wirtschaftsteil eines Hofes als Wohnhaus; eine ehemalige Scheune als Autogarage, eine großbürgerliche Jugendstilvilla als Sitz eines Zentralverbandes oder eines Erholungsheimes, ein barockes Adelspalais als Sitz eines gewerblichen Betriebes, die ehemaligen Eichenlohwälder als begehrte Jagdpacht vermögender Städter — und was dieser beliebten Beispiele für solche „Pseudomorphosen" mehr sind). Dieser landschaftlichen Gegenstände wegen, die ihre originale Physiognomie und Sinnprägung in einer ganz anderen sozioökonomischen Umgebung erhalten haben, konnte man das Kulturlandschafts*bild* geradezu als ein Antiquarum und Museum historischer Denkmale betrachten und die deutsche Kulturlandschaft etwa als ein „Zeugnis der deutschen (Kultur- und Kunst-)Geschichte". Eine solche Perspektive war auch in der geschichtswissenschaftlichen und kunsthistorischen Literatur, in der Weltanschauungsliteratur, in der Belletristik und anspruchsvollen Reiseliteratur der zwanziger und dreißiger Jahre auch außerhalb der Geographie sehr verbreitet. Die sehr interessanten Bezüge zwischen diesen Partialliteraturen sind noch ganz unbekannt; ohne ihre Kenntnis wird aber das Phänomen „Landschaftsgeographie" (i. e. S.) nur sehr schlecht verstanden.

[47] „Historische Geographie" ist im Laufe der Disziplingeschichte und von verschiedenen Vertretern der historischen Geographie sehr verschieden aufgefaßt worden (disziplinhistorisch ist die kulturlandschaftsgeschichtliche Variante nicht einmal besonders wichtig und fruchtbar gewesen): Historische Geographie als Entdeckungsgeschichte; als Geschichte der kartographischen Erschließung der Erde; als umfassende Geschichte der Reisen, der Kenntnis bzw. der wissenschaftlichen Erschließung der Erdoberfläche; als Geschichte der Veränderung der politischen Einheiten und Grenzen; als Studium der Rolle, welche „der geographische Faktor" bzw. „die physisch-geographischen Bedingungen" in der Geschichte gespielt haben („die

geographischen Grundlagen der Geschichte"); als Studium des Wandels der physisch-geographischen Bedingungen in historischer Zeit; als Studium der historisch variablen Art und Weise, in der sich die menschlichen Gruppen an bestimmten Erdstellen, in bestimmten Regionen mit der physisch-biotischen Umwelt auseinandergesetzt haben; als Beschreibung und genetische Erklärung der Transformation von Natur- in Kulturlandschaft; oder schließlich umfassend als „Rekonstruktion vergangener Geographien" — sei es als historische Länderkunde, historische Landschaftskunde (Kulturlandschaftsentwicklung) oder als historische Sozial- und Wirtschaftsgeographie (vgl. hierzu *C. T. Smith* 1970, S. 120 f.). Es versteht sich, daß jede Art, historische Geographie zu treiben, aufs engste verbunden war mit der Art, wie der betreffende historische Geograph die Geographie insgesamt verstanden hat und wie die zeitgenössische Geographie insgesamt betrieben wurde. Eine disziplinhistorische Studie über diese Zusammenhänge liegt meines Wissens noch nicht vor.

48 Die ideengeschichtlichen Wurzeln typischer landschaftsgeographischer Denkmotive reichen aber noch weiter zurück: Sie stammen aus der alteuropäischen Kosmoskontemplation und Kosmostheorie. Die Landschaftsbetrachtung entwickelte sich, wie *J. Ritter* gezeigt hat, im 18./19. Jahrhundert zu einem ästhetisch-emotionalen, literarischen Substitut und Surrogat der nun unmöglich gewordenen (rational-wissenschaftlichen) Kosmosbetrachtung; sie wurde schließlich aus einem ästhetischen Verhalten teilweise wieder in ein wissenschaftliches Verhalten umgeformt, welches im 20. Jahrhundert einen festen Bestandteil der literarisch-historischen Bildung darstellte. Das Thema „Landschaft" und vor allem „Kulturlandschaft" wurde auf diesen Wegen im frühen bis mittleren 20. Jahrhundert sehr typisch für eine privatisierte, entaktualisierte und entpolitisierte literarisch-bürgerliche und idealistische Bildung (teilweise übrigens auch für bestimmte konservative und/oder „völkische", nationalromantische Haltungen).

49 Auf diese Weise kommt eine oft starke historische Färbung solcher Untersuchungen zustande; die Untersuchung löst sich auf und verliert ihre Logik (bzw. setzt sich bewußt ein Ende), wenn eine bestimmte Zeitgrenze (frühes bis mittleres 19. Jahrhundert) oder ein bestimmter Gegenstandsbereich (traditionelle Landwirtschaft und höchstens einige wenige Zweige der modernen Landnutzung) überschritten werden.

50 Die anthropologische Gewißheit von der individuellen Freiheit des autonomen Individuums (das sich kraft einer abstrakten Frei-

heit quasi beliebig dem gesellschaftlichen Zusammenhang und der geographischen Forschung entziehen kann) ist in zuweilen bizarren Formen bis in die jüngste Zeit Topos der Landschaftsgeographie, ja der gesamten deutschen Geographie geblieben. Es liegt nahe, die ideologiegeschichtliche und ideologiekritische Hypothese zu wagen, daß es sich hier um einen fachinternen Reflex der Ideologie des liberalen Konkurrenzkapitalismus handelt: nämlich um das anthropologisch überhöhte und legitimierte Prinzip der freien Konkurrenz einer privatwirtschaftlich organisierten bürgerlich-kapitalistischen Gesellschaft. (Nach Aufhebung des Merkantilismus war im Liberalismus die Funktion des Staates ja so definiert, daß er sich der Reglementierung zu enthalten habe — zugunsten einer mehr oder weniger absoluten Freiheit der individuellen ökonomischen Aktivität.) Eine solche Hypothese (vgl. *H.-D. Schultz* 1971, 1972) übersieht freilich leicht die Traditionsvermittlungen und Ideenfiliationen im „Überbau" selbst — so den „Idealismus der Freiheit", von dem die deutsche Geschichtsschreibung und insgesamt das intellektuelle Milieu der „deutschen bürgerlichen Bildung" in der zweiten Hälfte des 19. Jahrhunderts (und weit darüber hinaus) weithin beherrscht war. In Frankreich dürfte die von *Maine de Biran* (und *Cousin*) ausgehende, zu *Bergson* und zum Bergsonianismus führende Linie des französischen Voluntarismus ähnlich gewirkt haben.

[51] „Wir wollen es noch einmal betonen: Der Possibilismus ist kein Bezugsrahmen für die Erklärung oder Voraussage von Entscheidungen oder von psychologischen Ausgangslagen für diese Entscheidungen. Der Possibilismus bietet keinen Ansatz zur Erklärung oder Voraussage von Verhalten als solchem, auch wenn das Gegenteil behauptet wird. Im possibilistischen Bezugsrahmen werden Entscheidungen und Unternehmungen als gegeben angesehen, nicht als zu analysierendes, zu erklärendes oder vorauszusagendes Verhalten. Diese Deutung scheint uns unausweichlich zu sein. Der Possibilismus (...) ist (...) als Reaktion auf den Determinismus entstanden. Und (...) eine der Attraktionen des Possibilismus im intellektuellen Klima des frühen zwanzigsten Jahrhunderts war das ausdrückliche Postulat der Wahlfreiheit (...). Wenn man die gegenteilige Position einnimmt — und annimmt, daß das Milieu sowohl das, was der Mensch in Angriff nehmen als auch das, was er erreichen kann, bestimmt — führt dies wieder auf den strikten Determinismus zurück, den der Possibilismus ersetzen sollte. Aus diesem Grund gibt es keine andere Schlußfolgerung als die, entweder dem Possibilismus keinerlei Erklärungs- und Voraussagefunktionen für Auswahlen und Entscheidungen zuzuschreiben oder ihn begrifflich vom strikten

Determinismus ununterscheidbar zu machen". (*H.* u. *M. Sprout* 1971, S. 83 f.; im Original teilweise hervorgehoben).

[52] „Für die Forschungspraxis erhält der Mensch damit weitgehend die Funktionsstellung und den Rang einer bloßen Erklärungsursache materiell-landschaftlicher Sachverhalte; und von den Sachverhaltgruppen der Kulturlandschaft her erfolgt vielfach eine Aufteilung des menschlichen Kräftepotentials in eine Mehrzahl von zumindest quasiursächlichen anthropogenen Faktoren, deren Gesamtheit zu einem historisch gefaßten, im übrigen wenig definierten „Kultur-", „Geschichts-" oder sonstigen („letzten") Hintergrundbegriff mit Ganzheits- und Persönlichkeitscharakter zusammengezogen, aber keiner weiteren Analyse unterzogen wird (...). Ohne die Einbettung in geschichtswissenschaftliche Sicht bleibt der Begriff der „psychischen Kausalität" übrig als vorläufiges non plus ultra" (*D. Bartels* 1968, S. 131).

[53] Die Aufsatzsammlung enthält vor allem Arbeiten aus der ersten fruchtbaren Epoche der deutschsprachigen Sozialgeographie mit deutlichem Akzent auf den Arbeiten der fünfziger und frühen sechziger Jahre; auch die „Literaturauswahl" im Anhang (S. 524—530; von *W. Storkebaum*) enthält keine nicht-deutschsprachigen Titel. Der Leser, der in dem Sammelband also etwa einen Querschnitt durch die heutige Sozialgeographie sucht, muß sich diese Beschränkungen immer strikt vor Augen halten — vor allem angesichts der Tatsache, daß die Wachstumsspitzen der Sozial- und Wirtschaftsgeographie heute (und vor allem in der jüngsten Zeit) vor allem in der angelsächsischen Literatur liegen. So fehlen dem Band auch noch fast vollständig bestimmte präzisierende Forschungstechniken, die heute auch im deutschsprachigen Bereich zunehmend eingesetzt werden (z. B. mathematisch-statistische Messung von Merkmalszusammenhängen sowie regressions- und faktorenanalytische Erklärungsmodelle anstelle von „plausiblen" Deutungen von sich deckenden Verbreitungsarealen). Die methodologische Einleitung (von *W. Storkebaum*) ist noch stärker als die meisten Arbeiten retrospektiv an der Landschaftsgeographie orientiert.

Inhaltlich und disziplinhistorisch ist für die vertretene Literatur (wenn auch nicht bei allen Autoren und nicht bei allen Autoren in gleicher Weise) sehr charakteristisch die starke Ausrichtung der Beobachtung und der Hypothesenbildung auf das Bild der Kulturlandschaft, auf Landschaftsphysiognomie und „landschaftliche Indizes", „hinter" denen die relevanten „sozialgeographischen Kräfte" und „Wandlungen" aufgespürt werden. Diesen in der Tradition der deutschen Geographie verankerten Ansatz darf man als die charakteristische Forschungsperspektive der deutschen Sozialgeographie vor allem der fünfziger und frühen sechziger Jahre betrachten, wenn auch schon früh das Bestreben sichtbar wird, andere, nicht-landschaftliche Beobachtungsbereiche viel stärker heranzuziehen und schließlich das „raumwirksame" Verhalten der menschlichen Gruppen unmittelbar mit sozialwissenschaftlichen Methoden zu erfassen (und nicht mehr so sehr auf dem Umweg über Kulturlandschaft und Landschaftsbild).

[54] Der Begriff „(einfache) landschaftliche Erscheinung" ist vom Autor sehr weit gefaßt, offensichtlich im Sinne eines universalistischen Landschaftskonzeptes: Als „landschaftliche Erscheinung" gilt hier nicht nur das, was Bestandteil der Landschaftsphysiognomie (des Landschaftsbildes) ist; als „landschaftliche Erscheinungen" gelten auch die Besitzverhältnisse, d. h. bestimmte *Relationen* zwischen „landschaftlichen Erscheinungen" und Personen.

Auch bei einer solchen Auslegung fragt er sich freilich, ob man Besitzparzellen und Besitzparzellenmuster noch als „landschaftliche Erscheinungen" bezeichnen sollte; jedenfalls wird eine Gesamtheit von Besitzrelationen sowohl im allgemeinen wie im geographischen Sprachgebrauch gemeinhin kaum noch als eine „einfache landschaftliche Erscheinung" bezeichnet.

[55] Hinter den allgemeineren Ausführungen des Autors steht etwa eine nomologische Aussage folgender Art: „In der Folge von Zentralitätsschwankungen kommt es zu (bestimmten) Veränderungen in den agrarischen Besitzverhältnissen" — eine Aussage, die unter anderem deshalb etwas unangemessen ist, weil z. B. die von *Ruppert* zitierte „Ausweitung industrieller Unternehmungen" in jedem Fall für die Veränderung der Besitzverhältnisse wichtig ist, aber noch keineswegs in jedem Fall eine Zunahme der zentralen Funktion in bezug auf den „Einzugsbereich der Kleinstadt" bedeutet. Das vorgeführte Detail zeigt eigentlich nur, daß Veränderungen im tertiären und sekundären Sektor Veränderungen im primären nach sich ziehen — unter anderem den fraglichen „Index", und für Alsfeld/Oberhessen müßte man etwa so formulieren: „Wenn sich bestimmte Veränderungen ‚infrastruktureller' Art vollziehen (verbesserte Verkehrsanbindung, Ausweitung der Industrie, Errichtung von Krankenhaus und Oberrealschule usw.), und dadurch attraktive Arbeitsplätze angeboten werden, sinkt das Interesse am landwirtschaftlichen Nebenerwerb; es erfolgt eine berufliche Entmischung, und zugleich werden die freiwerdenden Parzellen von den Nachbargemeinden her

aufgekauft und zugepachtet." Das Endglied — die Zunahme der Ausmärker — kann dann *unter anderem* mittels einer Besitz- und Sozialkartierung festgestellt werden (Vgl. *H. D. Schultz* 1971).

[56] Die „Sozialbrache" ist ein gutes Beispiel: eine alte commonsense-Theorie verband Extensivierung der Nutzung und Auflassen von Nutzflächen mit einem Bevölkerungsrückgang, auch mit Bodenqualität und siedlungsferner Lage — nun beobachtet man Brachfallen trotz Bevölkerungszunahme und ohne durchgehenden Zusammenhang mit Bodengüte und relativer Lage (also selbst auf guten Böden und siedlungsnah): eine Beobachtung, die vor dem Hintergrund „üblichen" Wissens als interessant erscheinen und stimulierend wirken mußte (vgl. *H. D. Schultz* 1971).

[57] Der Aufbau der Begriffsexplikation bei *R. Hartshorne* war übrigens vorbildlich (vgl. 1939, S. 158 ff.): der Text kann fast als ein Musterbeispiel zu *R. Carnaps* Kriterien für eine adäquate Begriffsexplikation gelten. *Hartshorne* beginnt mit der Klärung des Explikandum, d. h. dessen, was unter dem Explikandum im allgemeinen (sei es umgangs-, sei es fachsprachlich) verstanden wird. Dann schaltet der Autor diejenigen Wortverwendungen aus, die er nicht explizieren will — entweder weil die Wissenschaftssprache an dieser Stelle schon andere Termini besitzt oder dem Autor die möglichen Explikate nicht fruchtbar zu sein scheinen. Schließlich umschreibt er die Bedeutung(snuanc)en derjenigen Verwendung des Wortes „Landschaft", die er zu explizieren gedenkt. „Gegen diese Forderung, eine wenigstens praktische Klarheit über das Explikandum zu erlangen, wird (...) sehr häufig verstoßen, insbesondere dann, wenn das Problem in Gestalt einer Was-ist-Frage gestellt wird (...). Durch Erläuterungen von solcher und ähnlicher Art kann der Hörer bzw. Leser Schritt für Schritt ein Bild von dem bekommen, was einbezogen und was ausgeschlossen werden soll. Das Ergebnis ist dann (noch) keineswegs ein theoretisch einwandfreier Begriff, sondern die Gewinnung eines Verständnisses, welches praktisch hinreichend ist, um in eine Diskussion der möglichen Explikationen eintreten zu können" (*R. Carnap* 1959, S. 13). Für eine adäquate Explikation — die ja in gewisser Hinsicht eine „schöpferische Definition" ist — gilt also nicht nur, daß das Explikat fruchtbar sein, d. h. im Hinblick auf fruchtbare Formulierungen vorgenommen werden soll; sie setzt darüber hinaus ein Explikandum voraus, welches bereits in einer anderen Sprache funktioniert und vorweg geklärt werden sollte.

[58] In der deutschen geographischen Literatur ist der Ansatz vor allem von *D. Bartels* dargestellt (1968, 1968a, 1969, 1969a — als

Einführung wegen ihrer illustrativen Beispiele besonders zu empfehlen! — und 1970). Der Sammelband von 1970 enthält auch eine Reihe von (ins Deutsche übersetzten) Arbeiten angelsächsischer Autoren zur Methodologie dieses Ansatzes (*Nystuen, Burton, Olsson, McNee, Isard* und *Reiner* u. a.); neuerdings steht die Übersetzung von Hagett 1965 zur Verfügung (Berlin 1973).

[59] Vgl. neben *Bunge* 1966, *Tobler* 1970, *Hägerstrand* 1957, *Haggett* 1967, *Warntz* 1965, 1967, *Dacey* 1965, zusammenfassend in *D. Harvey* 1969 das Kapitel: „Model languages for geographical explanation: Geometry — the language of spatial form".

[60] Der ökologische Standort ist der Inbegriff der äußeren Umweltfaktoren, die für einen Organismus, für ein Aggregat von Organismen oder — in unscharfer Variante — für die gesamte Lebewelt einer Erdstelle bedeutsam sind. Der „Standort" ist also relativ zu einer von ihm beeinflußten bzw. umgebenen Einheit, d. h. immer mit Bezug auf einem bestimmten Organismus usf. definiert: Was die Landschaftsökologen, wenn sie ihre Ökotopen (oder auch „Standortareale", „Standorträume") usf. aufstellen, vielfach völlig zu vergessen scheinen.

„Standort" wird zuweilen auch enger als „Gesamtheit der physikalisch-chemischen Umweltfaktoren *ohne* den Wettbewerbsfaktor" definiert; das Gesagte gilt aber auch in diesem Fall.

[61] Der Nachteil eines „absoluten" (monotypischen) Raumbegriffs besteht ja gerade darin, daß man in seinem Banne die Frage, wie Distanzen zu messen seien, in jedem Fall eindeutig und in trivialer Weise löst. Wer mißt, wählt damit implizit eine Geometrie, und zwar hier die euklidische. Der euklidische Raum entspricht zwar nicht unserem *visuellen* Wahrnehmungsraum, er ist aber in gewissem Sinne der „natürlich erfahrene" und deshalb „evidente". Seine Evidenz läßt aber leicht vergessen, daß Distanz auch ganz anders gemessen werden kann: in Kosten, Zeitaufwand, Sympathie, sozialer Interaktion, Diffusionswiderstand usf. — daß überhaupt die jeweils beste Meßtechnik eine Funktion des jeweils ablaufenden Prozesses, der betreffenden Aktivität ist. Es gibt keine Metrik, keine „Karte", die für alle Aktivitäten paßt; jedenfalls ist die metrische Distanz im allgemeinen ein weniger geeignetes Maß als etwa die Kosten-, Zeit- und vor allem die effektive psychische Distanz.

[62] Im *Schachtelmodell* des Raumes ist der Raum (Erdraum) entweder ein Gefäß (daß „dinglich erfüllt" oder auch leer sein kann), bald das Gefäß samt dem Inhalt, bald ein Inhalt, d. h. eine Menge von körperlichen Dingen (oder anderen Phänomenen). Vorstellungen

dieser Art dominieren die deutschsprachige geographische Literatur des 19. — 20. Jahrhunderts: wenngleich nicht ausschließlich. Diese Raumvorstellungen sind bald mehr dem aristotelischen („periechologischen") Raumbegriff nahe (der Raum bzw. Ort als ein vom einschließenden Körper umgrenztes „Gefäß"), bald mehr dem von *Newton* (der Raum ist eine unkörperliche, selbständige Realität neben bzw. „über" den realen Dingen, und zwar eine Menge von ewigen und umwandelbaren Punkten, die bald von dem einen Stück Materie, bald von dem andern Stück Materie, bald von gar nichts besetzt sind). In all diesen Fällen wird der Raum als etwas Absolutes betrachtet.

In kantianischer Variante gilt der absolute Raum Newtons nicht als eine Realität (und als unabhängig von aller Materie existierend), sondern als bloß „gedachter Container", als abstraktes Konzept, als ein fiktives Ordnungsschema und eine transzendentale Anschauungsform des Subjektes.

Die üblichsten und gröbsten Varianten des Schachtelmodells betrachten zwar den geographischen Raum eher als einen Behälter physischer Gegenstände (mit allen körperlichen Objekten darin!), die gebildeteren und philosophischeren Varianten, die übrigens sehr viel seltener sind, variieren eher die kantianische Deutung (*Hettner, Hartshorne*).

Innerhalb der Container-Variante wird „Raum" oder „Erdraum" gelegentlich, und zwar vor allem bei kulturökologischer Fragestellung, auch verstanden als „Gesamtheit der *natürlichen* Gegebenheiten", als Inbegriff des physisch-biotischen Milieus oder als „Naturlandschaft" — z. B. in dem Satz: „ (...) für die Geographie jeder (Schul)Stufe bleibt der Bezug des Menschen zum Raum, also zur Naturlandschaft in ihrer Gegebenheit durch Lage, Bodenbeschaffenheit, Klima, Vegetation, Bewässerung usw. wesentlich. (...) menschliches Leben ist vom Erdraum abhängig" (*F. Kopp* 1972, S. 44).

Eine disziplingeschichtliche Behandlung des Raumbegriffs fehlt leider noch. Eine solche Monographie wäre ohne Zweifel aufschlußreich: Sie könnte sicherlich zeigen, daß bestimmte Begriffe im Rahmen dieser traditionellen Raumkonzepte nur schwer formuliert und verstanden werden können (etwa der Begriff des Einflußfeldes), ja, daß im Bann dieser absoluten und containerorientierten Raumbegriffe sogar das Verständnis des gesamten standorttheoretischen Ansatzes schwerfallen muß (und leicht als „eine Wissenschaft vom Wo der Dinge" mißverstanden wird).

[63] Ein besonderes Thema bilden die „historischen Infrastrukturen", die durch ihr Beharrungsvermögen und ihren Veränderungswider-

stand (ihre „Persistenz") den Aktivitäten der Gegenwart vorgeprägte Wege und Grenzen setzen.

[64] Solche Entscheidungsträger sind Individuen, Haushalte, Familien, Unternehmer, Firmen, öffentliche Körperschaften (wie Verwaltungen, Planungsinstanzen und Regierungen).

[65] Auf der Seite der physischen Geographie gehören hierher das Studium von Formenwandelreihen, von Catenen und Gradienten aller Art, sei es in geomorphologischen, bodenkundlichen, klimatologischem, vegetationskundlichen, ökologischen oder sonstigen Kontexten.

[66] Die wichtigsten Fragen sind dabei: Wo entstand die Innovation; welche Wege schlug das diffundierende Kulturelement im realen und sozialen Raum ein und welche Zeiten benötigte es; was waren die soziokulturellen und Umweltvoraussetzungen der Information und der Adoption?

[67] Hier geht es unter anderem darum, Merkmale für die mobilen und weniger mobilen Bevölkerungsgruppen zu finden, um selektive Bevölkerungsabwanderungen und um die Bestimmungsgründe für die Wahl der neuen Arbeits- und Wohnstandorte.

[68] Und überdies: „Wenn in Bereichen mangelnder Partizipationschancen, d. h. der sozialen Rückständigkeit oder der „Unterentwicklung", infrastrukturelle „lags" mit der räumlichen bzw. „funktionalen" Distanz korrelieren, so wird das auf die Gesamtgesellschaft bezogene Sozialverhalten durch den Einfluß moderner Kommunikationsmedien doch auch an der räumlichen Peripherie beständig weniger durch ökeisch [ökologisch] gewichtete Distanzen zu den gesellschaftlichen Zentren bestimmt" (*H. J. Nickel* 1971, S. 69). Vor allem der fast typische deutsch-sozialgeographische Drang nach räumlich-zonalen Typologien des Verhaltens, die Suche nach „Räumen gleichen sozialgeographischen Verhaltens", nach „Sozialräumen" und „Räumen einheitlichen sozialen Handelns und Verhaltens" *kann* in der Tat dazu führen, daß die abgelebte und notorisch den bekannten ökologischen Fehlschlüssen ausgesetzte „klassische Sozialökologie als „moderne Sozialgeographie" neu entdeckt wird" (S. 67).

[69] „Objekt der Sozialgeographie (...) ist nicht in erster Linie die Landschaft — im Sinne eines Ausschnittes der Erdhülle — sondern es sind die Sozialgruppen bzw. die Gesellschaften in ihrer räumlichen Aktivität mit ihren Verhaltensweisen und den von ihnen ausgehenden raumbildenden Prozessen" (*F. Schaffer* 1970, S. 454).

[70] Solche „materiellen“ Aspekte sind etwa die gesamte bäuerliche Sachkultur samt der Organisation der Feldflur und der Höfe, aber auch die Arbeitstechniken, Arbeitsgewohnheiten und Arbeitsrhythmen.

[71] Es handelt sich um jene Geographie, die im Schlagwort als „regionale Ganzheitsforschung“ charakterisiert werden kann und deren Ehrgeiz die Herausarbeitung der komplexen Individualitäten von Ländern, Landschaften, Regionen war. — Zu den Begriffen der „possibilistischen“ und „quantitativen Revolution“ vgl. das Kapitel „Zur Betrachtung der Disziplingeschichte“.

[72] Es handelt sich um die Nahumgebung des Individuums und deren „Bewertung“; vgl. *R. Sommer* 1969, *E. Hall* 1959, 1966.

[73] Eine Bibliographie geographischer und außergeographischer Arbeiten bis 1969 findet man bei *Saarinen* 1969, vgl. auch die Forschungsberichte von *Brookfield* 1969 und *Downs* 1970; eine Einführung von psychologischer Seite mit sehr reicher Bibliographie: *Craik* 1970.

[74] Als Paradigmen für die angedeutete Thematik können z. B. gelten: *Kates* 1964, 1967; *Burton* and *Kates* 1964, *Burton* u. a. 1965, *Saarinen* 1966, *Wong* 1969.

[75] Dieser Punkt führt möglicherweise in sehr weitläufige kritische und sozialtechnische Fragen hinein; z. B.: Welche psychischen, sozialen und politischen Strukturen bedingen diese Informations- und Kommunikationsverhältnisse? Welche Informationen müssen beschafft werden, um bestimmte Handlungen zu stimulieren, und welche mentalen und sozialen Widerstände stehen dem entgegen?

[76] In der Diffusionsforschung spielen die Stufen „anwareness — interest — evaluation — trial — adoption“ (also „Kenntnisnahme— Interesse — Bewertung — Versuch — Annahme“) eine Rolle (*Rogers* 1962), deren erste drei zur „Wahrnehmung“ zusammengefaßt werden können; bei der Beurteilung von Wanderungsströmen ist ohne eine Kenntnis der Umweltwertungen und der „mental maps“ der Migranten ebenfalls kaum eine Erklärung möglich: und dies gilt überhaupt überall da, wo eine gewisse Kenntnis der Informations- und Spekulationshorizonte der Individuen und Gruppen notwendig ist.

[77] Dieser Filter sorgt dafür, daß uns die Außenwelt gemeinhin nicht als ein diffuses Farbmeer oder ein pointillistisches Gewimmel erscheint: niemand sieht ja „Sinneseindrücke“ — Sinneseindrücke sind vielmehr nachträgliche theoretische Abstraktionen, die überdies ideengeschichtlich nicht sehr fruchtbar waren und in wissenschaftstheoretischen Diskussionen viel Verwirrung gestiftet haben.

[78] Aus dem geographischen Milieu hat *H. Lehmann* (1964) einige amüsante Beispiele angeführt. An diese Rückkopplung von Sprache und Wahrnehmung erinnert z. B. auch der Erfolg, mit dem Kulturanthropologen aus linguistischen Tatsachen Rückschlüsse auf die wahrgenommene und kognitive Welt ihrer Informanten ziehen konnten.

[79] Hinsichtlich der Bestimmungsgröße M sei an einige triviale Illustrationen erinnert: Ein Hungriger sieht mehr Eßbares als ein Satter, ein liebesbedürftiger Mann sieht womöglich „Helenen in jedem Weibe", ein Forscher, der sein Problem verfolgt, macht entscheidende Beobachtungen da, wo andere und weniger motivierte Zeitgenossen nichts oder ganz andere Dinge sehen; das Adlerauge von Korrektoren und alten Lehrern für Druck- und Rechtschreibefehler ist bekannt, und ein Liebhaber der Antike las (nach *G. Chr. Lichtenberg*) immer „Agamemnon", wo „angenommen" stand.

[80] Als Sozialökologie i.w.S. sollen hier alle Forschungsansätze der Sozialwissenschaften bezeichnet werden, in denen die Individuen, Gruppen, Organisationen in ihren Beziehungen und Auseinandersetzungen miteinander und mit den Bedingungen und Ereignissen ihrer Umwelt betrachtet werden.

[81] Eine feinere Klassifizierung der Umweltfaktoren findet sich z. B. bei *Th. F. Saarinen* (1969): (1.) Operationale Umwelt (bzw. Umweltfaktoren; „operational environment") — alles, was auf eine Einheit in irgendeiner Weise einwirkt oder von ihr tangiert wird — d. h. in irgendeiner Beziehung zur „umgebenen Einheit" steht, ob diese „Einheit" sich dessen bewußt ist oder nicht; (2.) wahrgenommene (perzeptuelle, kognitive) Umwelt (bzw. Umweltfaktoren; „perceptual environment"): Derjenige Teil der Umwelt, der bewußt wahrgenommen wird; (3.) handlungswirksame Umwelt (bzw. handlungswirksame Umweltfaktoren; „behavioral environment"): derjenige Teil der perzeptuellen bzw. kognitiven Umwelt, welcher als Stimulus des Handelns fungiert, also verhaltenssteuernd ist; auf den sich das Individuum oder die Gruppe in ihren Entscheidungen bezieht und die in den Entscheidungsprozeß eingehen.

Als *Handeln* bezeichnen wir dabei ein Verhalten, das bewußt auf einen Zweck ausgerichtet ist; „Handeln" nennen wir also ein sinnvoll-zielorientiertes, mit einem subjektiven Sinn verbundenes Verhalten. *„Interaktion"* ist ein Handeln, welches eine Handlung bei wenigstens einem anderen Individuum auslöst. Unter *Verhalten* sollen hingegen *alle* Reaktionen eines Individuums oder einer Gruppe verstanden werden, auch diejenigen, deren man sich nicht bewußt ist und die man nicht als zielgerichtet und zweckmäßig betrachten kann.

[82] Als „Symbol" bezeichnen wir hier jedes wahrgenommene Phänomen, das eine bestimmte Bedeutung hat; in die Symbole sind die Wertungen, emotionalen Stellungnahmen und „Handlungsanweisungen" meist schon eingebaut.

[83] Auch die Analyse der „Möglichkeiten" und „Unmöglichkeiten", die Frage der Realisierbarkeit von Strategien und die Frage nach den Umweltbegrenzungen und Umweltschranken gehört zu diesem *zweiten* Thema. Es ist wichtig, sich klarzumachen, daß eine solche Analyse der Möglichkeiten, Schranken, Kapazitäten, Potentiale, Ressourcen bestimmter Umwelten oder Räume nur sinnvoll ist in bezug auf *vorgegebene* wirkliche oder fiktive *Strategien* und auf *definierte „umgebene Einheiten"*. Alle Abschätzungen von „Raumpotenzen" und „Umweltschranken" setzen wenigstens implizit solche Bezugspunkte voraus.

[84] Die Auflösung des Determinismus „um 1900" und die folgende lange Herrschaft des Possibilismus sind nicht denkbar ohne eine massive Stütze durch das allgemeine „intellektuelle Klima". In *Deutschland* scheint die Wiederbelebung und Vulgarisierung bestimmter Elemente des „deutschen Idealismus" mit seiner Überzeugung von der Freiheit des Menschen und der geschichtlichen Persönlichkeit eine Rolle gespielt zu haben; diese Ideen eines „Idealismus der Freiheit" blieben noch jahrezehntelang fester Bestandteil der deutschen bürgerlichen Bildung. In *Frankreich* begann damals ein vulgarisierter Bergsonianismus zu wirken, welcher den unberechenbaren élan vital und die unvorhersehbare schöpferische Aktivität des Menschen hervorkehrte. (In der wissenschaftsgeschichtlichen Literatur wurden auch Zusammenhänge mit dem damals aufkommenden „Wahrscheinlichkeitskalkül" hergestellt und eine Reaktion auf die deutsch-imperialistische „Geopolitik" vermutet.) Für den angelsächsischen Sprachbereich, vor allem in den Vereinigten Staaten, wäre auf die pragmatistische Reaktion gegen den sozialen Darwinismus (z. B. bei *Spencer*) hinzuweisen — hier, im pragmatistischen Optimismus und Fortschrittsglauben, galt der Mensch wiederum vor allem als ein handelndes Wesen, welches seine Umgebung zielbewußt wertet und manipuliert. Daß hinter all diesen Denkströmungen zumindest verstärkend die Ideen des bürgerlichen Konkurrenzkapitalismus vom freien Wettbewerb freier Subjekte standen, ist oft vermutet worden.

[85] Es konnte natürlich dem Possibilisten nicht verborgen bleiben, daß das Entscheiden und Handeln (wie auch die Ergebnisse des Handelns) nicht nur „geographischen Beschränkungen" unterworfen waren, sondern auch technischen, ökonomischen, politischen, sozialen „Be-

schränkungen" und Determinanten und schließlich solchen, die in der natürlichen Ausstattung und psychischen Struktur des Individuums liegen. Aber diese Determinanten wurden — unter dem Postulat der Willens- und Wahlfreiheit! — nie sehr genau betrachtet; hätte man sie explizit gemacht, dann hätte man wohl das Gefühl gehabt, in einen neuen „Determinismus" hineinzugeraten.

[86] Handeln unter Unsicherheit oder Ungewißheit liegt dann vor, wenn der Entscheidungsträger den möglichen Resultaten seiner möglichen Strategien keine Wahrscheinlichkeiten mehr zuschreiben kann. Dann gibt es kein eindeutiges Rationalitätskriterium, sondern *mehrere* Möglichkeiten (Kriterien) „rationalen Handelns" — selbst wenn die subjektiven Präferenzen (Wünschbarkeiten) gegenüber den möglichen Resultaten vorgegeben sind; vgl. z. B. *Stegmüller* 1969, S. 379 ff.

[87] Eine gewisse Berechtigung dazu liegt darin, daß das psychologische Bild des physisch-biotischen Milieus sich kaum jemals so von der Realität entfernt wie die Bilder, die sich die Menschen vom Menschen, von der Geschichte und der Gesellschaft machen. Die triviale Feststellung, daß die Gattung im allgemeinen und die betreffende Gruppe im besonderen überlebt haben, spricht zweifellos *für* die Annahme einer durchgehenden beträchtlichen Übereinstimmung.

[88] Einige als Anregung gedachte einfache Demonstrationsbeispiele findet man bei *Gould* 1970; dieser Autor gibt auch Hinweise auf einige wenige weitere Anwendungen in der Literatur.

Als eine ausführliche, aber hinreichend elementare Einführung in die Spiel- und Entscheidungstheorie sei genannt *Luce* und *Raiffa* 1967; eine kurze elementare Einführung findet man z. B. bei *Wentzel* 1962 (zum Thema des „Entscheidungsproblems" bei „Spielen mit der Natur" vgl. auch *D. Schultze* 1964).

[89] Der Leerformelcharakter solcher Konzepte beruht größtenteils darauf, daß es sich um Relationsbegriffe handelt: Solange die Bezugsgrößen nicht angegeben werden, welche ja erst die Perspektive bzw. die Selektionskriterien liefern könnten, sind diese Begriffe vollkommen leer. Das „Wesentliche" ist immer nur in bezug auf bestimmte Fragen, bestimmte Interessen usf. „wesentlich", ein Phänomenbereich ist eine Ganzheit, ein bestimmtes System immer nur in bezug auf eine bestimmte Menge von Variablen und Relationen (und ist in Bezug auf eine andere Menge ein anderes System). Der uneingegrenzte Begriff einer Totalität schließlich ist von einem unvollziehbaren Begriff des Universums (im Sinne von „alles, was es überhaupt gibt") nicht mehr zu unterscheiden.

90 „Statistik" hier natürlich nicht im Sinne von Forschungsstatistik (als mathematisch-statistische Methodenlehre), sondern im alten Sinne als Staats- oder Staatenkunde (mit oder ohne Zahlen), als vielseitige und umfassende staatenkundliche Zustandsbeschreibung für ein politisch und ökonomisch tätiges Publikum (für den „Staatsmann", den Beamten, den Naturkundigen, den Kaufmann, den Gewerbetreibenden, den Theologen, den Philosophen ...). Solche „topographisch-historisch-statistischen Beschreibungen", „historisch-geographisch-statistischen Handbücher" (usf.) umfaßten Informationen über Topographie, Naturgeschichte und Ressourcen des Landes, über Geschichte, ökonomische, soziale, politische Verhältnisse, Verwaltung, Kunstschätze und „Kuriositäten". Eine solche „praktische Länderkunde" hat in abgewandelten Formen sicherlich Zukunft — sie wird aber wohl kaum mehr von Geographen geschrieben werden.

Die traditionellen und ziemlich bewußtlos tradierten Aversionen der Geographen und zünftigen Landeskundler gegen diese Art von Länderkunde gehen im wesentlichen auf *C. Ritter* zurück, der in dieser „Compendiengeographie" nur „beliebige Aggregate" und „willkürliche, prinziplose und unmethodische Zusammenhäufung" sah: eine Kritik, welche sowohl die festen und sinnvollen Eigenstrukturen wie die gesellschaftliche Funktion dieser „statistischen" Länderkunde völlig außer acht ließ; diese Kritik war ihrerseits unter anderem an der romantischen Auffassung von den Ländern als natürlichen, organischen Gliedern des Erdorganismus orientiert. (Ähnliche Ganzheitsideen beherrschten dann wieder die deutsche Landschaftsgeographie des 20. Jahrhunderts und deren landschaftskundlich konzipierte Länderkunden.) Wie sehr die „statistische" Tradition von den Länderkundlern verdrängt wurde, kann man daraus ersehen, daß sie zwar diese Abwertung übernahmen, aber andererseits *A. v. Humboldts* „Essai politique sur le royaume de la Nouvelle Espagne" (6 Bd.e 1826/27; dt. 5 Bd.e 1809/14) als „erste moderne Länderkunde" feierten — obwohl das Werk ganz in der „statistischen" Tradition steht.

91 Dabei wurde „Landschaft" entweder als „Landschaftsphysiognomie" aufgefaßt oder als Inbegriff einer „Vertikalintegration" von Litho-, Hydro-, Bio-, Atmo- und Anthroposphäre — oder als Ergebnis einer Auseinandersetzung von Mensch und Erdnatur; diese Möglichkeiten konnten manche Verbindungen eingehen.

92 „Der ‚Science Writer' muß, nachdem er die wissenschaftlich-technischen Sachverhalte verstanden hat, in erster Linie Gefühl für die Anschauungen, Positionen und Bewertungsmaßstäbe seiner Leser

und Hörer entwickeln. Seine Aufgabe sollte dann darin bestehen, die zur Umwelterklärung verwendeten Denk- und Verhaltensstrukturen ständig zu verbessern und kritische Reflexionen auszulösen. Das wird einerseits durch Aufbau und Festigung eines theoretischen Gebäudes vollzogen, das möglichst in sich geschlossen sein soll und gleichzeitig dem Stand der Wissenschaften immer wieder angenähert werden muß" (*H. Krauch* 1970, S. 230 f.).

[93] Dies ist auch ziemlich genau die Bedeutung des Wortes in *K. Poppers* bekannter Studie über „Das Elend des Historizismus": „Hier genügt es, wenn ich sage, daß ich unter ‚Historizismus' jene Einstellung zu den Sozialwissenschaften verstehe, die annimmt, daß *historische Voraussage* deren Hauptziel bildet und daß sich dieses Ziel dadurch erreichen läßt, daß man die „Rhythmen" oder „Patterns", die „Gesetze" oder „Trends" entdeckt, die der geschichtlichen Entwicklung zugrunde liegen" (1965, S. 2).

[94] Man kann — eben wegen der durchgehenden Betonung des einzelnen im Struktur- oder System*ganzen* — in diesen regionalistischen Philosophien in gewissem Sinne auch einen vagen Funktionalismus sehen (so *Wrigley* 1967 und *Harvey* 1969).

Die Ausdrücke „funktional", „Funktionalismus", „funktionale Betrachtung" und „funktionaler Zusammenhang" werden unter Geographen ebenso häufig wie vieldeutig gebraucht. Zuweilen ist ein mehr oder weniger präziser Sinn kaum mehr auszumachen. Aus diesem Grunde sei folgender Versuch einer Klärung hinzugefügt.

„Funktionale Betrachtung" heißt zuweilen die Betrachtung eines Phänomens der Kulturlandschaft nicht nur nach seiner Physiognomie und Genese, sondern darüber hinaus nach dem, wozu es aktuell dient, wozu es benutzt wird, wie es funktioniert — oder auch schlicht nach seinen aktuellen „Auswirkungen". Häufiger noch ist unter „funktionaler Betrachtung" in der Geographie eine Arbeitsweise gemeint, welche die raumwirksamen und raumdifferenzierenden Aktivitäten, Lebensäußerungen, „Grunddaseins*funktionen*" menschlicher Gruppen und Individuen in den Vordergrund rückt: als Eigenthema oder zu dem Zwecke, die „landschaftsgestaltenden Kräfte" zu erfassen.

Ein „funktionaler Zusammenhang" ist zuweilen ein „vertikaler Zusammenhang" in Kultur- oder Naturlandschaft (etwa, wenn von einem funktionalen Zusammenhang von Klima, Boden und Vegetation die Rede ist), bald wird ein ganz anders gearteter *„horizontaler* Zusammenhang", eine „horizontale Abhängigkeit", eine Distanzrelation so genannt — wenn etwa eine Stadt-Umlandbeziehung als ein „funktionaler Zusammenhang" bezeichnet und die „funktionale Region" (etwa ein Pendlereinzugsbereich) der „formalen Region" (homogenen Strukturregion) gegenübergestellt wird.

„Funktionaler Zusammenhang" und schließlich ein Zusammenhang (eine Abhängigkeitsbeziehung) von zwei und mehr meßbaren Größen genannt, der in Form einer mathematischen Funktion geschrieben werden kann.

Unter diesen Umständen ist es schwer auszumachen, was die geläufige Redensart bedeutet, der Funktionalismus oder die funktionale Betrachtung sei eine wesentliche Tendenz der modernen Geographie (oder irgendeiner anderen disziplinhistorischen Epoche).

Man sollte die Vokabeln auch in der Geographie in dem Sinne gebrauchen, in denen sie auch in den Sozialwissenschaften üblich sind (und jede Abweichung sorgfältig anzeigen): „Funktionale Betrachtung" ist die Betrachtung eines Phänomens nach seiner „Rolle" oder „Aufgabe" in einem größeren Zusammenhang, in einem „Ganzen" oder „System". „Funktionale Erklärung" ist also die Erklärung des Vorkommens und der Beschaffenheit eines Elementes, indem man zeigt, daß das betreffende Element einen bestimmten Beitrag zur Aufrechterhaltung, zum angemessenen Funktionieren eines Gesamtsystems leistet. Dieser Beitrag kann sowohl darin bestehen, daß dieses Element den status quo garantiert, wie darin, daß es eine bestimmte Veränderungstendenz (eine Zielorientierung, einen Anpassungsvorgang) des Systems aufrechterhält. Es ist klar, daß es sich hier nicht um eine Art „höhere" Betrachtung oder „höhere" Erklärung handelt, sondern um eine Erklärung unter bestimmten weitgehenden Annahmen über die Existenz eines selbstregulierenden und zielgerichteten Systems. Eine funktionale Erklärung ist zudem logisch relativ schwach: Denn es sind immer funktionale Substitute, funktionale Alternativen für das betreffende Element möglich; d. h., es ist nie auszuschließen, daß die betreffende systemerhaltende Funktion bzw. Zielorientiertheit auch durch andere Elemente ausgeübt werden *könnte*. (Zur Logik funktionaler Erklärungen vgl. u. a. *Hempel* 1965, *Nagel* 1968, *Stegmüller* 1969).

95 Als „rational argumentierend" soll (in allgemeinster Weise) bezeichnet werden, wer sich „um eine (nicht nur gruppenrelative) Begründung seiner Behauptungen und Rechtfertigung seiner Handlungen bemüht" (*F. Kambartel*, zit. n. *H. Seiffert* 1971, S. 161); weil eine Inter-Lingua immer weiter reicht als die in sie überführbaren Gruppensprachen, bietet sie schon dadurch eine größere Möglichkeit für rationales Verhalten, als es eine der Gruppensprachen tun könnte. Spezieller formuliert: „Eine Person argumentiert rational, wenn sie

hinreichend klar (d. h. der Wichtigkeit des Zweckes entsprechend eindeutig) zum Ausdruck bringt, zwischen welchen der von ihr aufgestellten Behauptungen nach ihrer Ansicht die Beziehung der logischen Folgerung besteht und zwischen welchen nicht, welche ihrer Aussagen als Definitionen anzusehen sind und somit nichts über die Wirklichkeit aussagen, sondern lediglich die Intension eines Begriffes festlegen, und welche der Aussagen Grundsätze oder mehr oder weniger zwingend zu akzeptierende Voraussetzungen sind, sowie wann nach ihrer Ansicht eine Behauptung auf Grund unseres (hinreichend klar beschreibbaren relevanten) Wissens einen derart hohen Grad an Wahrscheinlichkeit besitzt, daß wir berechtigt sind, sie als gesichert anzusehen und dem Korpus unseres Wissens hinzuzufügen, und wann dies nicht der Fall ist. Nicht rational ist die Argumentation einer Person, wenn eine dieser Bedingungen nicht erfüllt ist, und zwar ist sie umso irrationaler, je mehr Bedingungen sie verletzt" (*W. K. Essler* 1970, S. 21). Zweifellos kommt die Sprache der heutigen Wissenschaftstheorie (als bevorzugte „neutrale" Meta-Lingua) diesem Argumentationsstil sehr nahe.

[96] Wäre die Konzentration auf den wirtschafts- und sozialgeographischen Ansatz einmal vollzogen, dann wäre der Ansatz *„environmental perception" ein* Beiträger zum Problem der Standortentscheidungen („mental maps" als Steuergrößen in raumwirksamen Entscheidungsprozessen); der Ansatz *„Morphogenese der Kulturlandschaft"* könnte insofern Beiträge an Methoden und Hypothesen liefern, als er „die Landschaft" als spezifisches Beobachtungsgelände benutzt und als ein Wahrnehmungsfeld betrachtet, das unter Umständen hypothetische Rückschlüsse auf physisch-geographische Determinanten, historische Faktoren und vielleicht sogar auf gegenwärtige Wirtschaftsstile und Mentalitäten, ja auf die gesamte „menschlich-kulturelle Situation" ermöglicht. Diese Größen könnten dann mit in die wirtschafts- und sozialgeographischen Hypothesen und Theorien eingehen. Der *länder*kundliche Ansatz könnte sich als „regionaldeskriptive", aktuelle und adressatengerechte Materialzulieferung verstehen und der *kultur*ökologische Ansatz als gelegentlich wichtige Zentrierung der standorttheoretischen Interessen auf den Mensch-Natur-Zusammenhang. Diese Ansätze wären dann zweifellos mediatisiert, aber ihre Vorzüge zugleich „aufgehoben".

[97] Die Formalwissenschaften stellen uninterpretierte, aber teilweise interpretierbare formale Modelle bereit, mit denen in *allen* Realwissenschaften die Objektsprache *unter Umständen* mathematisiert (formalisiert) werden kann; die neuerdings sogenannten kritisch engagierten Humanwissenschaften tradieren (vor allem in Teilen der

Philosophie und Soziologie) unter anderem ein „emanzipatorisches Interesse" und die Reflexion auf die letzten Ziele des Lebens, der wissenschaftlichen wie öffentlich-politischen Praxis. Alle drei Wissenschaftsgruppen (die formalen, die normativen und die „kritisch engagierten" Wissenschaften) betreffen also bis zu einem gewissen Grade *alle* anderen Wissenschaften und Wissenschaftler und können auch deshalb im Schema ausgelassen werden.

98 Die Geschichtswissenschaft kann man natürlich als eine Sozialwissenschaft auffassen; in Abb. 8 sind die historisch-philologischen Disziplinen aber mehr als („hermeneutische") Interpretations- und Auslegungswissenschaften aufgefaßt, als deren spezifisches Erkenntnisinteresse nicht selten das „praktische" („kommunikative") Interesse an Verständigung, am Verstehen und am Sinn menschlicher Lebensäußerungen genannt wird.

99 Um die Formulierungen *Nietzsches* (in seiner „unzeitgemäßen Betrachtung" „Vom Nutzen und Nachteil der Historie für das Leben") aufzugreifen: Die ersterwähnte Geschichtsschreibung (*Schmithüsen, Hartshorne*) wäre mehr monumentalisch und antiquarisch, die zweite mehr kritisch — in jedem Falle aber dient sie dem gegenwärtigen Leben. Die monumentale Geschichtsschreibung verweist — als Mittel gegen Entmutigung und Resignation vor dem Neuen — auf gleichgestimmte Heroen und heroische Zeiten und festigt so den Glauben, daß das Große und Wahre in der Geographie möglich war und ist (vor allem natürlich in jener Geographie, wie man sie selbst versteht und betreibt); die antiquarische Geschichtsschreibung stilisiert sich mit pietätvoller Haltung gegenüber der Vergangenheit als Glied, Erbe, Blüte und Frucht dieser „Herkunftswelt"; die kritische schließlich will die Gegenwart gerade von den Bleigewichten der Vergangenheit befreien, indem sie die „Herkunftswelt" verurteilt und abstößt: Sie will sich gewissermaßen posthum eine bessere Vergangenheit geben.

100 Zu diesem „geometric theme" rechnet er neben den von *Haggett* angesprochenen „geometrical traditions in geography" von der Antike bis hin zu *Christaller* die „theoretische Geographie" der Gegenwart (also etwa Autoren wie *Bunge, Dacey, Kansky*) sowie geographische Anwendungen von Topologie, projektiver Geometrie und Kartentransformationen. (Vgl. auch *D. Harvey* 1969, S. 191 ff.: „Geometry — the language of spatial form".)

101 Das Bild vor allem der jüngeren Geographiegeschichte ließe sich dann etwa wie folgt zeichnen (vgl. hierzu auch *Claval* 1968, *Bartels* 1970, *Abler, Adams* and *Gould* 1971).

Von der Antike bis „um 1800“ stehen Wo-Fragen im Vordergrund; das Ziel ist die Produktion einer Weltkarte, auf der alle bekannten Orte und Erdstellen so genau wie möglich verzeichnet sein sollten. Noch um 1800 ist „Geographie können“ oder „wissen“ in etwa bedeutungsgleich mit „die Karte kennen“ (vgl. *F. de Dainville* 1964): Karte und Atlas beantworten die Wo-Fragen. Die „Geographen“ beschrieben so genau wie möglich die absoluten Lagen und hielten sie kartographisch fest, leiteten daraus Informationen über relative Lagen, kürzeste Distanzen, mögliche und kürzeste Wege ab und versahen Kaufleute, Reisende, Regierungen und Militär mit diesem Wissen. Sie beantworteten so Fragen, die jahrtausendelang und vor allem in der frühen Neuzeit zu den dringendsten gehörten. „The question „Where?“ was extremely important for several hundred years. It was the ability of geographers and cartographers to answer that and related questions which is responsible for the success of the geography of that era. Then, as ever, a science which answers people's most pressing questions is the one accorded prestige und financial support. Geography's utility peaked about 1500 to 1800. When contemporary geographers can offer their societies answers to practical problems as useful as the knowledge of accurate location was in the fifteenth to the eighteenth centuries, geography will again enjoy the position it held then“ *(Abler, Adams* and *Gould* 1971, S. 70). Themen, die man späterhin als physisch-geographisch bezeichnete, spielten vom 16. bis zum 18. Jahrhundert auch in theologischem Kontext eine bedeutende Rolle, vor allem als Belege der göttlichen Vorsehung, als Mittel von „natürlicher“ Gotteserkenntnis und physiko-theologischem Gottesbeweis. (Vgl. *Büttner* 1966 u. ö.)

*Abler, Adams und Gould* sehen die nächste, „deskriptive“, „taxonomische“ bzw. „regionalistische“ Epoche der Geographie (1800—1950) bestimmt durch die Frage „Was gibt es dort jeweils?“ („What is where?“) bzw. „Welche Regionen gibt es auf der Erdoberfläche und was gibt es dort?“ Die jüngste Epoche (seit 1950—1960) ist nach ihrer Auffassung charakterisiert durch die Frage nach den *Gesetzmäßigkeiten* in den Verteilungs- und Verknüpfungsmustern menschlicher Aktivitäten — jene „Raummuster“, die zuvor mehr „idiographisch“ und enzyklopädisch beschreibend behandelt worden seien: „We no longer see the foundation of our science as description of the spatial organization of the world. Our view now is that the explanation of classes of events by demonstrating that they are instances of widely applicable laws and theories is the function of geography. The classes of experience to which we apply our explanatory expertise are now primarily those which are related to the locations of people and their activities" (S. 87).

Dieses etwas holzschnittartige Bild kann man etwa wie folgt zu differenzieren versuchen.

Neben der Wo-Frage hat die Geographie noch eine andere Wurzel: Dieser andere Ausgangspunkt ist eine „naive Erdkunde", eine Beschreibung von Land und Leuten in aller Welt nach ihren Besonder- und Verschiedenheiten — eine Beschreibung, an der zunächst mehr reisende Amateure als professionelle Geographen beteiligt waren. Zu dem Interesse an den Curiosa der Erde kam im 16.—18. Jahrhundert in wachsendem Maße das praktische Interesse des Kaufmanns, des Staatsmannes, des Reisenden an regionaler Information, an einer geographisch-statistisch-historisch-politischen Erdbeschreibung; dieses Interesse begleitet die „statistische" Literatur bis ins 19. Jahrhundert und lebt in den kolonialzeitlichen Industriestaaten weiter als ein Bedürfnis nach regionaldeskriptiven Handelsgeographien und geographischen Produktenkunden. An dieses spontane und zunächst wildwüchsige „regionaldeskriptive" Interesse knüpft sich aber vor allem auch die geographische Länderkunde des 19. und 20. Jahrhunderts.

Die im 18. Jahrhundert großartig entfalteten beschreibenden Naturwissenschaften (die „Naturgeschichte" im alten Sinne) und die naturwissenschaftlich gebildeten Reisenden bestimmen im späten 18. und frühen 19. Jahrhundert das Bild der *physischen Geographie:* Die physische Geographie ist die Summe der Geowissenschaften, und diese Geowissenschaften sind im „Jahrhundert der Philosophen" und lange darüber hinaus nicht selten durch eine philosophische Sicht der Dinge und durch die Ideen der alteuropäischen Kosmologie zu einer „universalen Erdwissenschaft" verbunden. Namen und Symbole dieser Epoche sind im deutschen Sprachbereich die beiden *Forster*, *L. v. Buch* und — als Abschluß — *A. von Humboldt.*

Im Umkreis der „deutschen Bewegung" (Idealismus und Romantik) erhält die geographische Literatur teilweise einen idealistisch-philosophischen (bei *C. Ritter* einen theistischen und teleologischen) Hintergrund.

Nach diesen regionaldeskriptiv-statistischen, naturhistorischen und „geophilosophischen" Traditionen gibt eine Art „kausaldeterministischer Revolution" der Geographie eine neue Richtung. In der physischen Geographie liegt der Akzent nun auf der exakten spezialisierten Kausalforschung; in der Anthropogeographie ist diese *„geodeterministische Phase"* geprägt durch den Akzent auf dem Mensch-Umwelt-Kausalzusammenhang (und teilweise auch durch die Evolutionslehren). Diese umweltdeterministischen Ansätze konzentrieren sich auf die Abhängigkeit der Geschichte von der Erdnatur, auf „die Steuerwirkung der Natur auf die Entfaltung der menschlichen Zivilisation und Geschichte" (*K. Ruppert* und *F. Schaffer* 1969, S. 182) und auf die Anpassungsleistungen menschlicher Gruppen. Namensymbole für die Epoche sind in Deutschland *F. v. Richthofen* (für die physische Geographie) und *F. Ratzel* (für die Anthropogeographie).

Die „possibilistische Revolution" — in Frankreich vor allem mit der vieldeutigen „Übergangsgestalt" *Vidal de la Blache* verbunden — versetzt den Akzent auf die Freiheit des Menschen und das weite Spektrum seiner Möglichkeiten. Die Geographie konzentriert sich darüber hinaus auf eine Syntheseaufgabe, die mit „Region", „Land", „Landschaft", „Erdraum", „areal differentiation" umschrieben wird, und diese „regionale Ganzheitsforschung" schließt sogar die Kluft zwischen Natur- und Kulturraum. Ihre Perspektive ist vor allem *kulturökologisch* und *historisch-genetisch*, sie betont die idiographische, regionaldeskriptive (länderkundliche) Aufgabe, die Herausarbeitung der Dominanten und Wesenszüge der Länder und Landschaften, die Darstellung der Individualitäten und historisch gewachsenen Eigenarten der Erdräume.

Diese Epoche des *„Regionalismus"* ist leicht als Variante des Historismus zu erkennen; sie bezog ihre methodologischen Grundüberzeugungen aus der Geschichtsphilosophie und geisteswissenschaftlichen Sondermethodologie des späten 19. und frühen 20. Jahrhunderts. Im deutschen Sprachbereich ist für diese Zeit die Landschaftskunde charakteristisch — vor allem als „Morphogenese der Kulturlandschaft".

Den Abschluß bildet die schon genannte „quantitative Revolution" auf eine *analytische und theoretische Geographie* hin — wobei in den USA, wie *J. Burton* schon 1963 betont hat, „die revolutionären Ideen (schon) selbst Bestandteil konventioneller Weisheit" geworden sind (wieder abgedruckt 1970, S. 97): sehr im Gegensatz etwa zum deutschen Sprachbereich. Hier wird gelegentlich in etwas unklarer Weise von einer „funktionalen Phase" mit einer „funktionalen Betrachtungsweise" gesprochen, die in den letzten Jahrzehnten die landschaftsphysiognomisch-morphogenetische Arbeitsweise in der Geographie des Menschen zurückgedrängt habe: Zugunsten einer Betonung der Lebensäußerungen, Aktivitäten, „Funktionen" menschlicher Gruppen „im Raum" oder „in der Landschaft" (*H. Overbeck* 1965, *K. Ruppert* und *F. Schaffer* 1970).

[102] Die G-Werte errechnen sich aus Angaben in qkm wie folgt: G = 8.7074 — log a, wobei a das betreffende Areal (in qkm) ist. Für Angaben in ha: G = 10.7074 — log a.

[103] Die Forschung hat es zwar mit „Systemen“ zu tun, und Systeme sind Mengen von Elementen und Relationen zwischen diesen Elementen — wir sahen aber, daß der Begriff „Element“ relativ ist: was im einen Maßstab Element eines Systems ist, ist im anderen Maßstab selbst wieder ein System aus Elementen. Die Definition und Identifikation von „Individuen“ und „Elementen“ der Analyse hängt also vom gewählten spezifischen Auflösungsniveau, von der gewälten Meßskala, vom Maßstab ab.

*D. Harvey* hat dies wie folgt formuliert (1969, S. 484): „He (the Geographer) is not concerned with the spatial patterning of crystals in a snow flake (the resolution level is to high) nor is he concerned with the spatial pattering of stars in the universe (the resolution level is too low), although both can be of interest to him from the abstract mathematical point of view. Geographers tend to pick a resolution level that lies somewhere between these two. Charakteristically geographers tend to work with human and physical differentiation at the ‚regional‘ level although it is difficult to pin this down with any precision. In technical language what I am trying to say is that the geographer tends to filter out a small-scale variation and a large-seale variation and to concentrate his attention upon systems of individuales which have meaning at a regional scale of resolution.“

[104] *Harvey* versucht an dieser Stelle auch der alten Rede von der geographischen „Synthese“ und dem „komplexen Denken“ des Geographen einen veränderten und besseren Sinn zu geben: Die geographische Synthese synthetisiert nun nicht mehr „alles Vorhandene“ in einem räumlichen Kontext, synthetisiert nicht mehr „die gesamte dingliche Erfüllung“ eines Erdraums; die „Synthese“ spielt nun auf der theoretischen Ebene und bestände in einer Synthese von Theorieelementen, welche Prozesse betreffen, mit Theorieelementen, welche räumliche Verteilungen, Strukturen und Formen betreffen. Die erstgenannten Theorieelemente werden im allgemeinen als geographieextern empfunden, die zweitgenannten lassen sich, weil man sie auf traditionsreiche Fragestellungen der Disziplin beziehen kann, eher als „geographieeigen“ oder „eigentlich geographisch“ betrachten.

# LITERATUR

*R. Abler, J. S. Adams* und *P. Gould:* Spatial Organization: The Geographers View. Englewood Cliffs (N. J.) 1971.

*E. A. Ackermann:* Where is a research frontier? Annals of the Association of American Geographers 58, 1963, S. 429—440.

*F. Ahnert:* Functional relationships between denudation, relief and uplift in large mid-latitude drainage basins. American Journal of Science 268, 1970, S. 243—263.

*H. Albert:* Probleme der Theoriebildung. In: *H. Albert* (Hg.): Theorie und Realität. Tübingen 1964, S. 3—70.

*H. Albert:* Theorie und Prognose in den Sozialwissenschaften. In: *E. Topitsch:* Logik der Sozialwissenschaften. 2. Aufl. Köln und Berlin 1965, S. 126—143.

*H. Albert:* Traktat über kritische Vernunft. 2. Aufl. Tübingen 1969.

*K.-O. Apel:* Der philosophische Hintergrund der Entstehung des Pragmatismus bei Charles Sanders Peirce. In: Ch. S. Peirce: Schriften I. Frankfurt a. M. 1967, S. 13—153.

*K.-O. Apel:* Szientistik, Hermeneutik, Ideologiekritik. In: Hermeneutik und Ideologiekritik. Frankfurt a. M. 1971, S. 7—44.

*G. Bachelard:* Le nouvel esprit scientifique. 8e éd. Paris 1963.

*G. Bachelard:* La formation de l'esprit scientifique. Contribution à une psychoanalyse de la connaissance objective. 4e éd. Paris 1965.

*G. Bahrenberg:* Räumliche Betrachtungsweise und Forschungsziele der Geographie. Geographische Zeitschrift 60, 1972, S. 8—24.

*R. Bambrough:* Unanswerable questions. Proceedings of the Aristotelian Society, Supplementary Volume 40, 1966, S. 151—172.

*D. Bartels:* Die Zukunft der Geographie als Problem ihrer Standortbestimmung. In: Geographische Zeitschrift 56, 1968, S. 124—142.

*D. Bartels:* Zur wissenschaftstheoretischen Grundlegung einer Geographie des Menschen. Wiesbaden 1968 (Erdkundliches Wissen, Heft 19).

*D. Bartels:* Theoretische Geographie. Geogr. Zeitschrift 57, 1969, S. 132—144.

*D. Bartels:* Sozialgeographische Fragestellungen in der Regionalforschung. In: Schriftenreihe des Instituts für Stadtbauwesen, Rheinisch-Westfälische Technische Hochschule Aachen, Heft 8, 1969a, S. 1—22.

*D. Bartels:* Zwischen Theorie und Metatheorie. In: Geographische Rundschau 22, 1970, S. 451—457.

*D. Bartels:* Zum Auftrag der Hochschulgeographie. In: Deutscher Geographentag Erlangen — Nürnberg, 1.—4. Juni 1971. Tagungsbericht u. wissenschaftliche Abhandlungen. Wiesbaden 1972, S. 206—215.

*H. Beck:* Methoden und Aufgaben der Geschichte der Geographie. Erdkunde 8, 1954, S. 51—58.

*H. Beck:* Entdeckungsgeschichte und geographische Disziplinhistorie. Erdkunde 9, 155, S. 197—204.

*H. Beck:* Alexander von Humboldt. Bd. 1 und 2, Wiesbaden 1959 und 1961.

*P. Berger* und *Th. Luckmann:* Die gesellschaftliche Konstruktion der Wirklichkeit. Eine Theorie der Wissensoziologie. Frankfurt a. M. 1969.

*I. Berlin:* History and Theory. The concept of scientific history. History and Theory 1, 1961, S. 1—31.

*B. J. L. Berry:* Eine Methode zur Bildung homogener Regionen mehrdimensionaler Definition. In: *D. Bartels* (Hg.): Wirtschafts- und Sozialgeographie. Köln und Berlin 1970, S. 212—234.

*B. J. L. Berry* and *D. F. Marble* (Hg.): Spatial Analysis. A Reader in Statistical Geography. Englewood Cliffs (N. J.) 1968.

*H. Bessler:* Aussagenanalyse. 2. Auflage Düsseldorf 1972.

*J. Birkenhauer:* Erdkunde. Eine Didaktik für die Sekundarstufe. 1. und 2. Teil, Düsseldorf 1971.

*E. Bloch:* Das Prinzip Hoffnung. 1.—3. Bd. Frankfurt a. M. 1969.

*J. Blüthgen:* Allgemeine Klimageographie. Berlin 1964.

*H. Blumenberg:* Paradigmen zu einer Metaphorologie. In: Archiv für Begriffsgeschichte 6, 1960, S. 7—142.

*H. Bobek:* Stellung und Bedeutung der Sozialgeographie. Erdkunde 2, 1948, S. 118—125. Wieder abgedruckt in: *W. Storkebaum* (Hg.): Sozialgeographie. Darmstadt 1969, S. 44—62.

*H. Bobek:* Gedanken über das logische System der Geographie. In: *W. Storkebaum* (Hg.): Zum Gegenstand und zur Methode der Geographie. Darmstadt 1967, S. 289—329 (zuerst in: Mitt. d. Geogr. Ges. Wien 99, 1957, S. 122—145).

*H. Bobek* und *J. Schmithüsen:* Die Landschaft im logischen System der Geographie. In: *W. Storkebaum* (Hg.): Zum Gegenstand und zur Methode der Geographie. Darmstadt 1967, S. 257—276 (zuerst in: Erdkunde 3, 1949, S. 112—120).

*J. M. Bochenski:* Die zeitgenössischen Denkmethoden. 3. Aufl. Bern 1965.

*J. M. Bochenski:* Logik der Religion. Köln 1968.

*E. v. Böventer:* Die Struktur der Landschaft. Berlin 1962.

*F. Braudel:* La Méditerranée et le monde méditerranéen à l'époque de Philippe II. Paris 1949.

*P. Braun:* Die sozialräumliche Gliederung Hamburgs (Weltwirtschaftliche Studien, Bd. 10). Göttingen 1968.

*H. C. Brookfield:* On the environment as perceived. In: Progress in Geography, vol. 1, London 1969, S. 51—80.

*K. Buchwald* und *W. Engelhardt:* Handbuch für Landschaftspflege und Naturschutz. Schutz, Pflege und Entwicklung unserer Wirtschafts- und Erholungslandschaften auf ökologischer Grundlage. Bd. 1—4, München, Basel und Wien 1968, 1969.

*W. Bunge:* Theoretical Geography. 2. Aufl. Lund 1966.

*J. Burton:* Quantitative Revolution und theoretische Geographie. In: *D. Bartels* (Hg.): Wirtschafts- und Sozialgeographie. Köln und Berlin 1970, S. 95—109.

*J. Burton* and *W. Kates:* Perception of natural hazards in resource management. Natural Resources Journal 2, 1964 S. 412—441.

*J. Burton, R. W. Kates, J. R. Mather* and *R. E. Snead:* The shores of Megalopolis: Coastal occupance and human adjustment to flood hazard. Publications in Climatology 17, no. 3, 1965, S. 435—603.

*M. Büttner:* Geographie und Theologie im 18. Jahrhundert. Deutscher Geographentag Bochum 1965. Wiesbaden 1966, S. 352—359.

*R. Carnap:* Induktive Logik und Wahrscheinlichkeit (bearbeitet von W. Stegmüller). Wien 1959.

*H. Carol:* Zur Theorie der Geographie. In: *W. Storkebaum* (Hg.): Zum Gegenstand und zur Methode der Geographie. Darmstadt 1967, S. 376—414 (zuerst in: Mitt. d. Österr. Geogr.).

*H. Carol:* Zur Diskussion um Landschaft und Geographie. In: *W. Storkebaum:* Zum Gegenstand und zur Methode der Geographie. Darmstadt 1967, S. 475—514 (zuerst in: Geographica Helvetica 11, 1956, S. 111—132).

*M. A. Carson* und *M. J. Kirkby:* Hillslope form and process. Cambridge 1972.

*E. Cassirer:* Philosophie der symbolischen Formen. 1.—3. Teil. 4. Aufl. Darmstadt 1964. (Zuerst 1923—29).

*R. J. Chorley:* Geography and Analogue Theory. Annals of the Association of American Geographers 51, 1964, S. 127—137.

*R. J. Chorley:* Models in Geomorphology. In: *R. J. Chorley* and *P. Haggett:* Models in Geography. London 1967, S. 59—96.

*R. J. Chorley:* A Re-Evaluation of the Geomorphic System of *W. M. Davis.* In: *R. J. Chorley* and *P. Haggett* (Hg.): Frontiers in Geographical Teaching. London 1970, S. 21—38.

*R. J. Chorley:* The role and relations of physical geography. In: Progress in Geography, vol. 3. London 1971, S. 87—109.

*R. J. Chorley* and *P. Haggett* (ed): Models in Geography. London 1967.

*R. J. Chorley* and *B. A. Kennedy:* Physical Geography — a Systems Approach. Englewood Cliffs (N. J.) 1971.

*R. J. Chorley:* s. a. *P. Haggett.*

*P. Claval:* Essai sur l'Evolution de la Géographie humaine. Paris 1964.

*P. Claval:* Geographie als sozialwissenschaftliche Disziplin. In: *D. Bartels* (Hg.): Wirtschafts- und Sozialgeographie. Köln und Berlin 1970, S. 418—434.

*P. Claval:* La pensée géographique. Introduction à son histoire. Paris 1972.

*P. Claval* und *J. P. Nardy:* Pour le Cinquantenaire de la Mort de Paul Vidal de la Blache. Paris 1968.

*J. P. Cole* and *C. A. M. King:* Quantitative Geography. London, New York, Sidney 1968.

*K. H. Craik:* Environmental Psychology. In: *Th. M. Newcomb* (Hg.): New Directions in Psychology, Bd. 4. New York usw. 1970, S. 1—121.

*M. F. Dacey:* The geometry of central place theory. Geografiska Annaler 47 B, 1965, S. 111—124.

*F. de Dainville:* La géographie des humanistes. Paris 1940.

*F. de Dainville:* Le langage des géographes. Termes, signes, couleurs des cartes anciennes 1500—1800. Paris 1964.

*W. Dilthey:* Der Aufbau der geschichtlichen Welt in den Geisteswissenschaften. Frankfurt a. M. 1970. (Zuerst 1910)

*F. Dörrenhaus:* Das deutsche Land an der Etsch. Wien und München 1933.

*F. Dörrenhaus:* Wo der Norden dem Süden begegnet: Südtirol. Bozen 1959.

*F. Dörrenhaus:* Geographie ohne Landschaft? Geogr. Zeitschr. 59, 1971, S. 101—116.

*F. Dörrenhaus:* Die Antwort. Ein offener Brief. Geogr. Zeitschrift 59, 1971, S. 289—299.

*R. M. Downs:* Geographic space perception. In: Progress in Geography, vol. 2. London 1970, S. 65—108.

*U. Eisel:* Über Selbstmißverständnisse der Landschaftskunde und Regionalanalyse. Geografiker 4, 1970, S. 18—22.

*U. Eisel:* Überlegungen zur formalen und pragmatischen Kritik an der Landschaftskunde. Geografiker 4, 1970, S. 9—18.

*U. Eisel:* Über die Struktur des Fortschritts in der Naturwissenschaft. Geografiker 7/8, S. 3—44.

*H. Ern:* Die dreidimensionale Anordnung der Gebirgsvegetation auf der Iberischen Halbinsel. Bonn 1966 (Bonner Geogr. Abhandlungen, Heft 37).

*W. K. Essler:* Wissenschaftstheorie 1, 2. München 1970, 1971.

*L. Finke:* Landschaftsökologie als Angewandte Geographie. Berichte zur deutschen Landeskunde 45, 1971, S. 167—182.

O. *Fränzle:* Physische Geographie als quantitative Landschaftsforschung. In: O. *Schmieder* zum 80. Geburtstag. Kiel 1971, S. 297 bis 312. (Schriften des Geographischen Instituts der Universität Kiel, Bd. 37).

*G. Fuchs:* Der Wandel zum anthropogeographischen Denken in der amerikanischen Geographie. Marburg 1966 (Marburger Geographische Schriften, Heft 32).

*G. Fuchs:* Das Konzept der Ökologie in der amerikanischen Geographie, am Beispiel der Wissenschaftstheorie zwischen 1900 und 1930. Erdkunde 21, 1967, S. 81—93.

*K. Ganser:* Sozialgeographische Gliederung der Stadt München aufgrund der Verhaltensweisen der Bevölkerung bei politischen Wahlen. (Münchener Geogr. Hefte, H. 28) Kallmünz/Regensburg 1966.

*K. Ganser:* Pendelwanderung in Rheinland-Pfalz. Struktur, Entwicklungsprozesse und Raumordnungskonsequenzen. Mainz 1969.

*K. Ganser:* Der bisherige Beitrag der Geographie zu Fragen der räumlichen Umweltgestaltung. In: Der Erdkundeunterricht, Sonderheft 1, Stuttgart 1971, S. 96—101.

*K. Ganser:* Nutzwertanalyse zur Bestimmung des Standortes einer Kreisverwaltung. Fallstudie für den neuen Kreis Lippstadt-Soest. Rundbrief 1973/2, S. 1—21.

*P. Gardiner* (ed.): Theories of history. Glencoe 1959.

*W. L. Garrison* and *D. F. Marble:* Quantitative Geography, Part 1: Economic and Cultural Topics. Evanston (Ill.) 1967 (Northwestern Univ. Studies in Geography 13).

*A. Gehlen:* Der Mensch. Seine Natur und seine Stellung in der Welt. 8. Aufl. Frankfurt a. M. und Bonn 1966.

*C. J. Glacken:* Traces on the Rhodian Shore. Berkeley and Los Angeles 1967.

*P. Gould:* On mental maps. Michigan Inter-University Community of Mathematical Geographers. Discussion Paper No. 9. Ann Arbor (Department of Geography, Univ. of Michigan) 1966.

*P. Gould:* Problems of Space Preference Measures and Relationships. Geographical Analysis 1, 1969, S. 31—44.

*P. Gould* and *R. White:* The Mental Maps of British School Leavers. Regional Studies, Nov. 1968.

*P. Gould* and *J. P. Sparks:* The Geographical Context of Human Diets in Southern Guatemala. Geographical Review 59, 1969, S. 58—82.

*P. Gould:* Der Mensch gegenüber seiner Umwelt: ein spieltheoretisches Modell. In: *D. Bartels* (Hg.): Wirtschafts- und Sozialgeographie. Köln und Berlin 1970, S. 388—400.

*S. Gregory:* Statistical methods and the geographer. London 1963 (2. Aufl. 1968).

*D. Grigg:* Die Logik von Regionssystemen. In: *D. Bartels* (Hg.): Wirtschafts- und Sozialgeographie. Köln und Berlin 1970, S. 183—211.

*G. Haase:* Zur Methodik großmaßstäbiger landschaftsökologischer und naturräumlicher Erkundung. In: Probleme der landschaftsökologischen Erkundung und naturräumlichen Gliederung. Leipzig 1967, S. 35—128. (Wiss. Abhandlungen der Geogr. Gesellschaft d. DDR, Bd. 5).

*J. Habermas:* Erkenntnis und Interesse. Frankfurt a. M. 1968.

*J. Habermas:* Der Universalitätsanspruch der Hermeneutik. In: Hermeneutik und Ideologiekritik. Frankfurt a. M. 1971, S. 120—159.

*J. Habermas* u. *N. Luhmann:* Theorie der Gesellschaft oder Sozialtechnologie? Frankfurt a. M. 1971.

*F. Hägerstrand:* Migration and Area; Survey of a Sample of Swedish Migration Fields and Hypothetical Considerations in their Genesis. Lund 1957 (Lund Studies in Geography, Ser. B, No. 13).

*T. Hägerstrand:* Innovation Diffusion as a Spatial Process. Chicago and London 1967.

*P. Haggett:* Locational Analysis in Human Geography. London 1965. (Deutsche Übersetzung Berlin 1973)

*P. Haggett* and *R. J. Chorley:* Models, paradigms and the new geography. In: *R. J. Chorley* and *P. Haggett* (ed.): Models in Geography. London 1967, S. 19—41.

*P. Hagget, R. J. Chorley* and *D. R. Stoddart:* Scale standards in geographical research. Nature 205, 1965, S. 844—847.

*P. Hagget* and *R. J. Chorley:* Frontier Movements and the Geographical Tradition. In: *R. J. Chorley* u. *P. Haggett* (Hg.): Frontiers in Geographical Teaching. London 1970, S. 364—384.

*P. Haggett* and *R. J. Chorley:* Network analysis in geography. London 1969.

*E. T. Hall:* The Silent Language. Garden City (New York) 1959.

*E. T. Hall:* The Hidden Dimension. Garden City (New York) 1966.

*J. W. Harbaugh* and *G. Bonham-Carter:* Computer simulation in geology. New York 1970.

*G. Hard:* Das Wort „Landschaft“ und sein semantischer Hof. Wirkendes Wort 19, 1969, S. 3—14.

*G. Hard:* Die Diffusion der „Idee der Landschaft". Präliminarien zu einer Geschichte der Landschaftsgeographie. Erdkunde 23, 1969, S. 249—364.

*G. Hard:* „Kosmos" und „Landschaft". Kosmologische und landschaftsphysiognomische Denkmotive bei *A. v. Humboldt* und in der geographischen Humboldt-Auslegung des 20. Jahrhunderts. In: *H. Pfeifer* (Hg.): *Alexander von Humboldt.* Werk und Weltgeltung. München 1969. S. 133—177.

*G. Hard:* Der „Totaleindruck der Landschaft". In: *Alexander von Humboldt.* Wiesbaden 1970, S. 49—73 (Beihefte zur Geogr. Zeitschrift, Heft 23).

*G. Hard:* „Was ist eine Landschaft?" Etymologie als Denkform in der geographischen Literatur. In: *D. Bartels* (Hg.): Sozial- und Wirtschaftsgeographie. Köln und Berlin 1970, S. 66—84.

*G. Hard:* Die „Landschaft" der Sprache und die „Landschaft" der Geographen. Bonn 1970 (Colloquium Geographicum Bd. 11).

*G. Hard:* Noch einmal: „Landschaft als objektivierter Geist". Die Erde 101, 1970, S. 171—197.

*G. Hard:* Über die Gleichzeitigkeit des Ungleichzeitigen. Anmerkungen zur jüngsten methodologischen Literatur in der deutschen Geographie. Geografiker, Heft 6, 1971, S. 12—24.

*G. Hard:* „Landschaft" — Folgerungen aus einigen Ergebnissen einer semantischen Analyse. Landschaft u. Stadt 3, 1972, S. 77—89.

*W. Hartke:* Gedanken über die Bestimmung von Räumen gleichen sozialgeographischen Verhaltens. Erdkunde 13, 1959, S. 426—436.

*R. Hartshorne:* The Nature of Geography. Lancaster (Penns.) 1939 (Annals of the Association of American Geographers Bd. 19, 3 u. 4).

*R. Hartshorne:* „Exceptionalism in geography" re-examined. Annals of the Association of American geographers 45, 1955, S. 205—244.

*R. Hartshorne:* The concept of geography as a science of space. Annals of the Association of American geographers 48, 1958, S. 97—108.

*R. Hartshorne:* Perspective on the Nature of Geographie. London 1960.

*D. Harvey:* Models of the Evolution of Spatial Patterns in Human Geography. In: R. J. Chorley and P. Haggett: Models in Geography. London 1967, S. 549—608.

*D. Harvey:* Explanation in Geography. London 1969.

*M. Heidegger:* Sein und Zeit. Halle 1927.

*C. G. Hempel* und *P. Oppenheim:* The logic of explanation. In: *H. Feigl* and *M. Brodbeck:* Readings in the Philosophy of Science. New York 1953, S. 319—352.

*C. G. Hempel:* Deductive-nomological versus statistical explanation. In: *H. Feigl* and *G. Maxwell* (ed.): Scientific explanation, space and time. Minnesota Studies in the Philosophy of Science, vol. 3. Minneapolis 1962, S. 98—169.

*C. G. Hempel:* Aspects of scientific explanation. New York 1965.

*H. Hendinger:* Ansätze zur Neuorientierung der Geographie im Curriculum aller Schularten. In: *A. Schultze* (Hg.): Dreißig Texte zur Didaktik der Geographie. Braunschweig 1971, S. 246—264.

*K. Holzkamp:* Wissenschaft als Handlung. Versuch einer neuen Grundlegung der Wissenschaftstheorie. Berlin 1968.

*K. Holzkamp:* Kritische Psychologie. Frankfurt a. M. 1972.

*W. Isard:* Methods of Regional Analysis. An Introduction to Regional Science. New York 1960.

*W. Isard* und *T. A. Reiner:* Regionalforschung: Rückblick und Ausblick. In: *D. Bartels* (Hg.): Wirtschafts- und Sozialgeographie. Köln und Berlin 1970, S. 435—450.

*H. Jäger:* Historische Geographie. Braunschweig 1969 (Das Geographische Seminar).

*A. Kaplan:* The conduct of inquiry. San Franzisco 1964.

*W. Kamlah* und *P. Lorenzen:* Logische Propädeutik. Mannheim 1967.

*R. W. Kates:* Hazard and Choice Perception in Flood Plain Management. Chicago 1962.

*R. W. Kates:* The perception of storm hazard on the shores of Megalopolis. In: *D. Lowenthal* (ed.): Enviromental perception and behavior. Chicago 1967, S. 60—74.

*J. v. Kempski:* Brechungen. Kritische Versuche zur Philosophie der Gegenwart. Reinbek b. Hamburg 1964.

*L. J. King:* Statistical Analysis in Geography. Englewood Cliffs (N. J.) 1969.

*G. Klaus:* Kybernetik in philosophischer Sicht. Berlin 1963.

*G. Klaus:* Wörterbuch der Kybernetik. Berlin 1968.

*D. Klingbeil:* Zur sozialgeographischen Theorie und Erfassung des täglichen Berufspendelns. Geogr. Zeitschrift 57, 1969, S. 108—131.

*H.-J. Klink:* Naturräumliche Gliederung des Ith-Hils-Berglandes. Art und Anordnung der Physiotope und Ökotope. Bad Godesberg 1966 (Forschungen zur deutschen Landeskunde, Bd. 159).

*H.-J. Klink:* Das naturräumliche Gefüge des Ith-Hils-Berglandes. Bad Godesberg 1969 (Forschungen zur deutschen Landeskunde, Bd. 187).

*F. Kopp:* Von der Heimatkunde zum Sachunterricht. Donauwörth 1972.

*A. Korzybski:* Science and Sanity. 3. Aufl. Lakeville (Connecticut) 1948.

*E. Köster* und *H. Leser:* Geomorphologie 1. Braunschweig 1967.

*H. Krauch:* Die organisierte Forschung. Neuwied a. Rh. und Berlin 1970.

*R. Krysmanski:* Bodenbezogenes Verhalten in der Industriegesellschaft. (Materialien u. Ergebnisse empirischer Sozialforschung, Bd. 2) Münster 1967.

*W. C. Krumbein* und *F. A. Graybill:* An Introduction to statistical models in geology. New York 1965.

*Th. S. Kuhn:* The essential tension: Tradition and innovation in scientific research. In: *C. W. Taylor:* The third (1959) University of Utah research Conference on the identification of creative scientific talent. Salt Lake City 1958, S. 162—177.

*Th. S. Kuhn:* The function of dogma in scientific research. In: *A. C. Crombie* (Hg.): Scientific change. Historical studies in the intellectual, social and technical conditions for scientific discovery and technical invention, from antiquity to the present. Symposium on the history of science. University of Oxford 9 — 15 July 1961. London 1963, S. 347—369.

*Th. S. Kuhn:* Die Struktur wissenschaftlicher Revolutionen. Frankfurt a. M. 1967.

*Th. S. Kuhn:* Postskript 1969 zur Analyse der Struktur wissenschaftlicher Revolutionen. In: *P. Weingart* (Hg.): Wissenschaftssoziologie I. Wissenschaftliche Entwicklung als sozialer Prozeß. Frankfurt a. M. 1972, S. 207—319.

*W. B. Langbein* und *L. B. Leopold:* Quasi-equilibrium states in channel morphology. American Journal of Science 262, 1964, S. 782—794.

*W. Lauer, R.-D. Schmidt, R. Schröder* und *C. Troll:* Studien zur Klima- und Vegetationskunde der Tropen. Bonn 1952 (Bonner Geogr. Abhandlungen, Heft 9).

*H. Lehmann:* Glanz und Elend der morphologischen Terminologie. In: Würzburger Geogr. Arbeiten 12 (Festschrift Büdel) 1964.

*L. B. Leopold, M. G. Wolman* und *J. P. Miller:* Fluvial processes in geomorphology. San Francisco 1964.

*H. Louis:* Allgemeine Geomorphologie. 2. Aufl. Berlin 1961.

*R. D. Luce* und *H. Raiffa:* Games and Decisions. New York, London, Sidney 1967.

*N. Luhmann:* Zweckbegriff und Systemrationalität. Über die Funktion von Zwecken in sozialen Systemen. Tübingen 1968.

*N. Luhmann:* Legitimation durch Verfahren. Neuwied 1969.

*N. Luhmann:* Soziologische Aufklärung. Aufsätze zur Theorie sozialer Systeme. Köln und Opladen 1970.

*K. Lynch:* Das Bild der Stadt. Berlin, Frankfurt a. M., Wien 1965.

*R. H. MacArthur* und *J. H. Connell:* Biologie der Populationen. München 1970.

*R. Martens:* Quantitative Untersuchungen zur Gestalt, zum Gefüge und Haushalt der Naturlandschaft (Immoleser Subappenin). Hamburg 1968 (Hamburger Geogr. Studien 21).

*O. Maull:* Allgemeine Geographie als Propädeutik oder geographische Grunddisziplin. In: *K. Kayser* (Hg.): Landschaft und Land. Festschrift f. Erich Obst zum 65. Geburtstag. Remagen 1951, S. 188—206.

*O. Maull:* Handbuch der Geomorphologie. 2. Aufl. Wien 1958.

*W. J. Maunder:* The value of the weather. London 1970.

*R. Mayntz, K. Holm, P. Hübner:* Einführung in die Methoden der empirischen Soziologie. Köln und Opladen 1969 (2. Aufl. 1971).

*R. B. McNee:* Der Wandel der Beziehungen zwischen Wirtschaftswissenschaft und Wirtschaftsgeographie. In: *D. Bartels* (Hg.): Wirtschafts- und Sozialgeographie. Köln und Berlin 1970, S. 405—417.

*R. K. Merton:* Social Theory and Social Structure. 2. Aufl. Glencoe (Ill.) 1957.

*R. K. Merton:* The Bearing of Sociological Theory on Empirical Research. In: *H. Albert* (Hg.): Theorie und Realität. Tübingen 1964, S. 119—136.

*H. L. Meyer:* Einführung in die Curriculum-Methodologie. München 1972.

*A. Meynier:* Histoire de la Pensée Géographique en France. Paris 1969.

*H. Monheim:* Zur Attraktivität deutscher Städte. München 1972.

*R. L. Morrill:* The Spatial Organization of Society. Belmont (California) 1970.

*E. Nagel:* The Structure of Science. 2. Aufl. London 1968.

*E. Neef:* Die axiomatischen Grundlagen der Geographie. In: *W. Storkebaum* (Hg.): Zum Gegenstand und zur Methode der Geographie. Darmstadt 1967, S. 277—288 (zuerst in: Geographische Berichte 2, 1956, S. 85—91).

*E. Neef:* Die theoretischen Grundlagen der Landschaftslehre. Gotha/Leipzig 1967.

*D. S. Neft:* Statistical Analysis for Areal Distributions. Regional Science Research Institute, Philadelphia 1966.

*J. O. Nelson:* On Sommer's reinstatement of Russell's ontological program. Philosophical Review 73, 1964, S. 517—521.

*H. J. Nickel:* Die Campesinos zwischen Marginalität und Intergration. Freiburg i. Br. 1971.

*R. C. North, O. R. Holsti, M. G. Zaninovich, D. A. Zinnes:* Content Analysis. Evanston (Ill.) 1963.

*J. D. Nystuen:* Zur Bestimmung einiger fundamentaler Raumbegriffe. In: *D. Bartels* (Hg.): Wirtschafts- und Sozialgeographie. Köln und Berlin 1970, S. 85—94.

*G. Olsson:* Zentralörtliche Systeme, räumliche Interaktion und stochastische Prozesse. In: *D. Bartels* (Hg.): Wirtschafts- und Sozialgeographie. Köln und Berlin 1970, S. 141—178.

*K.-D. Opp:* Methodologie der Sozialwissenschaften. Reinbek bei Hamburg 1970.

*Ch. E. Osgood:* The representational model and relevant research methods. In: *I. de Sola Pool* (ed.): Trends in Content Analysis. Urbana 1959, S. 33 ff.

*E. Otremba:* Gedanken zur geographischen Beobachtung. In: Moderne Geographie in Forschung und Unterricht. Hannover usf. 1970, S. 59—69 (Auswahl Reihe B, 39/40).

*H. Overbeck:* Die funktionale Betrachtungsweise und die funktionalen Raumeinheiten in der heutigen Anthropogeographie. In: *H. Overbeck:* Kulturlandschaftsforschung und Landeskunde. Ausgewählte, überwiegend methodische Arbeiten. Heidelberg 1965, S. 21—39. (Heidelberger Geogr. Arbeiten 14).

*K. H. Paffen:* Die natürliche Landschaft und ihre räumliche Gliederung. Remagen 1953 (Forschungen z. deutschen Landeskunde, Bd. 68).

*W. Panzer:* Geomorphologie. 3. Aufl. Braunschweig 1970.

*R. Pascal:* Die Autobiographie. Stuttgart 1965.

*Ch. S. Peirce:* Schriften 1 und 2. Frankfurt a. M. 1967 u. 1970.

*G. Pfeifer:* Geographie heute? In: Festschrift f. Leopold Scheidl, Bd. 1. Wien 1965, S. 78—90 (Wiener Geogr. Schriften).

*E. Plewe:* Studien über D. Anton Friedrich Büsching. In: *H. Paschinger* (Hg.): Geographische Forschungen (Festschrift H. Kinzl). Innsbruck 1958, S. 203—223.

*E. Plewe:* Untersuchungen über den Begriff der „vergleichenden" Erdkunde und seine Anwendung in der neueren Geographie. Zeitschr. d. Gesellschaft f. Erdkunde z. Berlin, Ergänzungsheft 4. Berlin 1932.

*E. Plewe: Carl Ritter.* Hinweise und Versuche zu einer Deutung seiner Entwicklung. Die Erde 90, 1959, S. 98—166.

*M. Polanyi:* Personal knowledge: Towands a post-critical philosophy. Chicago 1958.

*M. Polanyi:* Science, faith and society. Chicago, London and Toronto 1964.

*M. Polanyi:* The tacit dimension. London 1966.

*M. Polanyi:* Personal knowledge: Towards a post-critical philo-Forschung 22, 1968, S. 53—70.

*K. Popper:* Conjectures and refutations. London 1963.

*K. R. Popper:* Das Elend des Historizismus. Tübingen 1965.

*K. Popper:* Logik der Forschung. 2. Aufl. Tübingen 1966.

*W. V. O. Quine:* Word and object. Cambridge (Mass.), New York and London 1960.

*W. V. O. Quine:* From a logical point of view. 9 logico — philosophical essays. 2nd ed., New York and Evanston 1963.

*G. Radnitzky:* Contemporary Schools of Metascience. New York und Göteborg, 2. Aufl. 1970.

*G. Radnitzky* und *G. Andersson:* Wissenschaftspolitik und Organisationsformen der Forschung. In: *A. M. Weinberg:* Probleme der Großforschung. Frankfurt a. M. 1970, S. 7—64.

*N. Rescher:* Scientific Explanation. New York 1970.

*M. Riedel:* Einleitung. In: *W. Dilthey:* Der Aufbau der geschichtlichen Welt in den Geisteswissenschaften. Frankfurt a. Main 1970, S. 9—80.

*J. Ritsert:* Inhaltsanalyse und Ideologiekritik. Frankfurt a. Main 1972.

*J. Ritter:* Landschaft. Zur Funktion des Ästhetischen in der modernen Gesellschaft. Münster (Westf.) 1963.

*E. M. Rogers:* Diffusion of Innovation. New York and London 1962.

*K. Ruppert:* Über einen Index zur Erfassung von Zentralitätsschwankungen in ländlichen Kleinstädten. Berichte zur deutschen Landeskunde 24, 1959, S. 80—85.

*K. Ruppert* und *F. Schaffer:* Zur Konzeption der Sozialgeographie. In: *A. Schultze* (Hg.): Dreißig Texte zur Didaktik der Geographie. Braunschweig 1971, S. 179—199.

*K. Ruppert:* Der Naherholungsverkehr der Münchener. Ein Beitrag zur Geographie des Freizeitverhaltens. Mitt. d. Geogr. Ges. in München 25, 1970, S. 31—44.

*K. Ruppert* und *J. Maier:* Geographie und Fremdenverkehr. In: Wiss. Aspekte des Fremdenverkehrs. Forschungs- und Sitzungsberichte der Akademie für Raumforschung und Landesplanung 1969, S. 87—98.

*G. Ryle:* Begriffskonflikte. Göttingen 1970.

*Th. F. Saarinen:* Perception of the Drought Hazard on the Great Plains. Chicago 1966.

*Th. F. Saarinen:* Perception of Environment. Washington 1969 (Association of American Geographers, Resource Paper No. 5).

*C. O. Sauer:* The morphology of landscape. Univ. Calif. Public. in Geogr. 2, 1925, S. 19—53.

*E. v. Savigny* (Hg.): Philosophie und normale Sprache. Freiburg und München 1969.

*E. v. Savigny:* Die Philosophie der normalen Sprache. Frankfurt a. Main 1969.

*E. v. Savigny:* Analytische Philosophie. Freiburg und München 1970.

*F. K. Schaefer:* Exzeptionalismus in der Geographie; eine methodologische Untersuchung. In: *D. Bartels* (Hg.): Wirtschafts- und Sozialgeographie. Köln und Berlin 1970, S. 50—65.

*F. Schaffer:* Untersuchungen zur sozialgeographischen Situation und regionalen Mobilität in Großwohngebieten am Beispiel Ulm-Eselsberg. (Münchener Geogr. Hefte, H. 32) Kallmünz/Regensburg 1968.

*F. Schaffer:* Zur Konzeption der Sozialgeographie. In: *D. Bartels* (Hg.): Wirtschafts- und Sozialgeographie. Köln und Berlin 1970, S. 451—456.

*A. E. Scheidegger:* Theoretical geomorphology. Berlin 1961.

O. *Schlüter:* Die Ziele der Geographie des Menschen. München u. Berlin 1906.

*J. Schmithüsen:* Das System der geographischen Wissenschaft. Berichte z. dt. Landeskunde 23, 1959, S. 1—14.

*J. Schmithüsen:* Was ist eine Landschaft. Wiesbaden 1964.

*J. Schmithüsen:* Vegetationsgeographie. 3. Aufl. Berlin 1968.

*J. Schmithüsen:* Die Aufgabenkreise der Geographischen Wissenschaft. Geogr. Rundschau 22, 1970, S. 431—437.

*J. Schmithüsen:* Geschichte der geographischen Wissenschaft. Mannheim 1970.

*F. Schneider:* Die Hauptprobleme der Erkenntnistheorie mit besonderer Berücksichtigung der Naturwissenschaften. München und Basel 1959.

*F. Schneider:* Kennen und Erkennen. 2. Aufl. Bonn 1967.

*H.-D. Schultz:* Anthropogeographie als Sozialwissenschaft. Manuskript der wissenschaftlichen Hausarbeit (FU Berlin 1971).

*H.-D. Schultz:* Versuch einer ideologiekritischen Skizze zum Landschaftskonzept. Geografiker, Heft 6, 1971, S. 1—12.

*H.-D. Schultz:* Vorgekonnte Überlegungen zum Wandel wissenschaftlicher Grundüberzeugungen in der Anthropogeographie. Geografiker, Heft 7/8, 1972, S. 53—64.

*A. Schultze:* Allgemeine Geographie statt Länderkunde! In: *A. Schultze* (Hg.): Dreißig Texte zur Didaktik der Geographie. Braunschweig 1971, S. 225—245.

*D. Schulze:* Das Entscheidungsproblem bei Spielen mit der Natur. Wiss. Zeitschr. Humboldt-Univ. zu Berlin, Gesellschafts- und Geisteswiss. Klasse, Jg. 12, 1964, H. 7, S. 848—853.

*U. Schweinfurth:* Die horizontale und vertikale Verbreitung der Vegetation im Himalaya. Bonn 1957 (Bonner Geogr. Abhandlungen 20).

*U. Schweinfurth:* Studien zur Pflanzengeographie von Tasmanien. Bonn 1962 (Bonner Geogr. Abhandlungen 31).

*U. Schweinfurth:* Neuseeland. Beobachtungen und Studien zur Pflanzengeographie und Ökologie der antipodischen Inselgruppe. Bonn 1966 (Bonner Geogr. Abhandlungen 36).

*H. Seiffert:* Marxismus und bürgerliche Wissenschaft. München 1971.

*W. Sellars:* Theoretische Erklärung. In: *L. Krüger* (Hg.): Erkenntnisprobleme der Naturwissenschaften. Köln und Berlin 1970, S. 239—252.

*Sewell, W. R. D., Kates, R. W.* and *Phillips, L. E.:* Human response to weather and climate. Geographical Review 58, 1968, S. 262—280.

*C. T. Smith:* Historical Geography: Current Trends and Prospect. In: *R. J. Chorley* and *P. Haggett* (Hg.): Frontiers in Geographical Teaching. London 1970, S. 118—143.

*R. Sommer:* Personal Space. The Behavioral Basis of Design. Englewood Cliffs 1969.

*F. Sommers:* Types of Ontology. Philosophical Review 72, 1963.

*R. Specht:* Innovation und Folgelast. Beispiele aus der neueren Philosophie- und Wissenschaftsgeschichte. Stuttgart-Bad Cannstatt 1972.

*H. Sprout* und *M. Sprout:* Ökologie. Mensch-Umwelt. München 1971.

*W. Stegmüller:* Das Universalienproblem einst und jetzt. Archiv für Philosophie 6, 1956, S. 192—225 und 7, 1957, S. 45—81 (Neudruck Darmstadt 1965).

*W. Stegmüller:* Hauptströmungen der Gegenwartsphilosophie. Eine kritische Einführung. 3. Aufl. Stuttgart 1965.

*W. Stegmüller:* Probleme und Resultate der Wissenschaftstheorie und Analytischen Philosophie, Bd. 1 u. 2, Berlin, Heidelberg, New York 1969 und 1970.

*H. G. Steinberg:* Fragen einer sozialräumlichen Gliederung auf statistischer Grundlage. Raumforschung und Raumordnung 22, 1964, S. 65—76. Wieder abgedruckt in: *W. Storkebaum* (Hg.): Sozialgeographie. Darmstadt 1969, S. 193—223.

*H. G. Steinberg:* Methoden der Sozialgeographie und ihre Bedeutung für die Regionalforschung. (Beiträge zur Raumplanung Bd. 2). Köln, Berlin, Bonn, München 1967.

*H. G. Steinberg:* Sozialräumliche Entwicklung und Gliederung des Ruhrgebietes. (Forschungen zur deutschen Landeskunde 166). Bad Godesberg.

*G. Stiens:* Überlegungen zu einer öffentlichkeitsgerechten amtlichen Landeskunde. Rundbrief (Bonn - Bad Godesberg) 1972/o, S. 10—16.

*W. Storkebaum* (Hg.): Zum Gegenstand und zur Methode der Geographie. Darmstadt 1967.

*W. Storkebaum* (Hg.): Sozialgeographie. Darmstadt 1969.

*A. N. Strahler:* Quantitative geomorphology of drainage basins and channel networks. In: *V. T. Chow* (Hg.): Handbook of applied hydrology. New York 1964.

*J. Strassel:* Semiotische Aspekte der geographischen Erklärung. Gedanken zur Fixierung eines metatheoretischen Problems in der Geographie. Masch.-schriftl. Diss. Heidelberg 1973.

*B. Stugren:* Grundlagen der allgemeinen Ökologie. Jena 1972.

*E. J. Taaffe* (ed.): Geography Englewood Cliffs, New Jersey 1970.

*W. Tischler:* Agrarökologie. Jena 1965.

*E. Thomale:* Sozialgeographie. Eine disziplingeschichtliche Untersuchung zur Entwicklung der Anthropogeographie. (Marburger Geographische Schriften, Heft 53). Marburg/Lahn 1972.

*W. R. Tobler:* Geographischer Raum und Kartenprojektionen. In: *D. Bartels* (Hg.): Wirtschafts- und Sozialgeographie. Köln und Berlin 1970, S. 262—277.

*E. Topitsch:* Über Leerformeln. In: *E. Topitsch* (Hg.): Probleme der Wissenschaftstheorie; Festschrift für V. Kraft. Wien 1960, S. 232—264.

*E. Topitsch:* Sozialphilosophie zwischen Ideologie und Wissenschaft. Neuwied 1961.

*E. Topitsch:* Sprachlogische Probleme der sozialwissenschaftlichen Theoriebildung. In: *E. Topitsch* (Hg.): Logik der Sozialwissenschaften. Köln und Berlin, 2. Aufl. 1965, S. 18—34.

*C. Troll:* Die tropischen Gebirge. Ihre dreidimensionale klimatische und pflanzengeographische Zonierung. Bonn 1959 (Bonner Geogr. Abhandlungen 25).

*C. Troll:* Die Physiognomik der Tropengewächse. Bonn 1959 a (Jahresbericht d. Freunde und Förderer der Univ. Bonn f. 1958).

*C. Troll:* Ökologische Landschaftsforschung und vergleichende Hochgebirgsforschung. Wiesbaden 1966. (Erdkundliches Wissen 11).

*H. Uhlig:* Organisationsplan und System der Geographie. Geoforum, Heft 1, 1970, S. 19—52.

*F. Waismann:* The principles of linguistic philosophy. London, Melbourne, Toronto 1965.

*W. Warntz:* A note on surfaces and paths and applications to geographical problems. Michigan Inter-University Community of Mathematical Geographers, Discussion Paper No. 6, 1965.

*W. Warntz:* Global Science and the Tyranny of Space. Papers of the Regional Science Society 19, 1967, S. 7—19.

*A. M. Weinberg:* Probleme der Großforschung. Frankfurt a. M. 1970.

*P. Weingart* (Hg.): Wissenschaftssoziologie 1. Wissenschaftliche Entwicklung als sozialer Prozeß. Frankfurt a. M. 1972.

*J. S. Wentzel:* Elemente der Spieltheorie. Leipzig 1962.

*E. Winkler:* Der Gegenstand der Geographie und die Nachbarwissenschaften. Geogr. Helvetica 12, 1957, S. 248—254.

*E. Wirth:* Zwölf Thesen zur aktuellen Problematik der Länderkunde. Geogr. Rundschau 22, 1970, S. 444—450.

*J. Wolpert:* The Decision Process in Spatial Context. Annals of the Association of American Geographers 54, 1964, S. 537—558.

*S. T. Wong:* Perception of Choice and Factors affecting Industrial Water Supply Decisions in Northeastern Illinois. Chicago 1969.

*E. A. Wrigley:* Changes in the Philosophy of Geographiy. In: *R. J. Chorley* and *P. Haggett* (Hg.): Frontiers in Geographical Teaching. London 1970, S. 3—20.

*M. H. Yeates:* An Introduction to Quantitative Analysis in Economic Geography. New York usf. 1968.

*M. H. Yeates:* Hinterlandabgrenzung, ein Entfernungsminimierungsansatz. In: *D. Bartels* (Hg.): Wirtschafts- und Sozialgeographie. Köln und Berlin 1970, S. 228—234.

*H. L. Zetterberg:* Theorie, Forschung und Praxis in der Soziologie. In: *R. König* (Hg.): Handbuch der empirischen Sozialforschung. 1. Bd., Stuttgart 1962, S. 64—104.

# INDEX

Bei Fragen zur Produktsicherheit wenden Sie sich bitte an:
If you have any questions regarding product safety,
please contact:

Walter de Gruyter GmbH
Genthiner Straße 13
10785 Berlin
productsafety@degruyterbrill.com